電力事業における
信託活用と法務

金融・資金調達 から 契約・税務・会計 まで

稲垣 隆一 ◎編集代表
電力と金融に関する研究会 ◎編

発行 民事法研究会

はしがき

　本書は、公益財団法人トラスト未来フォーラムの助成を受けた「電力と金融に関する研究会」の研究成果として出版するものです。

　わが国の電気事業は、1995年以降、発電部門における競争原理の導入や小売部門の自由化対象の順次拡大など、4次にわたって制度改革が実施されてきましたが、2016年4月には、小売りが全面的に自由化されました。改革前は、電力会社10社が、電気事業のすべてを一貫して行っていましたが、改革により、①発電部門、②送配電部門、③小売部門の3つの事業に分離され、それぞれの事業者が各事業を担うことになりました。そして、電力システム改革は、2020年の法的分離に向けて着々と歩みを進めているという状況です。

　そのため、これまで、特段意識されず、かつ、必要ではなかった電気に関する取引について、それぞれの事業ごとに法的な分析・整理が必要とされ、従来、電力会社10社が、銀行から一括して行ってきた資金調達についても、それぞれの事業における事業者ごとに実施していかなければならないことが想定されます。

　このような状況の中で、本書は、電力事業の改革を解説し、改革に伴い発電部門、送配電部門および小売事業部門において行われているさまざまな取引について法的な分析・整理を行ったうえで、これらの各部門における事業と金融（資金調達）との関係、さらには、信託の活用の可能性について述べたものです。

　本書の執筆者一同としては、発電事業者・送配電事業者・小売事業者と、これらの事業に参入または関与する予定の事業者、弁護士、公認会計士、税理士、コンサルタント、金融機関の担当者のほか、電力事業や金融に興味をもつ一般読者にも、ぜひ一読していただきたい書籍です。

　なお、本書の執筆者の中には、会社等組織に属する者もいますが、著作内容については、個人に属し、所属する組織等とは関係のないものであることをあらかじめご承知おきください。

　最後に、「電力と金融に関する研究会」に多大なご尽力をいただいた公益

はしがき

　財団法人トラスト未来フォーラムの役職員の方々、また、本書の刊行に多大なご尽力をいただいた株式会社民事法研究会の南伸太郎氏に、この場を借りて厚く御礼申し上げます。

　平成30年11月

稲垣　隆一

『電力事業における信託活用と法務』

●目　次●

第1章　電気事業における信託活用のための基礎知識

Ⅰ　本書の意義と内容···2

1　本書の意義·· 2

2　本書の内容·· 3

Ⅱ　電気の供給の私法上の位置づけ···8

1　検討課題·· 8

2　電気の供給の私法上の位置づけについての従来の議論············· 9

(1)　電気は民法上の「物」か··· 9

(ア)　問題の所在／ 9

(イ)　民法85条の位置づけ／ 9

(ウ)　「有体物」の意義／ 11

(エ)　電気は「有体物」か／ 12

(2)　「物」についての規定の電気への類推適用····························· 13

(ア)　問題の所在／ 13

(イ)　電気の所有権、占有権が認められるか／ 13

(ウ)　電気需給契約は売買契約と認められるか／ 14

(3)　電気の供給の私法上の基本的な位置づけ······························ 16

3　電気の供給の類型の多様化と変容······································ 16

(1)　電気事業法の改正に伴う電気の供給の類型の多様化·················· 16

(2)　電気需給契約の変容──一般電気事業者による供給から小売
　　電気事業者による供給へ·· 18

4　新しい制度の下での電気の供給の私法上の位置づけ·············· 20

(1)　小売電気事業者による需要家への電気の供給························ 20

(ア)　契約上の電気供給義務の内容／ 20

3

目　次

　　　㈑　電気の供給を実現させるためのアレンジメント／23

　　　㈒　電気の供給が実現しない場合の小売電気事業者の責任／29

　　　㈓　小売供給契約の私法上の位置づけ／30

　　　㈔　小売電気事業者による電気の供給に関連する電気事業法上
　　　　の諸規制／31

　　⑵　小売供給取次業者による小売供給契約の締結……………………32

　　　㈠　小売供給契約締結の取次ぎの法的性質／32

　　　㈑　小売供給取次業者が負う義務の内容／33

　　　㈒　小売電気事業者が負う電気の供給義務の内容／34

　　　㈓　電気の供給が実現しなかった場合の小売供給取次業者の責
　　　　任／34

　　　㈔　小売供給取次業者と小売電気事業者が負う電気事業法上の
　　　　義務／35

　　⑶　小売電気事業者間の電気の「転売」………………………………36

　　　㈠　「転売」の法的位置づけ／36

　　　㈑　「転売」の対抗要件／36

　　5　電気の供給をめぐる法的紛争の予防・解決のために………………37

Ⅲ　信託の概要……………………………………………………………………38

　1　信託の定義……………………………………………………………38

　2　信託の設定……………………………………………………………38

　⑴　信託の設定方法………………………………………………………38

　　　㈠　契約による信託／38

　　　㈑　遺言信託／39

　　　㈒　自己信託／39

　⑵　信託目的………………………………………………………………39

　3　信託の特色……………………………………………………………40

　4　信託の機能と活用……………………………………………………40

　⑴　信託の財産管理・承継機能…………………………………………41

　⑵　信託の転換機能………………………………………………………41

　　　㈠　権利者の転換／41

㈡　財産権の転換／41

　⑶　信託の倒産隔離機能 ……………………………………………… 42

5　信託財産 ……………………………………………………………… 42

　⑴　信託財産の範囲 …………………………………………………… 42

　⑵　信託財産に属する財産の対抗要件 ……………………………… 43

　⑶　信託財産責任負担債務 …………………………………………… 43

　⑷　信託財産の独立性 ………………………………………………… 43

　　　㈠　信託財産に対する強制執行等の禁止／43

　　　㈡　信託財産に属する財産と固有財産等に属する財産との付合
　　　　および識別不能／44

　　　㈢　信託財産に属する財産についての混同の特例／44

　　　㈣　相殺の制限／44

6　受託者 ……………………………………………………………… 46

　⑴　受託者の資格 …………………………………………………… 46

　⑵　受託者の権限 …………………………………………………… 46

　⑶　受託者の義務 …………………………………………………… 47

　　　㈠　受託者の各種義務／47

　　　㈡　信託事務遂行義務、善管注意義務／47

　　　㈢　忠実義務／48

　　　㈣　公平義務／50

　　　㈤　分別管理義務／50

　　　㈥　信託事務の処理の第三者への委託／51

　　　㈦　信託事務の処理の状況等についての報告義務／51

　　　㈧　信託帳簿等の作成、報告および保存の義務／51

　　　㈨　信託帳簿等の閲覧等の請求／52

　　　㈩　他の受益者の氏名等の開示の請求／52

　⑷　受託者の費用等の償還請求権 …………………………………… 52

　⑸　受託者等の責任 ………………………………………………… 53

　　　㈠　受託者等の責任の原則／53

　　　㈡　受託者の義務違反についての責任の3つの特則／53

5

目　次

(6) 受託者の任務の終了と新受託者の選任 ································· 54

　(ア) 受託者の任務の終了／54

　(イ) 新受託者の選任／54

　(ウ) 承継された債務に関する前受託者と新受託者の責任／54

(7) 複数受託者 ··· 55

　(ア) 複数受託者の場合の信託財産の所有・意思決定・業務執行／55

　(イ) 複数受託者の場合の受益者に対する責任／55

7　受益者 ··· 56

(1) 信託受益権の定義と取得 ··· 56

(2) 受益者指定権・変更権 ··· 57

(3) 受益者が2人以上ある信託における意思決定方法 ····················· 57

(4) 信託行為の定めによる受益者の権利の制限の禁止 ····················· 57

(5) 受益権取得請求権 ··· 58

(6) 受益権の譲渡・質入れ・放棄 ······································· 58

(7) 受益債権の消滅時効 ··· 59

(8) 実績配当主義 ··· 60

8　受益者保護のための機関 ··· 60

(1) 信託管理人・信託監督人・受益者代理人の制度 ······················· 60

(2) 信託管理人 ··· 60

(3) 信託監督人 ··· 60

(4) 受益者代理人 ··· 61

9　委託者 ··· 61

(1) 委託者の権利 ··· 61

(2) 委託者の地位の移転 ··· 62

(3) 委託者の地位の承継 ··· 62

10　裁判所による監督と検査役制度 ······································· 62

11　信託の変更 ··· 63

(1) 信託の変更の定義 ··· 63

(2) 裁判所の関与による信託の変更 ····································· 63

(3) 合意による信託の変更 ··· 63

12　信託の併合・分割‥‥‥‥‥‥‥‥‥‥‥‥‥‥‥‥‥‥‥‥‥‥‥ 64
　　(1)　信託の併合‥‥‥‥‥‥‥‥‥‥‥‥‥‥‥‥‥‥‥‥‥‥‥‥‥ 64
　　(2)　信託の分割‥‥‥‥‥‥‥‥‥‥‥‥‥‥‥‥‥‥‥‥‥‥‥‥‥ 65
　13　信託の終了‥‥‥‥‥‥‥‥‥‥‥‥‥‥‥‥‥‥‥‥‥‥‥‥‥‥ 66
　　(1)　信託の終了事由‥‥‥‥‥‥‥‥‥‥‥‥‥‥‥‥‥‥‥‥‥‥ 66
　　(2)　委託者と受益者の合意による終了‥‥‥‥‥‥‥‥‥‥‥‥‥ 67
　　(3)　特別の事情による信託の終了を命ずる裁判と公益の確保のた
　　　　めの信託の終了を命ずる裁判‥‥‥‥‥‥‥‥‥‥‥‥‥‥‥ 67
　14　信託の清算‥‥‥‥‥‥‥‥‥‥‥‥‥‥‥‥‥‥‥‥‥‥‥‥‥‥ 67
　15　新しい類型の信託‥‥‥‥‥‥‥‥‥‥‥‥‥‥‥‥‥‥‥‥‥‥ 68
　　(1)　新しい類型の信託の創設‥‥‥‥‥‥‥‥‥‥‥‥‥‥‥‥‥ 68
　　(2)　自己信託‥‥‥‥‥‥‥‥‥‥‥‥‥‥‥‥‥‥‥‥‥‥‥‥‥ 68
　　(3)　受益証券発行信託‥‥‥‥‥‥‥‥‥‥‥‥‥‥‥‥‥‥‥‥‥ 69
　　(4)　限定責任信託‥‥‥‥‥‥‥‥‥‥‥‥‥‥‥‥‥‥‥‥‥‥‥ 70
　　(5)　受益者の定めのない信託‥‥‥‥‥‥‥‥‥‥‥‥‥‥‥‥‥ 70
　　(6)　セキュリティ・トラスト‥‥‥‥‥‥‥‥‥‥‥‥‥‥‥‥‥ 71
　　(7)　事業の信託（信託設定時の債務の引受け）‥‥‥‥‥‥‥‥‥ 72
　16　民事信託の利便性を高める規律‥‥‥‥‥‥‥‥‥‥‥‥‥‥‥ 72
　　(1)　遺言代用信託‥‥‥‥‥‥‥‥‥‥‥‥‥‥‥‥‥‥‥‥‥‥‥ 72
　　(2)　後継ぎ遺贈型の受益者連続信託‥‥‥‥‥‥‥‥‥‥‥‥‥‥ 73
　17　信託に関する規制法‥‥‥‥‥‥‥‥‥‥‥‥‥‥‥‥‥‥‥‥‥ 74

第2章　電力システム改革と電気事業

Ⅰ　電気事業の沿革‥‥‥‥‥‥‥‥‥‥‥‥‥‥‥‥‥‥‥‥‥‥‥‥‥‥76
　1　電気事業の始まり‥‥‥‥‥‥‥‥‥‥‥‥‥‥‥‥‥‥‥‥‥‥‥76
　2　戦時体制──地域分割の始まり‥‥‥‥‥‥‥‥‥‥‥‥‥‥‥‥77
　3　9電力体制の成立‥‥‥‥‥‥‥‥‥‥‥‥‥‥‥‥‥‥‥‥‥‥‥77

目　次

```
　4　9電力体制の展開···························································· 78
　5　電力事業の課題――価格批判から制度変革要請へ················· 79
　(1)　電力価格の問題········································································ 79
　(2)　行政改革・自由化の波――市場原理を基本とする需給構造へ
　　の転換の求め········································································· 80
　(3)　電力価格の内外価格差···························································· 80
```

Ⅱ　電力改革の沿革···82

```
　1　電力事業に対する変革の要求············································· 82
　2　課題の重大性··································································· 83
　3　競争政策の導入································································ 84
　4　具体的政策への動き――電気事業法改正に向けた準備················ 85
　(1)　電気事業審議会における検討・報告········································· 85
　(2)　規制緩和推進計画·································································· 86
　5　電気事業の規制緩和・電力自由化の法制度化························· 89
　(1)　第1次改正の概要··································································· 89
　　(ｱ)　事業規制の緩和／89
　　(ｲ)　料金規制の緩和――選択約款の導入／90
　　(ｳ)　保安規制の合理化／90
　　(ｴ)　第1次改正の限界／91
　(2)　第2次改正の概要··································································· 92
　　(ｱ)　大口需要家に対する小売自由化――小売分野の部分自由化／93
　　(ｲ)　規制部門の料金規制の緩和――引下げの届出制・メニュー
　　　拡大／93
　　(ｳ)　電力会社の兼業規制廃止／93
　(3)　第3次改正の概要··································································· 93
　　(ｱ)　小売自由化範囲の拡大／94
　　(ｲ)　送配電部門の公平性・透明性確保／94
　　(ｳ)　電力の広域利用の確保――振分供給料金の廃止、需要地近
　　　接電源の誘導／95
　　(ｴ)　その他の見直し／95
```

(ｵ)　全面自由化の検討の開始／95
　6　電力自由化の停滞‥‥‥‥‥‥‥‥‥‥‥‥‥‥‥‥‥‥‥‥‥‥‥‥96
Ⅲ　**電力自由化から電力システム改革へ**‥‥‥‥‥‥‥‥‥‥‥‥‥‥98
　1　東京電力福島第一原子力発電所事故後の政府の対応‥‥‥‥‥‥‥‥98
　2　エネルギー・環境会議と総合資源エネルギー調査会基本問題委
　　員会‥‥‥‥‥‥‥‥‥‥‥‥‥‥‥‥‥‥‥‥‥‥‥‥‥‥‥‥‥‥100
　3　電力システム改革タスクフォースによる論点整理‥‥‥‥‥‥‥‥102
　　(1)　有識者からのヒアリング‥‥‥‥‥‥‥‥‥‥‥‥‥‥‥‥‥‥102
　　(2)　論点整理‥‥‥‥‥‥‥‥‥‥‥‥‥‥‥‥‥‥‥‥‥‥‥‥‥104
　　　(ｱ)　4つの視座／104
　　　(ｲ)　10の論点／105
　4　電力システム改革専門委員会による報告書・工程表‥‥‥‥‥‥107
　　(1)　電力システム改革の意義‥‥‥‥‥‥‥‥‥‥‥‥‥‥‥‥‥108
　　(2)　小売全面自由化と需要家の保護‥‥‥‥‥‥‥‥‥‥‥‥‥‥109
　　　(ｱ)　全面自由化のための制度設計／109
　　　(ｲ)　需要家保護／111
　　(3)　市場機能の活用‥‥‥‥‥‥‥‥‥‥‥‥‥‥‥‥‥‥‥‥‥113
　　　(ｱ)　卸電力市場の意義と現状／113
　　　(ｲ)　卸電力市場活性化の方策／113
　　　(ｳ)　卸電力市場活性化の進め方／117
　　(4)　送配電の広域化・中立化‥‥‥‥‥‥‥‥‥‥‥‥‥‥‥‥‥120
　　　(ｱ)　ESCJ の課題／120
　　　(ｲ)　広域系統運用機関の設置／120
　　　(ｳ)　送配電部門の中立性確保の必要性と改革後の送配電事業の
　　　　姿／122
　　　(ｴ)　送配電部門の中立性確保の方式とそのメリット・デメリッ
　　　　トの検討／123
　　(5)　安定供給のための供給力確保策‥‥‥‥‥‥‥‥‥‥‥‥‥‥125
　　　(ｱ)　新たな供給力確保のしくみ──供給力確保の新たな枠組み
　　　　の思想と考え方／125

9

目　次

　　　　　㈦　短期的な方策——供給予備力の確保義務／126

　　　　　㈨　中長期的な方策／127

　　　　　㈹　広域機関による電源入札制度／128

　　　⑹　その他の制度改革 ………………………………………………… 128

　　　　　㈠　電気事業に係る規制を司る行政組織の見直し／128

　　　　　㈦　自己託送の制度化／128

　　　　　㈨　自営線供給の制度化／129

　　　　　㈹　小売全面自由化後の特定電気事業、特定供給の扱い／129

　　　　　㈺　関連する諸制度の手当等／129

　　　⑺　電力システム改革の進め方 …………………………………… 129

　　5　電気事業法の改正 ……………………………………………………… 131

　　　⑴　第1弾改正の概要 ……………………………………………… 132

　　　⑵　第2弾改正の概要 ……………………………………………… 132

　　　⑶　第3弾改正の概要 ……………………………………………… 133

　　6　電力システムの最適化に向けて …………………………………… 133

第3章　発電事業改革と発電事業における　信託活用

Ⅰ　発電事業改革の概要 ……………………………………………………… 136

　　1　発電事業をめぐる最近の動向 ……………………………………… 136

　　　⑴　東日本大震災後の大局的動静 …………………………………… 136

　　　　〔図表1〕　発電事業改革をめぐる状況の整理／136

　　　　〔図表2〕　全国の原子力発電所と運転状況／137

　　　⑵　原子力離脱と節電強化 ………………………………………… 138

　　　　〔図表3〕　電源別発電電力量の実績／138

　　　⑶　小売料金の値上げ ……………………………………………… 139

　　　　〔図表4〕　電気料金の推移／139

　　　⑷　火力燃料費の低下 ……………………………………………… 140

〔図表５〕　米国の原油生産量等の推移／140
(5)　再生可能エネルギーの台頭‥‥‥‥‥‥‥‥‥‥‥‥‥‥‥‥‥‥‥‥‥141
　　　〔図表６〕　再生可能エネルギー発電設備の導入状況／141
(6)　パリ協定‥‥‥‥‥‥‥‥‥‥‥‥‥‥‥‥‥‥‥‥‥‥‥‥‥‥‥‥‥142
2　国全体の電源構成‥‥‥‥‥‥‥‥‥‥‥‥‥‥‥‥‥‥‥‥‥‥‥‥‥‥143
(1)　エネルギー基本計画‥‥‥‥‥‥‥‥‥‥‥‥‥‥‥‥‥‥‥‥‥‥‥‥143
　　　〔図表７〕　2030年電源構成目標／143
(2)　ミックスさせる際の考慮事項‥‥‥‥‥‥‥‥‥‥‥‥‥‥‥‥‥‥‥‥144
　　　〔図表８〕　電力需要曲線／145
　　　〔図表９〕　出力調整の概念／146
　　　〔図表10〕　出力調整の電源構成／147
　　　〔図表11〕　水力発電所の出力調整幅・出力変化率・起動時間／147
　　　〔図表12〕　火力発電所の出力調整幅・出力変化率・起動時間／148
　　　〔図表13〕　各電源の特性と電源構成／148
(3)　各電源の定量的経済性・低 CO_2 性‥‥‥‥‥‥‥‥‥‥‥‥‥‥‥‥149
　　　〔図表14〕　電源種別ごとの経済性①──2014年モデルプラン
　　　　　　　　　ト／150
　　　〔図表15〕　電源種別ごとの経済性②──2030年モデルプラン
　　　　　　　　　ト／150
　　　〔図表16〕　電源種別ごとの低 CO_2 性／151
　　　〔図表17〕　基本計画における電源構成と各電源発電原価の
　　　　　　　　　合成／151
3　発電事業改革としての再エネ特措法‥‥‥‥‥‥‥‥‥‥‥‥‥‥‥‥152
(1)　再生可能エネルギーの育成‥‥‥‥‥‥‥‥‥‥‥‥‥‥‥‥‥‥‥‥152
(2)　再エネ特措法の概要‥‥‥‥‥‥‥‥‥‥‥‥‥‥‥‥‥‥‥‥‥‥‥152
　(ア)　再生可能エネルギーの定義／153
　(イ)　買取価格・買取期間／153
　　　〔図表18〕　FIT 料金／154
　(ウ)　買取義務／154
　(エ)　買取量・出力／155

目　次

(3)　優先接続、優先給電……………………………………………………… 155

(4)　再生可能エネルギー育成の財源………………………………………… 156

〔図表19〕　FIT 料金および再生可能エネルギー発電促進賦課
金の請求関係／ 157

〔図表20〕　再生可能エネルギー優先給電とその他電源（代表
格として火力）によるバックアップ／ 158

(5)　制度の見直しと再エネ特措法の平成28年改正………………………… 158

㋐　旧制度から新制度への移行──接続契約および事業計画の
提出／ 158

㋑　設備認定から事業認定への移行／ 159

㋒　大型太陽光（いわゆるメガソーラー）に関する入札導入と
FIT 料金の複数年化／ 159

4　発電事業改革としての省エネルギー法の改正（火力高効率化）…… 159

(1)　省エネルギー法の平成25年改正………………………………………… 159

(2)　効率に対する規制………………………………………………………… 160

(3)　技術的背景と目標………………………………………………………… 161

〔図表21〕　石炭火力発電の効率向上／ 161

〔図表22〕　LNG 火力発電の効率向上／ 162

5　発電事業の計画立案と実施……………………………………………… 162

(1)　出力の決定と充足要件との関連性……………………………………… 162

〔図表23〕　発電事業の充足要件／ 163

(2)　リードタイムの把握と工程表の策定…………………………………… 164

〔図表24〕　発電事業の着手から完成までの一般的工程／ 164

(3)　費用負担の時期と予算表・資金繰り表作成…………………………… 165

〔図表25〕　費用負担の発生時期／ 165

(4)　環境影響評価手続………………………………………………………… 165

〔図表26〕　環境省による環境影響評価手続の短縮努力／ 166

〔図表27〕　環境影響評価手続の短縮／ 167

(5)　再エネ特措法の保護とその変化………………………………………… 167

〔図表28〕　発電事業の充足要件の確実性／ 167

12

〔図表29〕 再生可能エネルギーの導入状況／168

Ⅱ 発電事業と FIT 制度 ………………………………………………… 170

1 FIT 制度の沿革 …………………………………………………………… 170

(1) RPS 制度とその課題 ………………………………………………… 170

〔図表30〕 日本の電源構成に占める再生可能エネルギーの導
入量／172

(2) FIT 制度に向けた検討 ……………………………………………… 172

〔図表31〕 平成28年改正前の FIT 制度の概要／173

2 旧法（平成28年改正前再エネ特措法）の内容 ……………………… 175

(1) 対象となる再生可能エネルギー …………………………………… 175

(2) 発電の認定 …………………………………………………………… 176

(3) 調達価格および調達期間 …………………………………………… 177

〔図表32〕 調達価格等の適用時期／178

〔図表33〕 調達価格および調達期間／178

(4) 特定契約 ……………………………………………………………… 179

(5) 接続契約 ……………………………………………………………… 180

(6) 賦課金 ………………………………………………………………… 182

3 平成28年改正前の FIT 制度の状況と問題点 ………………………… 183

(1) 平成28年改正前の FIT 制度の状況 ……………………………… 183

〔図表34〕 再生可能エネルギー設備容量の推移／183

(2) 平成28年改正前の FIT 制度の問題点 …………………………… 183

㋐ 買取費用（負担額）の増大／184

㋑ 太陽光発電への偏り／184

㋒ 未稼働案件の増加／184

㋓ 周縁地域住民とのトラブル発生／185

㋔ 電力小売全面自由化に伴う買取義務者の再検討／185

4 現行法（平成28年改正再エネ特措法）の内容 ……………………… 185

(1) 認定済み発電設備の未稼働案件への対応と新認定制度の創設 … 186

〔図表35〕 未稼働案件に対する報告徴収・聴聞による対応／187

㋐ 発電設備の認定時期──認定前の接続同意／187

13

目　次

　　　　〔図表36〕　認定時期の見直し／188

　　　㈠　設置場所所有権等の取得および関係法令の遵守／188

　　　㈡　運転開始期限の遵守／189

　　　㈢　事業内容の適切性／189

　　　㈣　地域と共生するための関係法令の遵守／190

　　⑵　コスト効率性的な電源の導入（エネルギーミックス）──価

　　　格決定方式の変更……………………………………………190

　　　㈠　入札制度の導入／190

　　　　〔図表37〕　太陽光発電価格の国際比較／191

　　　㈡　価格目標の設定／192

　　　　〔図表38〕　平成29年度以降の買取価格／193

　　　㈢　風力・地熱・バイオマスの導入拡大／194

　　⑶　電力自由化と買取義務者の変更……………………………194

　　⑷　旧法５条接続義務の削除……………………………………196

　　⑸　認定の経過措置………………………………………………196

Ⅲ　電力システムへの個人資金の導入………………………………197

　1　検討の意義……………………………………………………197

　2　個人の電力システムへの投資の現状………………………197

　　⑴　電力システムへの投資家としての個人……………………197

　　　　〔図表39〕　大手電力10社の個人・その他株式所有状況／198

　　　　〔図表40〕　住宅の太陽光発電の FIT 制度の状況／198

　　　　〔図表41〕　東京証券取引所インフラファンド市場上場銘柄／199

　　⑵　個人を取り巻く投資環境……………………………………199

　　　　〔図表42〕　各国の家計金融資産構成比／200

　　　　〔図表43〕　各国の家計金融資産推移／200

　3　個人の電力システムへの投資ニーズ………………………201

　　　　〔図表44〕　インフラ投資に係る信託商品の関心と利用意向／202

　　　　〔図表45〕　インフラ投資に係る信託商品の利用意向・非利用

　　　　　　　　　　意向の理由／202

　　　　〔図表46〕　インフラ投資に係る信託商品の設計・満期ニーズ／203

4　個人向け商品の組成 ………………………………………………… 203
　(1)　個人向け商品のマーケット概況 ……………………………… 203
　(2)　税務要件上の課題 ………………………………………………… 204
　(3)　個人向け商品の構想 ……………………………………………… 204
　　　〔図表47〕　組入資産案とメリット・デメリット／ 204

Ⅳ　発電事業のマネタイゼーションと自己信託 ……………………… 206

　1　検討にあたって ……………………………………………………… 206
　2　再生可能エネルギー案件の資金調達事例 ……………………… 207
　(1)　発電事業の信託を用いた資金調達スキーム ……………… 207
　　　〔図表48〕　発電事業の信託スキームの一例／ 207
　(2)　発電事業の二層構造スキームのメリット ………………… 208
　(3)　発電事業の GK-TK スキーム ………………………………… 209
　　　〔図表49〕　GK-TK スキーム／ 210
　(4)　シニアローンの役割 …………………………………………… 210
　(5)　金融商品取引法上の位置づけ ……………………………… 211
　(6)　匿名組合性の否認リスクとは ……………………………… 212
　(7)　もう 1 つの調達手段―― PPP/PFI …………………………… 213
　　㋐　金銭債権の流動化と事業の流動化／ 213
　　㋑　電力設備の PPP/PFI ／ 213
　　　〔図表50〕　PPP/PFI の概念／ 214
　　㋒　海外の PPP/PFI 事例／ 214
　(8)　小　括 …………………………………………………………… 216
　3　公共インフラファイナンス――長期安定維持のための要件とは… 217
　(1)　従来的調達手法から信託を用いた証券化まで …………… 217
　(2)　発電・送電事業の証券化の発想 …………………………… 218
　(3)　投資家視点に立った金融商品であること ………………… 219
　4　自己信託――安定性と柔軟性 …………………………………… 219
　(1)　自己信託の効用とは …………………………………………… 220
　　㋐　自己信託の視点／ 220
　　㋑　許認可の視点／ 220

目　次

(2)　自己信託における事業のバランスシート序論……………………… 221

　(ア)　バランスシートを議論する意義／ 221

　(イ)　バランスシートの構造／ 222

　〔図表51〕　信託財産の状況（バランスシートのイメージ）／ 222

(3)　自己信託の資産構造をみる——信託財産の内容………………… 223

　(ア)　「電気が使用できること」とは／ 223

　(イ)　信託財産の範囲はどこか／ 225

　(ウ)　発電・送電設備に係る土地・建物を信託設定する／ 225

　(エ)　各種の賃借権も対象にする／ 226

　(オ)　将来債権を確保する／ 227

(4)　自己信託の負債構造をみる……………………………………………… 228

　(ア)　信託財産限定責任負担債務とは／ 228

　(イ)　負債構造のポイント——信託財産責任負担債務とは／ 229

　〔図表52〕　債務の名称と責任の範囲／ 230

　〔図表53〕　不法行為と責任財産／ 230

　(ウ)　偶発債務をどう抑えるか／ 231

　〔図表54〕　信託財産責任負担債務と責任財産／ 232

5　倒産隔離のしくみを考える…………………………………………………… 234

(1)　受託者の倒産事由からの隔離………………………………………… 234

(2)　受益者の倒産事由からの隔離………………………………………… 235

(3)　委託者の倒産事由からの隔離………………………………………… 236

(4)　信託財産の債務超過をどう考えるか………………………………… 237

　〔図表55〕　信託の終了事由とその歯止め／ 237

(5)　不法行為責任への配慮………………………………………………… 238

6　期中オペレーションの安定稼働のしくみ………………………………… 239

(1)　期中モニタリングを充実させる……………………………………… 239

(2)　オペレーターの交代手続（オペレーターチェンジ）を準備
する………………………………………………………………………… 239

(3)　適切妥当な誓約条項を規定する……………………………………… 240

(4)　受託者の権能や費用償還請求権はできるだけ抑制する………… 242

16

7　自己信託の意義と留意点 ……………………………………………… 244
Ⅴ　発電事業への信託の活用 ……………………………………………… 245
　1　社会インフラとして求められるもの ……………………………… 245
　⑴　一定以上の技術面・機能面を有する設備 ……………………… 246
　⑵　安定した運営・管理 ……………………………………………… 246
　⑶　発電事業の関与者のニーズ ……………………………………… 248
　⑷　小　括 ……………………………………………………………… 248
　2　信託の特徴・機能 …………………………………………………… 249
　3　信託を活用した再生可能エネルギーによる発電事業 …………… 250
　⑴　本スキームにおける受託者の主な管理・運営業務 …………… 250
　⑵　本スキームの特徴 ………………………………………………… 251
　⑶　再生可能エネルギーによる発電事業における本スキームの有
　　用性 …………………………………………………………………… 253
　4　発電事業における信託活用の今後の進展 ………………………… 253
　⑴　さらなる専門性の発揮──限定責任信託の活用 ……………… 253
　⑵　公的な器としての進展──民事信託等の活用 ………………… 254

第4章　送配電事業改革と送配電事業における信託活用

Ⅰ　送配電事業改革の概要 ………………………………………………… 256
Ⅱ　送配電事業の中立性の確保 …………………………………………… 258
　1　従来の中立性確保策 ………………………………………………… 258
　2　平成27年改正電気事業法による中立性確保策 …………………… 259
　⑴　中立性確保の方式──会計分離、法的分離、所有権分離、機
　　能分離 ………………………………………………………………… 259
　　〔図表56〕　中立性確保の方式／ 259
　　〔図表57〕　法的分離における持株会社方式と発電・小売親会
　　社方式／ 261

17

目　次

　　　(2)　行為規制 ……………………………………………………………… 262

　　　　　(ア)　一般送配電事業者における取締役会・監査役等の機関設置
　　　　　の義務／262

　　　　　(イ)　一般送配電事業者の取締役等の兼職の制限／264

　　　　　〔図表58〕　一般送配電事業者の取締役等の兼職の制限／264

　　　　　(ウ)　一般送配電事業者の人事管理に関する規制／265

　　　　　〔図表59〕　ITO の役職員の兼職規制／266

　　　　　(エ)　一般送配電事業者の禁止行為／267

　　　　　〔図表60〕　グループ会社間の取引条件規制／267

　　　　　〔図表61〕　最終保障供給や離島供給の業務の委託の制限／270

　　　　　〔図表62〕　商標に関する規律／272

　　　　　〔図表63〕　営業・広告宣伝に関する規律／273

　　　　　(オ)　特定関係事業者の人事管理に関する制限／274

　　　　　(カ)　特定関係事業者の禁止行為／275

　　　　　〔図表64〕　一般送配電事業者に対する禁止行為の働きかけの
　　　　　　　　　　禁止／276

　　　　　(キ)　一般送配電事業者における適正な競争関係確保のための体制整備
　　　　　義務／276

　　　　　〔図表65〕　建物・システムを一般送配電事業者と共用する場
　　　　　　　　　　合に必要となる規律／277

Ⅲ　送電事業の中立性の確保 …………………………………………………278
Ⅳ　送配電事業における資金調達 ……………………………………………279
　1　一般送配電事業における資金調達の方法 ………………………………279
　2　資産の流動化による資金調達 ……………………………………………280
　3　一般送配電事業者の事業の信託による資金調達 ………………………282
　(1)　「事業の信託」の定義 …………………………………………………282
　(2)　事業の一部門の信託による資金調達と運用商品の創設 ……………283
　　　(ア)　一般送配電事業者の事業の一部門の信託による資金調達／283
　　　(イ)　トラッキング・ストック類似の部門業績連動型金融商品の
　　　創設／284

18

V 送配電事業における中立性の確保のための信託の活用················286

1 検討の目的と方法·················286

2 一般送配電事業の中立性の確保·················286

 (1) 一般送配電事業の中立性の確保の必要性·················286

  〔図表66〕 送配電事業の分離の必要性／287

 (2) 各国における中立性の確保の方式·················287

 (3) わが国における中立性の確保の方式·················288

  (ア) 法的分離／288

  〔図表67〕 送配電事業の法的分離の方式／288

  (イ) 行為規制／288

3 一般送配電事業の法的分離を補完する信託のスキーム·················289

 (1) 本スキームの特徴——事業の信託の活用·················289

  (ア) 中立性確保の対象／289

  〔図表68〕 一般送配電事業の法的分離を補完する信託の

   スキーム／290

  (イ) 事業執行上のメリット／290

 (2) 本スキームの信託目的、信託財産および信託関係者·················291

  (ア) 信託目的／291

  (イ) 信託財産／291

  (ウ) 委託者・受託者／292

  (エ) 受益者／292

 (3) 本スキームのメリット·················292

  (ア) 受託者である一般送配電事業者の権限／292

  (イ) 受託者である一般送配電事業者の公平義務・忠実義務／292

  (ウ) 受託者である一般送配電事業者の報酬／293

  (エ) ガバナンスの柔軟性／293

4 一般送配電事業の倒産隔離と信託内での資金調達·················294

目　次

第5章　小売電気事業改革と小売電気事業における信託活用

I　小売電気事業改革の概要……………………………………………298

　1　東日本大震災を契機に加速した電力の小売自由化………………298

　2　東日本大震災後の電力の小売事業の類型化………………… 299

　　〔図表69〕　機能による電力事業の再区分／300

　3　小売電気事業等とその業務…………………………………… 300

　　(1)　小売電気事業等の定義………………………………………… 300

　　(2)　小売電気事業参入の必要条件………………………………… 301

　　(3)　持ち高の管理——供給力確保義務………………………… 301

　　〔図表70〕　電力売買契約と託送供給等契約／302

　　(4)　流通経路の管理………………………………………………… 303

　　(5)　対比語としての卸売…………………………………………… 304

　　〔図表71〕　小売と卸売／304

　4　小売電気事業に用いる送配電網……………………………… 305

　　(1)　地域分割状況、基幹系統およびエリア間連系……………… 305

　　〔図表72〕　一般送配電事業者の各管轄地域／305

　　〔図表73〕　全国基幹連系系統／306

　　(2)　設備能力の限界、運用容量…………………………………… 306

　　〔図表74〕　連系線運用容量／307

　　〔図表75〕　最大需要日の電力需給実績／307

　　(3)　連系線空き容量………………………………………………… 308

　　〔図表76〕　連系線空き容量の確認／308

　　〔図表77〕　連系線の月別市場分断発生率／309

　　(4)　間接オークション……………………………………………… 309

　　〔図表78〕　間接オークションへの移行イメージ／310

　　〔図表79〕　間接オークション導入後の先着順から価格順への
　　　　　　　移行／310

⑸　変電所単位でみる送電経路 ……………………………………… 312

　〔図表80〕　変電所を中心にみた送電経路／ 312

5　小売電気事業者間の競争 …………………………………………… 312

6　電力の小売営業に関する指針——新規小売電気事業者間競争と
新時代顧客保護 ……………………………………………………… 313

　〔図表81〕　小売電気事業の関係者①／ 313

　〔図表82〕　小売電気事業の関係者②／ 314

7　適正な電力取引についての指針——既存小売事業者と新規小売
事業者間競争 ………………………………………………………… 315

Ⅱ　**小売電気事業の全面自由化** ………………………………………… 316

1　小売電気事業の全面自由化とは ………………………………… 316

　〔図表83〕　小売電気事業の全面自由化の範囲／ 316

2　小売電気事業の全面自由化に伴う制度の変更 ………………… 317

⑴　電気事業の類型 ……………………………………………… 317

⑵　安定供給の確保 ……………………………………………… 317

　㋐　参入段階の方策／ 317

　㋑　計画段階の方策／ 317

　㋒　需給の運用段階における方策／ 318

⑶　需要家保護の措置 …………………………………………… 318

　㋐　電気事業法に基づく行為規制／ 318

　〔図表84〕　電気事業法に基づく行為規制／ 318

　㋑　電力の小売営業に関する指針における望ましい行為／ 321

　〔図表85〕　電力の小売営業に関する指針における望ましい行
　　　　　　為（問題となる行為を含む）／ 321

　㋒　商流組成上の望ましいスキーム・望ましくないスキーム／ 324

　〔図表86〕　小売電気事業者の媒介・取次・代理／ 325

　〔図表87〕　媒介・取次・代理業者の営業上の留意点／ 326

　〔図表88〕　小売電気事業者と媒介・取次・代理の整理／ 326

　㋓　消費者保護／ 327

　㋔　旧一般電気事業者に対する施策／ 327

目　次

　　3　登録小売電気事業者 ……………………………………………… 327
　　4　欧州における電力自由化 ………………………………………… 328
　　(1)　電力自由化に関する制度の変遷 ……………………………… 328
　　(2)　電力自由化の経年とスイッチング率の関係 ………………… 329
　　　〔図表89〕　欧州各国の電力自由化経過年数とスイッチング率／329
　　(3)　ドイツにおける地方電力の態様 ……………………………… 330
　　(4)　フランスにおける垂直統合の態様 …………………………… 331
　　(5)　電力自由化後のサービスの展開と需要家保護 ……………… 331
　　　〔図表90〕　Ofgem による電力・ガス小売市場改革の流れ／332
Ⅲ　小売電気事業における資金調達 …………………………………… 333
　1　検討課題 …………………………………………………………… 333
　2　電気料金債権 ……………………………………………………… 334
　　(1)　債権の発生およびその履行 …………………………………… 334
　　(ア)　債権の発生時期／334
　　(イ)　債権が発生する期間／335
　　(ウ)　履行期／336
　　(2)　電気料金債権の集合債権譲渡担保 …………………………… 336
　　(ア)　譲渡担保権の設定／336
　　(イ)　小売電気事業者が負う被担保債務について期限の利益喪失
　　　　事由が発生するまでの回収金の取扱い／337
　　(ウ)　小売電気事業者が負う被担保債務について期限の利益喪失
　　　　事由が発生した場合／337
　　(エ)　対象電気料金債権の残高の維持／338
　3　発電事業者、一般送配電事業者に対する電気供給請求権 ……… 338
　　(1)　小売電気事業者は電気の「在庫」を有しているか …………… 338
　　(2)　託送供給契約に基づく一般送配電事業者に対する電気供給請
　　　求権の担保設定の可能性 ………………………………………… 339
　　(3)　調達契約に基づく発電事業者に対する電気供給請求権の担保
　　　設定の可能性 ……………………………………………………… 339
Ⅳ　小売電気事業への信託の活用 ……………………………………… 341

1　電気は信託の対象となりうるか･･･ 341
(1)　問題提起･･ 341
(2)　検　討･･･ 341
　(ア)　信託の対象たる財産（信託法2条1項に定める「財産」）
　の範囲／341
　(イ)　無体物の信託財産性に関する従来の議論／342
　(ウ)　電気の信託財産性／342
2　電気料金債権の流動化スキームとしての信託の利用･･････････････････ 343
(1)　電気料金債権の流動化のニーズ･･････････････････････････････････････ 343
(2)　信託を用いた電気料金債権の流動化スキーム･･････････････････････ 344
3　特定の調達先から調達した電気の供給を求めるニーズに応える
　スキーム･･･ 346
(1)　特定の調達先から調達した電気の供給を求めるニーズ････････････ 346
(2)　想定されるスキーム･･ 346
　(ア)　電気料金債権の分別管理／346
　(イ)　信託を利用するスキーム／347
4　小売電気事業におけるニーズへの対応に向けて･････････････････････････ 348

第6章　電気事業における会計と税務

Ⅰ　電気事業における会計･･ 350
1　電気料金──規制料金と自由料金･･ 350
(1)　規制料金の考え方──原価主義の原則････････････････････････････ 350
(2)　規制料金の具体的算定方法･･ 350
(3)　電気料金のその他の要素･･･ 351
　(ア)　燃料費調整制度／351
　〔図表91〕　燃料費調整制度のしくみ／351
　〔図表92〕　燃料価格の算定期間と電気料金への反映時期／352

23

目　次

　　　㈠　電源構成変分認可制度／ 352

　　　㈢　再生可能エネルギー発電促進賦課金／ 353

　　2　電力事業特有の会計処理の特徴 …………………………………… 353

　　3　電力事業の貸借対照表の特徴 ……………………………………… 354

　　⑴　貸借対照表の様式 ………………………………………………… 354

　　　〔図表93〕　貸借対照表の配列（固定性配列法）／ 354

　　⑵　貸借対照表項目における特徴的な会計処理 ………………………… 354

　　　㈠　固定資産の区分／ 354

　　　㈡　固定資産仮勘定／ 355

　　　㈢　地役権の減価償却／ 356

　　　㈣　資本的支出と収益的支出／ 356

　　　㈤　引当金の部／ 356

　　4　電力事業の損益計算書の特徴 ……………………………………… 357

　　⑴　損益計算書の様式 ………………………………………………… 357

　　　〔図表94〕　損益計算書の様式／ 357

　　⑵　損益計算書項目における特徴的な会計処理 ………………………… 358

　　　㈠　勘定式／ 358

　　　㈡　営業損益の区分／ 358

　　　㈢　特別法上の引当金の引当てまたは取崩しの額／ 358

　　　㈣　電気事業特有の営業費用会計科目／ 358

　　　㈤　減価償却／ 358

Ⅱ　電気事業における税務 …………………………………………………… 360

　1　電気事業特有の税制 ………………………………………………… 360

　⑴　電源開発促進税 …………………………………………………… 360

　⑵　事業税（収入金額課税）………………………………………………… 360

　2　小規模電気事業者におけるパススルー課税 ………………………… 361

　⑴　パススルー課税とは ……………………………………………… 361

　⑵　任意組合の税務特則 ……………………………………………… 362

　　㈠　法人組合員の場合／ 362

　　㈡　個人組合員の場合／ 362

㈦　消費税／363

⑶　匿名組合出資 ……………………………………………………… 363

⑷　有限責任事業組合 ………………………………………………… 363

⑸　信　託 ……………………………………………………………… 364

・あとがき／365

・事項索引／369

・執筆者紹介／374

第1章
電気事業における信託活用のための基礎知識

第1章　電気事業における信託活用のための基礎知識

Ⅰ　本書の意義と内容

1　本書の意義

　電力システム改革は、2020年の法的分離に向けて着々と歩みを進めている。

　発電・小売とこれに関係する事業分野には多くの事業者が多様な事業モデルで参入を始めた。電力消費者でしかなかった需要家も、発電、供給に関与するに至り、その影響は、電気事業にとどまらず、環境問題、地方自治、産業分野にも影響を及ぼしている。一般電気事業者が担っていた需給や価格決定のしくみには、市場原理が導入され、きめ細かい情報、高度な情報システム、情報セキュリティがこれを支えることが求められている。これらの多様な主体の主体的な改革への参加を実現するには、電気や電気事業を用いた多様な資金調達手法やそのための環境を提供する必要がある。

　しかし、電気事業者の資金調達の技法やその理論的背景をなす電気や電気事業の私法上の位置づけに関する議論は必ずしも十分に蓄積されていない。

　その理由は明らかではないが、電気事業者は、国家管理の下ではあっても、地域分割で市場を独占し、総括原価で経営を保証される環境下で、発電・送電・配電・小売のすべてを一貫体制で行い、需要家は電気という財を消費するだけという磨かれ尽くした事業モデルが安定して継続してきたことに鑑みると、電気・電力取引や市場、電気事業者の資金調達の技法やそれを支える電気や電気事業の私法上の位置づけを明確にする実務的な必要性は決して多くはなかったものと考えられる。

　電気事業法改正も、電力システム改革の法的根拠と構造を規定したにとどまり、電力システム改革の担い手が改革に参加するために必須の要件である資金調達のための法制度や、電気や電気事業の私法上の概念整理など、改革の法理論的基礎には及んでいない。

2

電力システム改革の詳細制度設計が進み、2020年の完成を2年後に控える現在、多様な主体が、主体的に電力システム改革を担うためには、電気や電気事業を利用した資金調達の技法やそれを支える電気や電気事業の私法上の概念整理は急務である。

本書の意義は、こうした状況を踏まえ、電気や電気事業の私法上の概念整理およびその課題を整理することと、公益事業たる電気事業にふさわしく、伝統的かつ柔軟な資金調達方法としての信託を利用した資金調達の方法とその論点を提示するところにある。

もとより、電気や電気事業の私法上の概念整理は、改革の担い手が、チャレンジと議論を重ねて蓄積すべきもので、本書の議論だけでなしうるものではない。そもそも、なすべきものでもない。本書の著者間でも、その整理は、光を当てる方向により必ずしも一致していない。本書は、課題がこうした発展段階にあることを考慮して、あえて著者間で調整せず、その差異を残したままにして、本書がきっかけとなり、多くの議論が蓄積され、安定した実務が早く築かれることを期待している。

2　本書の内容

本書の基本構造は、目次に示されているが、特に、その概要を示せば、以下のとおりである。

まず、「**第1章　電気事業における信託活用のための基礎知識**」では、まず、「**Ⅱ　電気の供給の私法上の位置づけ**」【後藤論文】が電気の供給の私法上の位置づけを論じている。後藤論文は、民法の条文と従前の解釈を詳細にトレースし、電気は民法85条の「有体物」「物」ではないから、所有権、占有権の客体とはならないので、電気需給契約は、売買契約ではないが、一定の計量に従って取引されている関係において、独立の取引価値ある財貨の移転を目的とする、売買に類する契約としたうえで、小売電気事業者の電気供給義務の要素である「供給」を、「供給者が、電気を、供給者ではない一般送配電事業者の保有する電気設備の管理下から需要家の所有する電気設備の管理下に移転せしめる」ことであり、小売事業者は、電気の取引価値を一般送配電事業者から需要家に直接移転せしめると整理して、その実現のために

第 1 章　電気事業における信託活用のための基礎知識

なすべき義務を詳細に検討し、電気の供給が実現しない場合の小売事業者の責任を論じる。なお、取次業者による小売供給契約の問題、小売電気事業者間の電気の転売も論じている。続く「Ⅲ　信託の概要」【田中論文】は、第2章以下で展開される発電・送配電・小売事業のそれぞれにおける信託の利用を理解するための基本事項を論じる。

「第2章　電力システム改革と電気事業」【稲垣論文】は、電力システム改革が、従前の電力自由化とは異なる思想的背景によって立つことを、わが国の電気事業の沿革、電力価格の内外価格差、電力価格低減を理由とする電力自由化の歴史、3.11の福島第一原子力発電所事故を契機とした電力需給システムそのものの改革としての電力システム改革を論じることで鮮明に論じ、改革の意義を論じている。

「第3章　発電事業改革と発電事業における信託活用」の「Ⅰ　発電事業改革の概要」【園田論文】は、発電事業をめぐる改革の動向を、東日本大震災後から検討し、再エネ特措法、エネルギー基本計画、省エネルギー法の平成25年改正の動向を踏まえて検討し、発電事業参画を計画する際に必要とされる資源や法規制を含めた要件定義とその方法を網羅的に論じ、続く「Ⅱ　発電事業と FIT 制度」【宮武論文】は、FIT 制度の沿革から平成28年再エネ特措法の改正前後の実務的課題を論じ、その後の「Ⅲ　電力システムへの個人資金の導入」【田村論文】は、電力システム改革が、個人を、消費者としてだけでなく投資家として関与を強めていければ電力システム改革に対する国民の納得性の向上や新たなイノベーションの創出効果を期待できる、特に再エネ分野においては、電力施設周辺の地域活性化や環境改善などの波及効果を期待できるとして、電力システム改革への個人資金の導入に向けた個人の、投資環境や投資ニーズ、個人向け投資商品の組成の課題を詳細に論じる。電力システム改革が電力制度の民主化という憲法論的な課題であることの意味を具体的に示す貴重な論文である。

「Ⅳ　発電事業のマネタイゼーションと自己信託」【宮澤論文】は、FIT 制度を前提にした調達スキーム、公共インフラファイナンスのための長期安定的な調達スキームを検討したうえで、備えるべき要件として、他者からの権利行使を回避するための資産流動化、財産権の債権化、倒産隔離、事業運営

者の交代のしくみ、社債権者との調整などにより清算シナリオが柔軟に回避できることなどを洗い出すとともに、投資家への償還原資を生み出すキャッシュフローを創出する能力の源泉を明らかにして、エネルギーの資金化の実体を考察し、信託、特に自己信託がこれに適することを、許認可、資産、負債の構造面から論じるとともに、信託財産の対象となる客体は、発電・送電に係る連携した設備群並びにそれを運営するに足る管理体制、売掛債権を含む有機的な統合体（システム）を対象とし、作為義務の内容として電位差を継続安定的に維持し続ける体制であることを論じ、発電・送電設備に係る土地・建物、賃借権、将来債権を資産とした場合の課題、債務については、その範囲、事業遂行にあたり発生する不法行為による賠償義務の発生リスクをどう抑えるかなどを検討する、また、委託者・受託者の倒産事由からの隔離のしくみ、信託財産の債務超過の回避を論じ、期中オペレーションの安定稼働について論じ、自己信託がこれらに適することを論じる。「**V　発電事業への信託の活用**」【杉谷論文】は、発電事業には、アセットマネージャー機能、倒産隔離、金融に精通した事務管理が求められていることを確認し、信託がこれらの機能を提供するに適することを、再エネによる発電事業に事業信託を利用した事例で考察し、さらに、責任限定信託、民事信託の活用が、発電事業の拡大に寄与することを論じる。

　「**第4章　送配電事業改革と送配電事業における信託活用**」では、「**Ⅰ　送配電事業改革の概要**」「**Ⅱ　送配電事業の中立性の確保**」「**Ⅲ　送電事業の中立性の確保**」【以上、島田論文】が、送配電事業改革の概要と送配電事業、送電事業における中立性の確保の方策について電力システム改革の内容を論じ、続いて「**Ⅳ　送配電事業における資金調達**」【田中論文】は、まず、一般送配電事業の外的環境の変化や経営状況の変化の可能性を見据え新たな資金調達手段としての事業信託、事業の一部門の信託、自己信託を論じる。続く「**Ⅴ　送配電事業における中立性の確保のための信託の活用**」【田中論文】は、法的分離に伴い求められる送配電事業の中立性確保のためにも信託の活用が有効であることを論じる。すなわち、信託契約において、信託目的に、電気の使用者の利益の保護、電気事業の健全発達、公共安全確保、環境保全を掲げ、信託財産を、一般送配電事業の全部または一部、あるいは送配電設

備とし、委託者は、一般送配電事業者、受託者は委託者と資本関係にある一般送配電事業を行う会社、受益者は、託送料金を支払う小売事業者だけでなく、中立性確保に利害関係のある発電事業者を含めたもの、あるいは、電気の利用者すべてというスキームとすると、受託者は、引き続き送配電事業を行うことができ、取引・雇用も維持でき、受託者は、信託目的に従い忠実でなければならないから中立性確保に資することになり、受託者たる送配電事業者は、送配電事業者からオペレーションに係る信託報酬を信託事業から収受でき、ガバナンスのあり方も、信託契約で柔軟に設計できる。しかも、信託財産は、一般送配電事業者および法的分離により分離された資本関係のあるグループ会社の倒産からも隔離され、資金調達を容易にすることを論じる。

「**第5章　小売電気事業改革と小売電気事業における信託活用**」の「**Ⅰ　小売電気事業改革の概要**」「**Ⅱ　小売電気事業の全面自由化**」【いずれも園田論文】は、東日本大震災後の電力システム改革における小売の全面自由化向けた電力改革の概要が論じられ、続く、「**Ⅲ　小売電気事業における資金調達**」【後藤論文】では、小売電気事業者が、電気の調達、託送供給、需要家への供給という各段階で取得、保有する権利の内容を整理し、その担保化の検討を論じる。すなわち、電気料金債権の発生時期、発生する額、終期、履行期を検討したうえで、電気料金債権の集合債権譲渡担保の課題を論じ、次いで、電気供給請求権の担保設定について論じ、発電事業者に対する電気供給請求権の担保設定は不可能ではないが担保価値は乏しく、一般送配電事業者に対する電気供給請求権は担保の対象とはなし得ないことを論じる。「**Ⅳ　小売電気事業への信託の活用**」【後藤論文】は、電気が信託法2条1項の「財産」で「委託者の財産から分離可能である」との要件も満たすとして信託の対象たりうるが、その実益はさほど大きくないことを論じ、電気料金債権を流動化することで、倒産隔離効果を得られることから、信託譲渡を利用した流動化スキームが有効であることを論じる。また、需要者の電源選択に資する自由の確保のため、小売電気事業者が、需要者から支払われた電気料金を小売電気事業者の他の財産から分別し、需要者が指定した発電事業者に支払うための準備金として分別管理し、そこから該当した発電事業者に支

払うというしくみが考えられるが、単なる分別管理では、小売事業者の倒産から隔離できない。そこで、分別管理の方法として担保目的信託スキームを利用すれば倒産隔離効果を得られ、需要者の電源選択により確実に応じる取引が構築できることを論じる。

「**第6章　電気事業における会計と税務**」【中野論文】は、まず「**Ⅰ　電気事業における会計**」で、電気事業における会計の論点として、規制料金と自由料金の処理、燃費調整、電源構成変分認可、再エネ発電促進付加金などの処理、電気事業会計規則による貸借対照表、損益計算書の特徴、「**Ⅱ　電気事業における税務**」で、電気事業特有の税制。小規模電気事業者におけるパススルー課税を論じ、再エネ発電事業を行う際の資金調達方法としての信託設定の方法として、受益者等課税信託と法人課税信託の課題を論じる。

△▲稲垣隆一△▲

第 1 章　電気事業における信託活用のための基礎知識

Ⅱ　電気の供給の私法上の位置づけ

1　検討課題

　電気の供給の私法上の位置づけについては、①電気はいかなる権利の客体となるか、②電気を需要家に供給する契約（以下、「電気需給契約」という）の私法上の位置づけいかん、といった論点をめぐって古くから多くの論者によって議論がなされてきた。前者は、電気は所有権、占有権等物権の客体となるか、電気の利用に対する侵害に対していかなる法的保護が与えられるかといった問題であり、後者は、主として電気需給契約が売買としての性質を有するか否かという点をめぐる問題である。

　ただ、かかる議論のほとんどは、電気の供給者が自ら保有する送配電設備を通じて需要家に電気を供給する形での電気の供給を前提とした議論であった。しかるに、近時の数次にわたる電気事業法の改正により電気の小売りが段階的に自由化され、需要家への電気の供給の形態は徐々に変貌し、平成28年4月1日に電気の小売りを全面自由化する電気事業法の改正が施行された後は、自らは送配電設備を保有しない小売電気事業者がもっぱら需要家に電気を供給することとなった。そして、このような需要家への電気の供給形態の変化に伴い、さまざまな類型の電気の供給が新たに生み出されている。このような新しい類型の電気の供給について、従来の議論がそのままあてはまるのか、あるいは従来の議論とは別の角度からの議論が必要かといった検討はまだ十分に行われていないように見受けられる。

　そこで、ここでは、まず、電気の供給の私法上の位置づけについての従来の議論を整理したうえで、それを踏まえつつ別の角度からの視点も交えながら、新しい類型の電気の供給の私法上の位置づけについて検討を試みることとする。なお、執筆にあたっては、平成25年10月から平成29年2月まで経済産業省資源エネルギー庁および電力・ガス取引監視等委員会に在籍し、電力

8

システム改革の制度設計・立案等に携わった島田雄介弁護士（シティユーワ法律事務所）から、貴重な助言、示唆をいただいた。ここに厚く御礼申し上げるものである。

2 電気の供給の私法上の位置づけについての従来の議論

(1) 電気は民法上の「物」か

(ア) 問題の所在

電気はいかなる権利の対象となるか、電気を供給する契約の私法上の位置づけいかんといった問題は、電気が民法上の「物」であれば、容易に解答が得られる。

たとえば、電気は、民法上の「物」にあたれば所有権の客体となる。民法206条が「所有者は、……所有物の使用、収益及び処分をする権利を有する」と定め、所有権の対象が所有「物」であることが前提とされているからである[1]。そして、電気の所有権が観念されるなら、電気を供給する契約は電気の所有権の移転を目的とする契約と解することができ、売買契約、すなわち「当事者の一方がある財産権を相手方に移転することを約し相手方がこれに対してその代金を支払うことを約する」契約にあたることとなる（同法555条）。

そこで、まず、電気は民法上の「物」かという問題についての従来の議論から整理することとする。

民法は、85条において「物とは有体物をいう」と定めており、有体物でなければ、物たり得ない。したがって、電気は民法上の「物」かという問題は、まず、電気は「有体物」かという問題から検討されることになる。以下においては、民法85条の民法全体における位置づけから繙き、同条における「有体物」の意義についての諸説を一覧したうえで、従来の学説が電気の「有体物」性についてどのように考えていたかを確認することとする。

(イ) 民法85条の位置づけ

現民法は、フランス法の強い影響を受け明治26年に公布された民法（以

1　四宮和夫＝能見善久『民法総則［第8版］』（弘文堂、平成22年）158頁。

第1章　電気事業における信託活用のための基礎知識

下、「旧民法」という）をドイツ民法草案等を参照しながら修正していくという形で編纂され、ドイツのパンデクテン体系に則った総則・物権・債権・親族・相続の五編が明治31年7月16日から施行された[2]。

　総則編においては、第2章に「人」、第3章に「法人」と、権利主体に関する規定をおいた後、第4章において「物」についての規定をおいているが、これは、権利主体の規定に次いで権利の客体の規定として「物」についての規定をおいたものと一般に理解されている。権利の客体は、権利の目的、種類によってさまざまなものがあるが、「物」は物権の客体であるのみでなく、債権、形成権その他の権利も間接的には関係するので、「物」をもって権利の客体を代表させたということである[3]。

　第4章の最初の条文である民法85条は、「物とは有体物をいう」と定めるが、これは、権利の客体として無体物は「物」に含まれないことを明らかにしたものである。旧民法においては、「物」は有体物と無体物に分類され、無体物には権利（物権および人権[4]）が含まれるとされていたが、権利を含む無体物を「物」として認めると、権利の権利というような結果を生じ、パンデクテン体系の下で求められる物権と債権の明確な区別を混乱せしめるということで、ドイツ民法草案にならって、無体物は権利の客体としての「物」に含まないこととしたのである[5]。したがって、民法85条は、有体物でなければ「物」ではないという意味において、権利の客体としての「物」の必要条件を定めるものではあるが、十分条件を定めるものではない。「物」が権利の客体であるためには、有体性だけではなく、権利の客体としての一般的要件、すなわち、一般的に人の支配が可能であること、独立性を有すること、非人格的なものであることを満たさなければならないといわれている[6]。

2　四宮和夫『民法総則［第3版］』（弘文堂、昭和57年）12頁。

3　林良平＝前田達明編『新版注釈民法(2)総則(2)』（有斐閣、平成3年）575頁〔田中整爾〕、於保不二雄『民法総則講義』（新青出版、平成8年）125頁。

4　「人権」とは現民法のいう「債権」である（米倉明『民法講義総則(1)』（有斐閣、昭和59年）219頁）。

5　林＝前田編・前掲（注3）586頁・587頁〔田中整爾〕。

Ⅱ 電気の供給の私法上の位置づけ

㈦ 「有体物」の意義

現民法が、「物」を有体物に限った主たる目的は、前述のとおり、無体物に含まれる権利を「物」の対象から除き、もって「権利の権利」という状況を避けることにあったが、権利のみが「物」の対象から除かれたわけではない。有体物の意義については、現民法制定当時から、一般に、物理学上の意義、すなわち空間の一部を占める有形的存在を有するもの、具体的には気体、液体、固体であると解され、権利のみならず、電気・熱・光などのエネルギーもこれに含まれないとされていた[7]。

かかる有体物の意義についての当時の通説的な考え方に対しては、有体物を物理学上の意義、すなわち有形的存在に限定することは、「今日の社会的・経済的事情に適さず、権利の客体としての『物』は物理学上の観念でなく法律の理想に基づいてその内容を決定されるべきである」と批判して、有体物を「法律上の排他的支配の可能性」という意義に拡張して解すべきであるとの有力説（以下、「我妻説」という）[8]があった。

我妻説に対する反対説としては、民法85条は、それが範としたドイツ民法第1草案778条に照らし、所有権の客体を限定する規定であり、有体的存在の全体を全面的に支配する権利たる所有権の客体は有形的状態において存在する外界的自然に限るという趣旨を示すものであると主張する説[9]があった。

6　林＝前田編・前掲（注3）588頁〔田中整爾〕。

7　中島玉吉『民法釈義巻之1（総則篇）』（金刺芳流堂、大正14年）371頁、鳩山秀夫『日本民法総論〔改訂版〕』（岩波書店、昭和5年）239頁、我妻榮『新訂民法総則（民法講義Ⅰ）』（岩波書店、昭和40年）201頁、於保・前掲（注3）127頁、林＝前田編・前掲（注3）589頁〔田中整爾〕。

8　我妻・前掲（注7）202頁、北川善太郎『民法総則（民法講要Ⅰ）〔第2版〕』（有斐閣、平成13年）102頁。また、現民法の起草にあたって物を有体物に限った意図は、旧民法において無体物として物に含まれていた権利を物から除くことにあったのであり、有体物をどのように定義するかは「第二の問題」であるとし、電気等を有体物にあたらないと解する必然性はないとする説もある（星野英一『民法論集第1巻』（有斐閣、昭和45年）147頁、星野英一『民法概論Ⅰ（序論・総論）』（良書普及会、昭和46年）159頁）。

9　川島武宜『民法総則（法律学全集）』（有斐閣、昭和40年）143頁。

11

第1章　電気事業における信託活用のための基礎知識

　また、民法85条は所有権の客体を画する定めであり、所有権の客体は全面的支配権の客体となるのに適する有体物に限定することが法技術として自然であるとして、同条の有体物は有形的に存在するものに限定されると解しつつ、有形的存在以外のものについても、その性質と問題に応じ物または物権に関する規定を類推適用することを認める説[10]（以下、「類推適用説」という）もあり、今日に至るまで、多数の論者によって支持されている[11]。

　有体物の意義については、我妻説が通説として紹介されることもあるが[12]、現在においては類推適用説を多数説と評価してよいように思われる。

　　　(エ)　電気は「有体物」か

　民法85条の有体物を有形的に存在するものに限定する立場からは、前述のとおり電気は有体物にはあたらないこととなる。我妻説の立場からは、電気に「法律上の排他的支配の可能性」が認められれば有体物にあたることとなろうが、電気には「法律上の排他的支配の可能性」があるから有体物にあたるとの明確な主張がなされているわけではない[13]。そのほか、電気が民法85条の有体物にあたると論じる論者はほとんどいない[14]。これらの学説状況に鑑みると、電気は民法85条に定める有体物にはあたらないと解するのが従来の学説における通説的な立場であると考えてよいように思われる。

10　四宮・前掲（注2）130頁。

11　米倉・前掲（注4）224頁、遠藤浩ほか編『民法注解財産法第1巻』（青林書院、平成元年）312頁〔磯村保〕、幾代通『民法総則〔第2版〕』（青林書院新社、昭和59年）156頁、石田穣『民法総則』（悠々社、平成4年）224頁、石田喜久夫『口述民法総則』（成文堂、昭和61年）154頁、川井健ほか編『民法コンメンタール(2)総則2』（ぎょうせい、平成元年）36頁、内田貴『民法I〔第4版〕総則・物権総論』（東京大学出版会、平成20年）354頁、林＝前田編・前掲（注3）591頁〔田中整爾〕。

12　北川・前掲（注8）102頁、森田宏樹「財の無体化と財の法」吉田克己＝片山直也編『財の多様化と民法学』（商事法務、平成26年）87頁。

13　我妻・前掲（注7）202頁は、電気について「民法では、物でないとしても、物に関する規定を準用しても刑法のように問題とならないから実際上の不都合は避けられるであろう」と述べている。星野・前掲（注8）147頁も、電気を有体物にあたらないと解する必然性はないとするものの、有体物にあたると主張しているわけではなく、北川・前掲（注8）102頁も、「電気、熱、光、香気も法律的に排他的支配の可能性があるかぎり、物と扱われる」と述べるにとどまる。

民法85条の趣旨は、有体物でないものを「物」から排除するところにあることからして、電気は民法85条の有体物にはあたらないという考えを通説的な立場であるととらえるなら、電気は民法上の「物」ではないと解するのが従来の通説であるということになる。

(2) 「物」についての規定の電気への類推適用

(ア) 問題の所在

電気が民法上の「物」にあたらないと解するなら、民法の「物」についての規定はおよそ適用されないはずである。たとえば、電気は、民法206条の「所有物」たり得ないので、所有権の対象とならない。また、電気が所有権の対象とならない以上、電気を供給する契約は電気の所有権の移転を目的とする契約たり得ず、売買契約、すなわち「当事者の一方がある財産権を相手方に移転することを約し相手方がこれに対してその代金を支払うことを約する」契約にはあたらないこととなる。

しかし、前述のとおり、類推適用説は、有形的存在以外のものについても、その性質と問題に応じ物または物権に関する規定を類推適用することを認めることから、主要な問題ごとに、物に関する規定が電気に適用される余地がないかをさらに検討する必要がある。

(イ) 電気の所有権、占有権が認められるか

民法206条は「所有者は、……所有物の使用、収益及び処分をする権利を有する」と定める。また、同法180条は、「占有権は、自己のためにする意思をもって物を所持することによって取得する」と定める。電気は、同法206条の「所有物」、同法180条の「物」にはあたらないとしても、「物」に準じるものとして、かかる規定を類推適用し、電気についての所有権、占有権を認めるべきかということがここでの問題である。

この点、民法85条を所有権の客体を限定する趣旨と解する立場からは、電気は有体物でない以上、所有権の客体たり得ないことが帰結されるが、さら

---

14 末弘厳太郎『物権法上巻』（有斐閣、昭和6年）24頁・25頁は、電気が実際上取引の目的となり得ることをもって物にあたるとするが、取引の目的となり得るなら有体物とみなすとの考え方は特異であり、賛同者は見当たらない。

に、電気の特質、特に生産と消費が同時に行われ継続的な存在が認められないという点に照らして、所有権の客体として認められないとの主張もなされている[15]。占有権についても、電気そのものの所持・占有が成立するとは考えられないと論じられている[16]。これに対して、電気は有体物ではないが、「物」に準じて電気の所有権あるいは占有権を認めるべきであると論じる学説は見当たらず[17]、電気に所有権、占有権が認められないという考えは、大多数の学説により支持されているといってよいと思われる。

電気の所有権、占有権が認められない以上、電気について、所有権の移転（民法176条）、引渡しによる対抗要件の具備（同法178条）、即時取得（同法192条）を観念することはできない[18]。

また、電気の所有権、占有権が認められない以上、電気について物権的請求権、占有訴権を行使することはできない[19]。人が一定の施設をつくってその中に電流を通ずることとし、その操作の権限を自己の手に収めている場合、かかる施設自体が侵されれば、かかる施設に関して占有訴権あるいは所有権に基づく物権的請求権を行使できるが、侵奪された電気そのものを返還させることはできない。しかし、人は、施設の管理下におかれている電気について、そのような電気を支配下においてこれをしかるべく利用できる利益を有していることは認められ、その利益の侵害に対しては不法行為による救済（民法709条）として損害賠償請求が許されると解されている[20]。

(ウ) 電気需給契約は売買契約と認められるか

売買契約は、財産権の移転と代金の支払いに関する合意により成立する

15　浅井清信「電気の私法上の地位について」法学新報39巻9号56頁〜59頁、米倉・前掲（注4）230頁、なお、川島・前掲（注9）143頁は、電気の上に「所有権」が成り立つという主張は法技術的に無意味である旨主張する。

16　米倉・前掲（注4）232頁、川島・前掲（注9）143頁も電気については占有は問題にならないとする。

17　末弘・前掲（注14）24頁・25頁は、電気を有体物としたうえで、所有権の客体として認めるものである。

18　水津太郎「民法体系と物概念」吉田＝片山編・前掲（注12）82頁。

19　米倉・前掲（注4）230頁。

20　米倉・前掲（注4）230頁。

（民法555条）。電気の供給者が需要家に対して電気を供給し、需要家がその代金を支払うことを約する電気需給契約は、電気が「物」にあたらず所有権の客体とならない以上、「財産権の移転」の合意とはいえないので売買契約とは認められないことになる。

しかし、財産権にはあたらないが財産的価値を有するものの有償的移転を目的とする契約は売買に類する契約として売買に関する規定を類推適用すべきであるとし、電気需給契約はこれにあたるとの説が古くからある[21]。電気は、一定の発電・送電施設によって管理され、一定の計量に従って取引されている関係において、独立の取引価値がある財貨であるとみなされ[22]、電気需給契約は、かかる財貨の移転を目的とするものであることから、売買に類する契約とみなすのである[23]。

大判昭和12・6・29民集16巻1014頁は、電力会社が発電し供給する電気の料金債権が、民法173条1号に定める「生産者が売却したる産物の代価」として2年の消滅時効にかかるか、請負契約の報酬債権として一般の規定に従い5年の消滅時効にかかるかが争われた事案について、当該電気需給契約が、「財産権の移転に非ずとするも、……産物の売却、即ち売買契約に類する有償契約と解するを妥当とすべし」と判示し、電気料金債権について2年の消滅時効を認めた。同号の「産物」は、同法85条の「物」に限らず、広く商品的価値を有する財貨であると解されており[24]、電気需給契約において供給される電気をかかる意味における「産物」とみなしたうえで、同契約を売買契約に類する有償契約と解する判旨は、通説的な学説の立場と一致しており、多くの研究者がこれを支持している[25]。

21　鳩山秀夫『日本債権法各論上巻［増訂版］』（岩波書店、大正13年）283頁・284頁、鳩山秀夫『日本債権法各論下巻［増訂版］（岩波書店、大正13年）560頁・561頁、石田文次郎『債権各論講義』（弘文堂書房、昭和12年）17頁。

22　於保・前掲（注3）127頁・128頁、米倉・前掲（注4）230頁。

23　鳩山・前掲（注21）下巻561頁参照。

24　川島武宜編『注釈民法(5)総則(5)』（有斐閣、昭和42年）356頁〔平井宜雄〕。

25　中川善之助「電気は物か」法学セミナー28号59頁。

第1章　電気事業における信託活用のための基礎知識

(3)　電気の供給の私法上の基本的な位置づけ

　従来の多数説による電気の供給の私法上の基本的な位置づけは、次の①～③のとおりまとめられよう。

①　電気は、民法85条の「有体物」にあたらないので、同条の「物」にはあたらず、所有権、占有権の客体とはならない。

②　電気が所有権の客体とならない以上、電気需給契約は「財産権の移転」の合意とはいえないので売買契約ではない。

③　しかし、電気は、一定の発電・送電施設によって管理され、一定の計量に従って取引されている関係において、独立の取引価値がある財貨であるとみなされ、電気需給契約は、かかる財貨の移転を目的とする契約として、売買に類する契約と認められる。

3　電気の供給の類型の多様化と変容

(1)　電気事業法の改正に伴う電気の供給の類型の多様化

　電気事業法は、昭和39年に制定された後、平成7年改正（第一次電力構造改革）、平成12年改正（第二次電力構造改革）、平成17年改正（第三次電力構造改革）という3次にわたる抜本的改革を経て、電力システム改革における第1弾改正、第2弾改正、第3弾改正がそれぞれ、平成25年、平成26年、平成27年に成立し、このうち第1弾改正が平成27年4月1日に、第2弾改正が平成28年4月1日にそれぞれ施行され現在に至っている（第3弾改正は平成32年4月1日の施行が予定されている）。

　電気の供給の類型は、これらの電気事業法の改正に伴い順次多様化してきた[26]。以下、電気事業法の下で行われてきた電気の供給の主要な類型の取引を、各改正で区切った時期ごとに列挙する。

①　平成7年改正以前

　　ⓐ　一般電気事業者（10電力会社）による需要家への供給

26　経済産業省資源エネルギー庁HP「電気事業制度の概要」〈http://www.enecho.meti.go.jp/category/electricity_and_gas/electric/summary/〉（平成30年3月20日閲覧）。

16

Ⅱ　電気の供給の私法上の位置づけ

ⓑ　卸電気事業者による一般電気事業者への供給
② 　平成 7 年改正以降
ⓐ　一般電気事業者（10電力会社）による需要家への供給
ⓑ　卸電気事業者・卸供給事業者による一般電気事業者への供給
ⓒ　特定電気事業者による限られた地域における需要家への供給
③ 　平成12年改正以降
ⓐ　一般電気事業者（10電力会社）による需要家への供給
ⓑ　卸電気事業者・卸供給事業者による一般電気事業者への供給
ⓒ　特定電気事業者による限られた地域における需要家への供給
ⓓ　特定規模電気事業者による特別高圧契約（2000kW 以上、受電条件 2 万 V 以上）の大口需要家への供給
ⓔ　一般電気事業者による特定規模電気事業者への託送供給（振替供給、接続供給）
ⓕ　発電を行う業者による特定規模電気事業者への供給（電気事業法規制外）
④ 　平成17年改正以降
ⓐ　一般電気事業者（10電力会社）による需要家への供給
ⓑ　卸電気事業者・卸供給事業者による一般電気事業者への供給
ⓒ　特定電気事業者による限られた地域における需要家への供給
ⓓ　特定規模電気事業者による高圧契約（50kW 以上、受電条件6000V 以上）の大口需要家への供給
ⓔ　一般電気事業者による特定規模電気事業者への託送供給（振替供給、接続供給）
ⓕ　発電を行う業者による特定規模電気事業者への供給（電気事業法規制外）
ⓖ　卸電力取引所における電力の売買取引
⑤ 　電力システム改革第 2 弾改正（平成28年 4 月 1 日）以降
ⓐ　小売電気事業者による需要家への供給
ⓑ　発電事業者による小売電気事業者への供給（電気事業法規制外）
ⓒ　一般送配電事業者による発電事業者への発電量調整供給[27]

17

第1章 電気事業における信託活用のための基礎知識

ⓓ 一般送配電事業者による小売電気事業者への託送供給（振替供給、接続供給）

ⓔ 卸電力取引所における電力の売買取引

(2) 電気需給契約の変容──一般電気事業者による供給から小売電気事業者による供給へ

電気の供給の類型は、電気事業法の平成7年改正以降、改正の都度多様化してきたが、同時にそれは、需要家への電気供給形態の変容の過程ともいえる。需要家への電気の供給は、平成7年改正以前は、発電設備および送配電設備を保有する一般電気事業者が自ら発電し送電する電気を需要家に供給するという形で行われていたところ、かかる供給形態は、その後の数度にわたる電気事業法の改正により、大きな変容を遂げることとなった。それは、もっぱら、電気の小売りの段階的な自由化に伴う変容であり、平成12年改正による大口需要家に対する電力小売事業の一部自由化に始まり、平成28年4月に施行された電力システム改革第2弾改正による電力小売事業の全面自由化によって完了したものである。

平成12年改正では、それまで一部の例外を除き一般電気事業者の独占となっていた電気の小売り、すなわち一般の需要に応じた電気の供給が一部自由化され、特定規模電気事業者による一定規模以上の需要に応じた電気の供給が認められた。特定規模電気事業者は一般電気事業者と異なり送配電設備を保有していないため、特定規模電気事業者が一般電気事業者の保有する送電網を利用して需要家に電気を供給するためのしくみがあわせて創設された。すなわち、特別規模電気事業者が自ら発電しあるいは他の発電事業者から調達した電気を一定の場所で一般電気事業者に引き渡し、一般電気事業者は、受電した場所以外の特定の場所において、当該特定規模電気事業者が需要家に供給する電気を当該特定規模電気事業者に対して供給するというしくみである。かかる供給のしくみは、振替供給（一般電気事業者は受電した電気の量に相当する電気を供給する）と接続供給（一般電気事業者は、特定規模電気事業の用に供するための電気の量の変動に応じた量の電気を供給する）として整

---

27 平成29年4月1日以降は電力量調整供給。

備され、平成17年改正によって両者をあわせて「託送供給」と整理されることとなった。

特定規模電気事業者による電気の小売りの対象は、平成17年改正によって、平成16年4月、平成17年4月に順次拡大され、平成24年度時点では需要電力量の60%が自由化の対象となったが、一般家庭を中心とした残りの40%は依然として一般電気事業者による独占供給の対象となっていた[28]。

電力システム改革第2弾改正は、すべての需要家に対する電気の小売りを全面自由化した。これに伴い、従来の「一般電気事業」「特定規模電気事業」といった区別を廃し、それぞれの事業に含まれていた小売電気事業および新たに行われる小売電気事業（一般の需要に応じた電気の供給（小売供給）を行う事業。電気事業法2条1項1号・2号）を登録制とし、かかる登録を受けた者を小売電気事業者とした（同項3号）。また、一般電気事業に含まれていた送配電事業は原則として許可制とし、かかる許可を受けた者を一般送配電事業者（同項9号）とした。さらに発電事業を新たに届出制とし、かかる届出をした者を発電事業者（同項15号）とした。かかる電気事業類型の見直しにより、一般の需要に応じた電気の供給は小売電気事業者がもっぱらこれを行うこととなり、発電設備および送配電設備を有しない小売電気事業者は、発電事業者等から電気を調達し、これを一般送配電事業者に引き渡すとともに当該一般送配電事業者から託送供給（振替供給および接続供給）を受けることにより需要家への電気の供給を行うこととなった。

要約するなら、発電設備および送配電設備を保有する一般電気事業者が自ら発電し送電した電気を需要家に供給するという平成12年改正までの典型的供給形態は、その後の数次の電気事業法改正を経て、発電設備も送配電設備も保有しない小売電気事業者が、①発電事業者から電気の供給を受け、②それを一般送配電事業者に受電せしめるとともに当該一般送配電事業者から託送供給を受け、③かかる電気を需要家に供給するという典型的な形態に変容したといえよう。

28　経済産業省「電気事業法等の一部を改正する法律について（概要）」（平成26年6月）4頁。

第1章 電気事業における信託活用のための基礎知識

4 新しい制度の下での電気の供給の私法上の位置づけ

(1) 小売電気事業者による需要家への電気の供給

(ア) 契約上の電気供給義務の内容

(A) 一般電気事業者の電気供給義務

　小売電気事業者による需要家への電気供給義務[29]の内容は、一般電気事業者による電気供給義務の内容と対比することによって、より明らかとなる。そこで、まず、一般電気事業者による電気供給義務の内容を以下に整理する。

　従来の議論においては、一般電気事業者のように発電・送配電設備を保有する供給者による需要家への電気の供給を前提として、電気需給契約を、売買に類する有償契約であると位置づけていた。売買契約においては、その効果として、売主は財産権移転義務（民法555条）および目的物の引渡義務[30]を負い、買主は代金支払義務（同法555条）を負う。目的物の所有権を移転させる売買契約の場合、所有権の移転は当事者の合意によりその効力が生じ（同法176条）、それとは別に売主による目的物の引渡しおよび買主による代金の支払いが行われる。しかし、電気は所有権の客体とはならないため、電気需給契約において、電気の所有権の移転の合意はなし得ず、供給者に電気の所有権を移転させる義務が生じることはない。また、電気は占有権の客体とはならないので、電気の占有の移転としての引渡義務が生じることもない。それでは、売買に類する契約と位置づけられた電気需給契約において、供給者はいかなる義務を負っていたのであろうか。

　一般電気事業者が需要家に電気を供給する電気需給契約には、一般電気事業者が作成し経済産業大臣の認可を得た供給約款が適用されていたところ、

29　「需要家への電気供給義務」という場合、電気需給契約上の供給義務と、電気事業法上の電気供給に関する諸義務とを含意する。後者については、後記オにおいて述べることとし、ア〜エではもっぱら前者について論じることとする。

30　柚木馨＝高木多喜男編『新版注釈民法(14)債権(5)』（有斐閣、平成5年）189頁〔柚木馨＝高木多喜男〕。

20

II　電気の供給の私法上の位置づけ

かかる供給約款においては、「電気の需給地点（電気の需給が行われる地点）は、当社の電線路または引込線とお客さまの電気設備の接続点とします」との定めがあった[31]。この定めについては、「電気の需給地点とは電気供給債務の履行場所（電気の引渡場所）であり、この需給地点までの電気設備について、電源（供給）側は電力会社によって、負荷（需要）側は需要家によってそれぞれ施設されることになるので、設備の所有関係に着目すれば需給地点は同時に需給両者の財産の分界点でもある」との説明がなされていた[32]。

　以上の供給約款の規定およびその説明に照らせば、供給者は、供給者の保有する電気設備と需要者の保有する電気設備の接続点（以下、「需要場所接続点」という）において電気の供給を行う義務を負っており、その「供給」の具体的内容は、電気を供給者の保有する電気設備の管理下から需要家の保有する電気設備の管理下に移転させることであると解される。

　電気についての財貨としての取引価値は、「一定の発電・送電施設によって管理され、一定の計量に従って取引されている関係」において認められるので、電気を供給者の保有する電気設備の管理下から需要家の保有する電気設備の管理下に移転させることにより、電気の取引価値は供給者から需要家に移転するといえる。したがって、供給者が電気需給契約上負うかかる電気の移転義務は、所有権移転義務に代わるところの、電気の取引価値を需要家に移転させる義務であり、電気需給契約を売買に類する契約たらしめる義務と位置づけられよう。

　なお、前述のとおり、電気に占有権は観念できないため、占有権を移転させる行為としての「引渡し」は、電気について観念し得ないところであるが、電気を自らが保有する電気設備の管理下から他人が保有する電気設備の管理下に移転させる行為を、便宜上、以下において、電気を「引き渡す」と表現する。

31　電気供給約款研究会編『新版電気供給約款の理論と実務』（日本電気協会新聞部、平成24年）299頁。

32　電気供給約款研究会編・前掲（注31）300頁。

第1章　電気事業における信託活用のための基礎知識

(B)　小売電気事業者の電気供給義務

　小売電気事業者は需要家との間で電気需給契約（小売電気事業者が需要家との間で締結する電気需給契約。以下、「小売供給契約」という）を締結して、電気を需要家に供給するが、現行の電気事業法の下では、旧一般電気事業者がみなし小売電気事業者（電気事業法等の一部を改正する法律（平成26年法律第72号）附則2条1項により、小売電気事業者の登録を受けたものとみなされる一般電気事業者をいう（同条2項））として一定の要件を満たす供給について締結する小売供給契約（同法附則16条1項）を除き、小売供給契約は経済産業大臣の認可を要しないこととなっている（同法附則18条1項）。経済産業大臣により認可されたみなし小売電気事業者と需要家との間の小売供給契約においては、一般電気事業者が需要家と締結していた電気需給契約と同様、供給者は需要場所接続点において電気を需給する旨定められているが、経済産業大臣の認可を要しない一般の小売供給契約においても、同様の定めがあるようである。

　小売供給契約に、供給者は需要場所接続点において電気を需給する旨の明示または黙示の定めがあることを前提とすれば、小売電気事業者は需要場所接続点において需要家に電気を供給する義務を負っているといえる。他方、供給者たる小売電気事業者は電気設備を保有しておらず、需要場所接続点より供給側の電気設備は、供給者ではない一般送配電事業者により保有されているという点において、一般電気事業者による需要家への電気供給の場合と大きな違いがある。そこで、かかる小売供給契約に基づき小売電気事業者が電気を需要家に供給する場合の「供給」の具体的内容は、供給者が、電気を、供給者ではない一般送配電事業者の保有する電気設備の管理下から需要家の所有する電気設備の管理下に移転せしめることということになる。

　電気についての財貨としての取引価値は、「一定の発電・送電施設によって管理され、一定の計量に従って取引されている関係」において認められるので、電気設備を保有せず、電気を管理することのない小売電気事業者にかかる取引価値が帰属することはない。小売電気事業者は、電気を一般送配電事業者の保有する電気設備の管理下から需要家の保有する電気設備の管理下に移転せしめることにより、電気の取引価値を一般送配電事業者から需要家

に直接移転せしめるのである。

(イ) 電気の供給を実現させるためのアレンジメント

自ら発電し送配電を行う一般電気事業者は、電気を自ら保有する電気設備の管理下においているため、自らの意思に基づき、需要家の需要に応じた量の電気を需要家の保有する電気設備の管理下に移転させるために必要な行為を行うことができる。しかし、自ら電気設備を保有しない小売電気事業者が、需要家への電気の供給、すなわち需要家の需要に応じた量の電気を需要家の保有する電気設備の管理下に移転せしめることを実現させるためには、電気設備を保有する発電事業者および一般送配電事業者との間で、以下に述べるようなアレンジメントを行うことが必要となる。

(A) 発電事業者からの電気の調達

(a) 発電事業者による「電気の供給」

小売電気事業者は、需要家に供給すべき電気の量に足りる量の電気を確保すべく、発電事業者[33]との間で、継続的供給を約した契約を締結することにより、あるいは、特定の時間帯についての供給をスポットで約定することにより（かかる契約または約定を以下、「調達契約」という）、一定の期間において一定の量の電気の供給を受け、その対価として電気料金を支払う。

調達契約は、その内容について電気事業法の規制の適用を受けず、当事者が自由に定めることができる。したがって、調達契約における発電事業者の電気供給義務の内容の定め方も一様ではないが、基本的には以下のように整理できるのではなかろうか。

まず、調達契約において、発電事業者はどの地点において電気の供給義務を履行することになっているか。

後記(B)において述べるとおり、小売電気事業者は、調達契約において供給を受けた電気を一般送配電事業者に受電させ、その託送供給を受けることになっているところ、経済産業省が認可し一般に利用されている託送供給契約

---

33 小売電気事業者は、別の小売電気事業者等、発電事業者以外の者から電気を調達することもあるが、ここでは発電事業者からの調達について述べることとする。なお、別の小売電気事業者からの調達に関しては、後記(3)において述べる。

によれば、一般送配電事業者は、発電事業者の電気設備と当該一般送配電事業者の供給設備の接続点（以下、「発電場所接続点」という）において、小売電気事業者から託送供給のために受電することになっている。かかる規定は、小売電気事業者は発電場所接続点において発電事業者から調達した電気の供給を受けていることを前提としている。したがって、調達契約においては、発電事業者は発電場所接続点において小売電気事業者に電気を供給する旨定められているものと考えられる。

　それでは、その場合の「供給」の具体的内容はいかなるものであろうか。

　小売電気事業者は電気設備を保有しないため、調達契約において「発電事業者は、発電場所接続点において小売電気事業者に電気を供給する」旨定められていたとしても、その「小売電気事業者への供給」は、小売電気事業者への電気の「引渡し」を意味し得ない。また、託送供給契約において、「一般送配電事業者は、発電場所接続点において小売電気事業者から受電する」旨定められていたとしても、その「小売電気事業者からの受電」は、小売電気事業者からの電気の「引渡し」を意味するものではない。実際に発電場所接続点で行われるのは、発電事業者が発電した電気を、後記(b)の電力量調整供給を行う一般送配電事業者に「引き渡す」ことである。かかる電気の「引渡し」が、一般送配電事業者による電力量調整供給と相まって、調達契約に基づく「発電事業者による小売電気事業者への電気の供給」と託送供給契約に基づく「小売電気事業者からの一般送配電事業者の受電」を共に実現させるというのが各契約の当事者の意思であると考えられる。

　したがって、調達契約における発電事業者による小売電気事業者への電気の「供給」の具体的内容は、発電場所接続点において、発電事業者が発電した電気を、後記(b)の電力量調整供給を行う一般送配電事業者に「引き渡し」、もって、一般送配電事業者による電力量調整供給と相まって、託送供給契約における「小売電気事業者からの一般送配電事業者の受電」を小売電気事業者のために実現させることであると解するのが合理的であると思われる。

　　(b)　一般送配電事業者による電力量調整供給

　一般送配電事業者は、発電事業者との間で締結した契約[34]に基づき、電力量調整供給、すなわち、発電事業者が発電した電気を受電し、それと同時

に、その受電した場所において、発電事業者からあらかじめ申出を受けた量の電気を発電事業者に供給すること（電気事業法2条1項7号イ）を行う。電気事業法上、一般送配電事業者は、一定の例外的場合を除き、その供給区域内において、かかる電力量調整供給を拒んではならないことになっている（同法17条2項）。これにより、小売電気事業者は、発電事業者の発電量の変動にかかわらず、あらかじめ約定した一定の量の電気を、託送供給を行う一般送配電事業者に受電せしめることできることとなる。

(B) 一般送配電事業者による託送供給

(a) 託送供給の機能

発電場所接続点と需要場所接続点は離れているので、小売電気事業者は、調達契約に基づき発電場所接続点において発電事業者から供給を受けた電気を、需要場所接続点において需要家に供給できる状態にしなければならない。それを実現するため、小売電気事業者は、一般送配電事業者と締結した契約[35]に基づき、以下に説明する託送供給を受ける。電気事業法上、一般送配電事業者は、正当な理由がない限り、その供給区域内における託送供給を拒んではならないと定められている（電気事業法17条1項）。これにより、小売電気事業者は、発電事業者から調達した電気を、確実に需要場所接続点において需要家に供給できる状態にすることができることとなる。

一般送配電事業者が小売電気事業者のために実施する託送供給には、小売電気事業者から受電した一般電気事業者が、同時に、受電場所と異なる場所以外の場所において、当該小売電気事業者に対して、受電した電気の量に相当する量の電気を供給する「振替供給」（電気事業法2条1項4号）と、小売電気事業者から受電した一般電気事業者が、同時に、受電場所と異なる場所以外の場所において、当該小売電気事業者に対して、当該小売電気事業者の小売供給の用に供するための電気の量に相当する量の電気を供給する「接続

34　一般送配電事業者は、電力量調整供給についての供給条件について約款を定め、経済産業大臣の認可を受けなければならない（電気事業法18条1項）。

35　一般送配電事業者は、託送供給についての供給条件について約款を定め、経済産業大臣の認可を受けなければならない（電気事業法18条1項）。

第1章　電気事業における信託活用のための基礎知識

供給」（同項5号イ）とがある。

　発電場所接続点と需要場所接続点が同じ一般送配電事業者の供給区域内にある場合、当該一般送配電事業者が接続供給を行う。

　需要場所接続点が発電場所接続点の所在する一般送配電事業者の供給区域外にある場合、需要場所接続点が所在する供給区域に至るまでの送電経路が所在する供給区域においては、各供給区域をカバーする一般送配電事業者が振替供給を行い、需要場所が所在する供給区域においては、当該供給区域をカバーする一般送配電事業者が接続供給を行う。後者の場合、小売電気事業者は、接続供給を行う一般送配電事業者に対して託送供給の対価を支払うこととされている。

　　(b)　一般送配電事業者による「受電」と「電気の供給」

　前述のとおり、託送供給には振替供給と接続供給とがあるが、いずれも、始点において一般送配電事業者が小売電気事業者から受電し、同時に、終点において一般送配電事業者が小売電気事業者に電気を供給するというしくみにより、電気を始点から終点に託送し、小売電気事業者はその対価として託送料金を一般送配電事業者に支払うものである。以下においては、振替供給および接続供給のそれぞれにおける「受電」と「電気の供給」の内容を簡単に整理する。

　　(あ)　振替供給の場合

　発電場所接続点から一般送配電事業者の供給区域を跨いで需要場所接続点に電気が託送される場合、発電場所接続点が所在する供給区域内における託送は、当該供給区域をカバーする一般送配電事業者が振替供給を実施することにより行われる。

　託送供給契約によれば、一般送配電事業者は発電場所接続点において小売電気事業者から電気を受電することとされているが、かかる「小売電気事業者からの受電」は、前述のとおり、小売電気事業者が、調達契約に基づき、発電事業者をして発電場所接続点において電気を電力量調整供給を行う一般送配電事業者に「引き渡せしめる」ことにより行われる。

　小売電気事業者からそのような形で受電し、当該小売電気事業者に振替供給を行う一般送配電事業者（以下、「一般送配電事業者A」という）は、託送

供給契約に基づき、会社間連系点（当該一般送配電事業者以外の一般送配電事業者が維持および運用する供給設備と当該一般送配電事業者が維持および運用する供給設備との接続点）において、受電した電気の量に相当する電気を当該小売電気事業者に供給することとされている。また、当該会社間連系点から需要場所側の供給区域における託送供給は、当該供給区域をカバーする一般送配電事業者（以下、「一般送配電事業者Ｂ」という）を当事者とする託送供給契約により実施されるところ、かかる託送供給契約において、一般送配電事業者Ｂは、当該会社間連系点において、当該小売電気事業者から受電することとされている。

かかる会社間連系点における「一般送配電事業者Ａから小売電気事業者への供給」および「小売電気事業者からの一般送配電事業者Ｂの受電」は、実際には、一般送配電事業者Ａが、当該会社間連系点において、一般送配電事業者Ｂに電気を「引き渡す」ことにより行われる。

したがって、振替供給における一般送配電事業者Ａによる小売電気事業者への電気供給の具体的内容は、会社間連系点において、一般送配電事業者Ｂに電気を「引き渡し」、もって、「小売電気事業者からの一般送配電事業者Ｂの受電」を、当該小売電気事業者のために実現させることであると解される。

(い) 接続供給の場合

前述のとおり、①発電場所接続点と需要場所接続点が同じ一般送配電事業者の供給区域内にある場合、需要場所接続点への託送は、当該一般送配電事業者による接続供給をもって行われ、②需要場所接続点が発電場所接続点の所在する一般送配電事業者の供給区域外にある場合、需要場所接続点が所在する供給区域における託送が、当該供給区域をカバーする一般送配電事業者による接続供給をもって行われる。

託送供給契約によれば、一般送配電事業者は、上記①の場合は発電場所接続点において、上記②の場合は会社間連系点において、小売電気事業者から電気を受電することとされている。かかる「小売電気事業者からの受電」は、上記①の場合は、小売電気事業者が発電事業者をして発電場所接続点において電気を電力量調整供給を行う一般送配電事業者に引き渡せしめること

第1章　電気事業における信託活用のための基礎知識

により行われる。上記②の場合は、小売電気事業者が、需要場所接続点が所在する供給区域に隣接する供給区域をカバーする一般送配電事業者をして、会社間連系点において、需要場所接続点が所在する供給区域をカバーする一般送配電事業者に引き渡せしめることにより行われる。

　小売電気事業者から前述のような形で受電した一般送配電事業者は、託送供給契約に基づき、需要場所接続点において、当該小売電気事業者が需要家に対して供給の用に供する電気を当該小売電気事業者に供給することとされている。同時に、当該小売電気事業者は、小売供給契約に基づき、当該需要場所接続点において、需要家の需要に応じた量の電気を需要家に供給する義務を負っている。

　需要場所接続点における、かかる「一般送配電事業者による小売電気事業者への供給」および「小売電気事業者による需要家への供給」は、実際には、接続供給を行う一般送配電事業者が、需要場所接続点において需要家に電気を「引き渡す」ことにより行われる。

　したがって、接続供給における一般送配電事業者の小売電気事業者への電気供給の具体的内容は、需要場所接続点において、需要家に供給の用に供する電気、すなわち需要家の需要に応じた量の電気を「引き渡し」、もって、小売供給契約において小売電気事業者がその義務を負う「需要家への電気の供給」を、当該小売電気事業者のために実現させることであると解される。

　　(c)　接続供給における「しわ取り」

　接続供給を行う一般送配電事業者は、受電した電気の量にかかわらず、小売電気事業者に対して、小売電気事業者が需要家に対して供給の用に供する電気、すなわち需要家の需要に応じた量の電気を供給する義務を負い、小売電気事業者から受電した電気の量が、需要量を下回る場合は不足分を補充して当該小売電気事業者に供給し、需要量を上回る場合は、余剰分を当該小売電気事業者から引き取る（いわゆる「しわ取り」）。これにより、小売電気事業者は、需要家の需要の変動にかかわらず、確実に需要家の需要に応じた量の電気の供給を一般送配電事業者から受け、需要家にそれを供給することができることとなる。

(ウ) 電気の供給が実現しない場合の小売電気事業者の責任

(A) 電気の調達および託送供給に関して小売電気事業者に懈怠があった場合

小売電気事業者が需要家への電気の供給を実現させるためのアレンジメントとしてなすべき行為は、発電場所接続点と需要場所接続点が同じ一般送配電事業者の供給区域内にある場合を例にとるなら、以下のとおり整理されよう。

① 一般送配電事業者と有効な電力量調整供給契約を締結している発電事業者との間で、適時に適切な量の電気を調達することができる有効な調達契約を締結し、当該調達契約に基づく義務を履行したうえで権利を適切に行使して、当該発電事業者をして、発電した電気を発電場所接続点において、一般送配電事業者に引き渡せしめ、もって、当該一般送配電事業者との間の託送供給契約における「小売電気事業者からの一般送配電事業者の受電」を当該小売電気事業者のために実現せしめること

② 一般送配電事業者との間で、有効な託送供給契約を締結し、発電場所接続点において、当該一般送配電事業者をして前記①において述べたような形で受電せしめ、当該託送供給契約に基づく義務を履行したうえで権利を適切に行使して、需要場所接続点において、当該小売電気事業者が供給の用に供する電気、すなわち需要家の需要に応じた量の電気を、需要家に引き渡せしめ、もって、小売供給契約に基づき当該小売電気事業者が義務を負う「需要家への供給」を、当該小売電気事業者のために実現せしめること

上記の行為に関し小売電気事業者に何らかの懈怠があったことにより、需要家への電気の供給が実現しなかった場合は、小売電気事業者は、自らの責めに帰すべき債務不履行としてその責任を負うことになろう。

(B) 一般送配電事業者に故意・過失があった場合

もし、一般送配電事業者が小売電気事業者のいわゆる「履行補助者」と認められるなら、小売電気事業者は、前記(A)①②の行為を適切に行っていたとしても、一般送配電事業者の故意または過失により需要家への電気の供給がなされなかった場合[36]は、債務不履行責任を負うことになる[37]。

一般に、債務者が債務を履行のために使用する者を履行補助者といい、履

第1章　電気事業における信託活用のための基礎知識

行補助者であるためには、その者が、債務者がその意思により債務を履行するために配置した者であり、その者の行為が債務者に課された債務の履行過程に組み込まれている必要があるが、債務者とその者との間に委任契約が存在する必要はなく、支配・従属関係が存在する必要もないといわれている[38]。一般送配電事業者の行為は、少なくとも、小売電気事業者が負う需要家への電気の供給という債務の履行過程に組み込まれているということができ、小売電気事業者の履行補助者と考える余地もあるように思われるが、この問題については今後の議論に委ねることとしたい。

　小売電気事業者の責任の具体的な範囲については、上記履行補助者の議論に加え、小売供給契約において定められている免責条項の内容も踏まえ、個別的に判断されることになる。仮に、一般論として、一般送配電事業者が小売電気事業者の「履行補助者」とみなされ、小売電気事業者は一般送配電事業者の故意・過失についても責任を負うのを原則としても、小売供給契約の免責条項の適用により、かかる場合の責任が相当程度限定されることがある。したがって、小売電気事業者の責任の範囲を検討するにあたっては、小売供給契約に設けられている免責条項の解釈およびその効力の検討が最終的に重要になろう。

　　(エ)　小売供給契約の私法上の位置づけ

　小売供給契約において、小売電気事業者は、一般送配電事業者の保有する電気設備の管理下にある電気を、需要家の保有する電気設備の管理下に移す義務を負うのであり、かかる契約は、他人である一般送配電事業者に帰属している電気についての取引価値を需要家に移転させる契約ということにな

36　発電事業者に故意・過失があり十分な発電がなされない場合、電力量調整供給および接続供給における一般送配電事業者による電気の補填が行われるので、需要家への電気の供給が実現しない結果となることは想定しがたい。したがって、小売電気事業者以外の者に帰責事由がある場合として、もっぱら一般送配電事業者に故意・過失がある場合を検討するものである。

37　奥田昌道編『新版注釈民法(10)Ⅱ債権(1)』（有斐閣、平成23年）183頁以下〔北川善太郎＝潮見佳男〕。

38　奥田編・前掲（注37）183頁・184頁〔北川善太郎＝潮見佳男〕。

30

る。この点に関して、他人に帰属する取引価値を移転させる契約は有効かということが問題となりうる。

売買契約においては、財産権が他人に属する場合（他人物売買）も、そのために売買が無効になることはなく、売主がこれを取得して買主に移転する義務を負うこととされている（民法560条）。小売電気事業者は、一般送配電事業者に帰属している電気の取引価値を自ら取得して需要家に移転させることはできないが、一般送配電事業者との託送契約に基づき一般送配電事業者をして直接需要家に移転せしめることは可能であり、小売供給契約は、小売電気事業者にかかる移転を実現させる義務を負担させる契約と解する限り、他人物売買に類する有効な有償契約と認められよう。

(オ) 小売電気事業者による電気の供給に関連する電気事業法上の諸規制

電気事業法は、電気の安定供給の確保および需要家の保護のため、小売供給契約の締結および履行に関連して以下のような義務を小売電気事業者に課している。

(A) 供給義務

電力システム改革第2弾改正前は、一般電気事業者は「正当な理由がなければ、その供給区域における一般の需要に応じる電気の供給を拒んではならない」との供給義務を負っていた（電力システム改革第2弾改正前の電気事業法18条1項）。

電力システム改革第2弾改正後は、旧一般電気事業者がみなし小売電気事業者として一定の要件を満たす供給を行う場合は従来と同様の供給義務を負うが（電気事業法等の一部を改正する法律（平成26年法律第72号）附則16条1項）、それ以外の場合において、小売電気事業者は、電気事業法上の供給義務は負わないこととなった。

(B) 供給能力の確保

小売電気事業を営もうとする者は、登録申請書において、小売供給の相手方の電気の需要に応ずるために必要と見込まれる供給能力の確保に関する事項を記載しなければならず（電気事業法2条の3第1項3号）、かかる供給能力を確保できる見込みがないことは登録拒否事由となる（同法2条の5第1項4号）。登録後も、小売電気事業者は、小売供給の相手方の電気の需要に

第1章　電気事業における信託活用のための基礎知識

応ずるために必要な供給能力を確保する義務を負い（同法2条の12第1項）、かかる供給能力を確保していない場合、経済産業大臣は供給能力確保その他の必要な措置を当該小売電気事業者に命じることができる（同条2項）。

かかる規制の運用にあたっては、供給能力の確保として、一般的に、自社電源や相対契約、卸電力取引市場からの調達によって最大需要電力に応ずるために必要な供給能力を確保することが求められている。

⒞　供給条件の説明および書面の交付

小売電気事業者および小売電気事業者が行う小売供給契約の締結の媒介、取次ぎまたは代理を業として行う者（以下、「小売電気事業者等」という）は、小売供給契約の締結またはその媒介、取次ぎもしくは代理（以下、「締結等」という）をしようとするときは、料金その他供給条件について、需要家に説明しなければならず、その際、経済産業省令で定めた書面を交付をしなければならない（電気事業法2条の13第1項・2項）。小売供給契約が締結されたときも、所定の事項を記載した書面を需要家に交付しなければならない（電気事業法2条の14第1項）。経済産業省が、関係事業者による自主的な取組みを促す指針として作成した、「電力の小売営業に対する指針」（平成28年1月制定。以下、「小売営業指針」という）では、供給条件の説明および書面の交付について、詳細な解説がなされ、「問題となる行為」と「望ましい行為」がそれぞれ列挙されている。

⒟　苦情等の処理

小売電気事業者は、当該小売電気事業者の小売供給業務の方法または小売供給に係る料金その他の供給条件についての需要家からの苦情および問合せについて、適切かつ迅速に処理しなければならない（電気事業法2条の15）。小売営業指針では、苦情および問合せへの対応について、「問題となる行為」と「望ましい行為」がそれぞれ列挙されている。

⑵　小売供給取次業者による小売供給契約の締結

㋐　小売供給契約締結の取次ぎの法的性質

小売電気事業を営もうとする者は経済産業大臣の登録を受けなければならないところ（電気事業法2条の2）、かかる登録を受けていない者、すなわち小売電気事業者以外の者が、小売供給契約の締結の「媒介」、「取次ぎ」また

32

は「代理」を行うことは許容されている（同法 2 条の13第 1 項参照）。

　小売供給契約締結の「媒介」とは、小売電気事業者と需要家の間に立って、小売供給契約の成立に尽力する行為であり、「代理」とは小売電気事業者の名をもって、当該小売電気事業者のためにすることを示して需要家との間で小売供給契約を締結することであり（小売営業指針 2 (2)ア）、いずれも、小売電気事業者と需要家との間の小売供給契約と異なる契約を成立させるものではない。これに対して、小売供給契約の「取次ぎ」は、小売電気事業者以外の者が、自己の名をもって、小売電気事業者の計算において、需要家との間で小売供給契約を締結することを引き受ける行為であり（小売営業指針 2 (2)ア）、これにより、小売電気事業者以外の者と需要家との間で小売供給契約が成立することとなる。

　電気の供給が「物品の販売」にあたれば、小売供給契約の取次ぎを行う取次業者（以下、「小売供給取次業者」という）は、商法551条に定める「問屋」となり、小売供給取次業者と小売電気事業者との関係には委任および代理の規定が準用される（同法552条 2 項）。電気が「物」にあたらないことを出発点としつつ、電気の供給が、民法173条 1 号に定める「産物の売却」にあたると認められるのと同様に、「物品の販売」とみなされるか否かは明らかではない。しかし、仮に電気の供給が「物品の販売」にはあたらないとしても、商法は、販売または買入れ以外の行為の取次ぎを業とする者を「準問屋」とし、問屋に関する規定を準用するので、いずれにしても、小売電気事業者と小売供給取次業者との間には、前者を委任者、後者を受任者として民法の委任の規定が準用されることとなる。

(イ)　小売供給取次業者が負う義務の内容

　小売供給取次業者は、小売供給契約の当事者として需要家が電気の供給を受けられるようにする義務を負う。自ら電気設備を保有しない小売供給取次業者が負う義務の内容は、電気を一般送配電事業者の管理下から需要家の管理下に移転させる（引き渡す）義務であり、かかる義務は、一般送配電事業者との間で託送供給契約を締結し、かかる託送供給契約に基づく権利を行使して一般送配電事業者をして、需給地点において需要家に電気を引き渡せしめることにより履行されるところ、託送供給契約の当事者ではない小売供給

取次業者はかかる履行を単独ではなし得ず、かかる履行をなし得るのは取次ぎの委任者である小売電気事業者である。小売供給取次業者は、締結を引き受けた契約（小売供給契約）に基づき負担した債務について、取次ぎを委任した者（小売電気事業者）に対し、自らその弁済をなすよう請求することができる（民法650条2項）ので、かかる権利を行使して、小売電気事業者をして、一般送配電事業者から需要家への電気の引渡しを実現せしめることになる[39]。このような形で、一般送配電事業者から需要家への電気の引渡しを実現せしめることが、小売供給取次業者が負う義務の内容と考えられる。

(ウ) 小売電気事業者が負う電気の供給義務の内容

　小売電気事業者が、小売供給取次業者に小売供給契約締結の取次ぎを委託する場合は、取次ぎの委託に関する契約（以下、「取次委託契約」という）を小売供給取次業者との間で締結し、かかる契約において、前記(イ)に述べた形で、電気を需要家に供給する義務を、小売供給取次業者に対して負うことになろう。小売電気事業者は、需要家との間では契約関係がないため、かかる供給義務を需要家に対して負うものではない。

　なお、小売供給取次業者の倒産等により小売供給契約が終了した場合、需要家は、小売電気事業者との間には契約関係がないため、それまで実際には電気供給のための行為を行っていた小売電気事業者に対して、かかる行為を引き続き行うよう請求することはできない。小売営業指針は、需要家と小売供給取次業者との間の契約の解除等により、需要家が不利益を受けないよう、十分な需要家保護策をとることを求めており、たとえば、前記のような状況においては、小売電気事業者が従前と同様の小売供給契約を需要家と直接契約すること等の措置をとることを求めている（小売営業指針2(2)イⅲ⑤）。

(エ) 電気の供給が実現しなかった場合の小売供給取次業者の責任

　小売供給取次業者が、小売電気事業者に対し、民法650条2項あるいは取次委託契約上の権利を行使して、一般送配電事業者から需要家への電気の引渡しを実現せしめることを請求することを怠り、それに起因して、電気の供

39　大塚龍児「委託販売契約」遠藤浩ほか編『現代契約法大系第4巻』（有斐閣、昭和60年）26頁。

給が実現しなかった場合には、小売供給取次業者に債務不履行責任が生じることは明らかである。しかし、かかる理由で電気の供給が実現しないという事態は極めて稀であろう。

不可抗力以外の事由で電気の供給が実現しないのは、多くの場合、小売電気事業者の前記(1)(ウ)(A)①②の行為に何らかの懈怠があった場合か、一般送配電事業者に何らかの故意過失があった場合であると思われるが、かかる場合に、小売電気事業者および一般送配電事業者を小売供給取次業者の履行補助者と位置づけて、小売供給取次業者に債務不履行責任を負わしめることができるかが問題となる。小売供給契約の相手方が小売供給取次業者となった場合、小売電気事業者が相手方である場合に比べ、需要家の権利が著しく弱くなるべき理由はないと思われ、少なくとも小売電気事業者の懈怠については小売供給取次業者が需要家に対して責任を負うと解すべきではないかと考える。また、一般送配電事業者の故意過失について責任を負うかという問題の結論も、小売電気事業者の場合と同じであるべきであろう。

(オ)　小売供給取次業者と小売電気事業者が負う電気事業法上の義務

(A)　供給条件の説明および書面の交付

小売供給契約締結の取次ぎにあたって、小売供給取次業者は、料金その他供給条件について需要家に対して説明し、それに関する書面を交付する義務、当該契約締結時に書面を交付する義務を負う（電気事業法2条の13第1項・2項・2条の14第1項）。小売営業指針においては、電気の供給を行うのは、小売供給取次業者ではなく小売電気事業者であることについて誤解を生じさせないよう注意して説明することが求められている（小売営業指針2(2)イⅲ)②)。

(B)　供給能力の確保および苦情等の処理

小売供給取次業者が小売供給契約の締結の取次ぎを行う場合でも、供給能力の確保に関する義務（電気事業法2条の12第1項）および苦情等の処理に関する義務（同法2条の15）は、取次ぎを委託する小売電気事業者が負担する。ただし、苦情等の処理については、小売電気事業者がその責任を負うことを前提に、取次業者もそれを行うことは妨げられないと解されている（小売営業指針2(2)イⅲ)③)。

第1章　電気事業における信託活用のための基礎知識

(3)　小売電気事業者間の電気の「転売」

(ア)　「転売」の法的位置づけ

　小売電気事業者Aが発電事業者Xから一定の期間において供給される一定量の電気を一定の価格で調達した後、小売電気事業者Bが小売電気事業者Aからかかる電気の全部または一部をその時点における一定の価格で調達し、さらに、小売電気事業者Cが小売電気事業者Bからそのように小売電気事業者Aから調達した電気の全部または一部をその時点における一定の価格で調達するという、いわゆる電気の「転売」は、電気事業法上特に禁止されておらず（小売営業指針2(4)参照）、実際に、相対で、あるいは卸電力取引所を通じて行われている。

　かかる電気の「転売」により、何が「売主」から「買主」に移転するのであろうか。

　電気事業法は、小売電気事業者間の電気の「転売」について特に規制しておらず、その契約内容も当事者間で自由に定めることができる。しかし、小売電気事業者Aが転売の前に有している権利は、電気についての所有権または所有権を取得する権利ということはあり得ず、発電事業者に対して、発電場所接続点において電気を一般送配電事業者に引き渡し、もって、託送供給契約における「小売電気事業者からの一般送配電事業者の受電」を小売電気事業者Aのために実現させることを請求しうる債権であることから、小売電気事業者Bへの「転売」により移転する権利も、転売契約の定めにかかわらず、発電事業者に対する債権の全部または一部であると考えざるを得ないように思われる。

(イ)　「転売」の対抗要件

　電気の「転売」を、発電事業者に対する債権の譲渡と構成した場合、対抗要件の問題が生じうる。

　たとえば、発電事業者から電気を調達した小売電気事業者Aから小売電気事業者Bに電気の「転売」が行われ、小売電気事業者Bが発電事業者に対して電気の引渡しを請求する場合、債務者対抗要件が具備されていない限り、発電事業者はかかる履行請求を拒絶できることになる。しかし、この場合、小売電気事業者Aが請求しようと、小売電気事業者Bが請求しようと、発電

36

事業者の履行の内容は、調達契約の定めに従って発電場所接続点において一般送配電事業者に電気を引き渡すということに変わりはなく、発電事業者に債務者対抗要件の不具備を主張して履行を拒絶する必要性はあまりないように思われる。

　小売電気事業者Aが発電事業者から調達した電気が、二重に「転売」される場合はどうか。たとえば、小売電気事業者Bが小売電気事業者Aからまず「転売」を受け、その後に小売電気事業者Cが小売電気事業者Aから二重に「転売」を受けた場合、小売電気事業者Bと小売電気事業者Cのいずれが、発電事業者に対して電気の引渡しを請求しうる権利を有するかという問題は現実に生じうるように思われる。また、類似の状況として、小売電気事業者Bが小売電気事業者Aから「転売」を受け、その後、小売電気事業者Aに法的倒産手続が開始し、その管財人が小売電気事業者Bへの転売の効力を争うということも考えられる。

　小売電気事業者間における電気の転売において債権譲渡の対抗要件が具備されることは実務上ないと思われるので、前記のような場合の処理については一応整理が必要であろう。

5　電気の供給をめぐる法的紛争の予防・解決のために

　長年の間、少数の極めて専門性の高いプレーヤーにより行われてきた電気の供給は、新たな制度の下で、その担い手が格段に広がり、今後、国民にとってより身近な取引となっていくものと思われる。それとともに法的紛争が生じる可能性も大きくなり、かかる紛争の予防・解決のためにも、電気の供給に関する私法上の諸問題についての検討・議論がより活発に行われることが望まれる。ここでは、さまざまな類型の電気の供給のうち、小売電気事業者が主体となるものに焦点をあて、極めて基本的な論点について検討を試みた。かかる検討が、今後のより幅広く深い議論の端緒となれば幸いである。

△▲後藤　出△▲

第1章　電気事業における信託活用のための基礎知識

Ⅲ　信託の概要

本書では、第3章以下において、発電事業、送配電事業および小売事業のそれぞれにおける信託の活用可能性が検討されるところ、ここでは信託の基本事項について簡単に触れておくこととする。

1　信託の定義

信託は、信託目的と信託財産を中心とした委託者・受託者・受益者三者の法律関係であり、一般に、委託者が、信託行為（信託契約、遺言、自己信託）のいずれかの方法に基づき、受託者に対して、金銭や土地などの財産を移転し、受託者は、信託目的に従って受益者のためにその財産（信託財産）の管理・処分等をする制度であるといわれている。

信託法2条1項では、この法律において「信託」とは、3条各号に掲げる方法（契約、遺言、自己信託）のいずれかにより、特定の者が一定の目的（もっぱらその者の利益を図る目的を除く）に従い財産の管理または処分およびその他の当該目的の達成のために必要な行為をすべきものとすることと定められている。

2　信託の設定

⑴　信託の設定方法

信託の設定方法には、①委託者と受託者との信託契約の締結、②委託者の遺言、③自己信託の三つがある（信託法2条2項）。

㋐　契約による信託

信託法では、委託者が、受託者との間で、「財産の譲渡、担保権の設定その他の財産の処分をする旨」と「受託者が信託目的に従い、信託財産の管理又は処分及びその他の当該目的の達成のために必要な行為をすべき旨」の二つの内容を盛り込んだ契約を締結する方法により設定され（同法3条1項）、

38

信託の締結により効力が発生する（同法4条1項）。

　信託契約の締結後に、信託の効力を発生させたい場合には、停止条件または始期を付して、その条件の成就または始期の到来によりその効力を発生させることができる（信託法4条4項）。

　信託法上は、信託契約の形式は定められておらず、口頭でも成立するが、信託銀行や信託会社が受託者となる営業信託の場合では、一定の事項を記載した書面により行わなければならないものとされている（信託業法26条）。

(イ)　遺言信託

　遺言信託は、委託者が、受託者に対して、信託契約と同様の内容について、民法の遺言の方法（民法960条以下）によって設定する信託である。遺言の効力発生によって信託は成立し、効力も発生する。

(ウ)　自己信託

　自己信託は、従前、「信託宣言」と呼ばれていた設定方法を、平成18年法律第108号による信託法の改正時に、書面等の要式を必須として加えて導入した設定方法である。

　委託者が、信託目的に従い、自己の有する一定の財産の管理または処分およびその他の当該目的の達成のために必要な行為を自らすべき旨の意思表示を公正証書その他の書面または電磁的記録でその目的、財産の特定に必要な事項その他の法務省令で定める事項を記載しまたは記録したものによってする信託であり、委託者が受託者となる信託である。

　また、公正証書または公証人の認証を受けた書面もしくは電磁的記録によって設定される場合は、その「公正証書等の作成」が、公正証書等以外の書面または電磁的記録によって設定される場合は、受益者となるべき者として指定された「第三者に対して確定日付のある証書による信託の通知」を行うことが、効力要件とされている。

(2)　信託目的

　信託法2条1項では、信託とは、「一定の目的（専らその者の利益を図る目的を除く）」に従い財産の管理または処分およびその他の当該目的の達成のために必要とすべきものと規定されているが、この「一定の目的」が「信託目的」と呼ばれるものであり、信託目的は、その信託が設定によって達成し

第1章　電気事業における信託活用のための基礎知識

ようとしている目標であるといえる。したがって、信託の成立のためには絶対に必要な要件であり、信託目的のない信託は無効になる。信託目的は、民法上の強行規定に違反するような目的では設定できないが、信託法では、信託の設定に際し、脱法信託・訴訟信託・詐害信託の三つの信託の禁止規定をおいている。

3　信託の特色

故四宮和夫教授は、信託の特色として、次の①～⑥の6点をあげられている[40]。

①　特定された財産を中心とする法律関係であること
②　受託者が財産権の名義者となること
③　受託者は、信託財産の管理・処分の権限が与えられていること
④　その受託者の管理・処分の権限は、排他的であること
⑤　その受託者の権限は、自己の利益のために与えられたものではなく、他人のために一定の目的に従って行使されなければならないこと
⑥　法律行為によって設定されること

これら6点以外にも、一般に、次の⑦⑧の2点の特色を有しているといわれている。

⑦　信託財産として特定された財産は、委託者、受託者、受益者のいずれの倒産からも隔離されていること
⑧　信託当事者が死亡（法人の場合は解散等）しても、原則として法律関係は存続すること

4　信託の機能と活用

信託は、財産管理・承継のための制度として、生まれ、発達してきたが、現在では、財産管理・承継機能のほかにも、転換機能と、倒産隔離機能が代表的な機能としてあげられている。

40　四宮和夫『信託法〔新版〕』（有斐閣、平成元年）7頁～10頁。

(1) 信託の財産管理・承継機能

たとえば、信託銀行等で取扱いが行われている教育資金贈与信託は、孫等の教育資金として祖父母等が信託銀行等に金銭等を信託し、孫等が教育資金が必要なときに、その信託から給付を受けることができ、1500万円（学校等以外の教育資金の支払いにあてられる金額については500万円）を限度として贈与税が非課税になる信託であるが、受託者は、祖父母等から受託した財産を管理しながら、孫等に承継する機能を果たしている。

(2) 信託の転換機能

委託者から財産が受託者に移転し、信託が設定されることにより、財産の権利者が転換し（権利者の転換）、同時に、財産が信託受益権という権利に転換する（財産権の転換）という機能である[41]。

これら信託の転換機能は、現在の信託実務としては重要な機能であり、いろいろなところで活用されている。

(ア) 権利者の転換

この権利者の転換には、「権利者の属性の転換」と「権利者の数の転換」がある。

権利者の属性の転換は、財産権者の財産管理力・経済的信用力・自然人性等を転換するために利用されている。たとえば、ある老人が所有している都心の一等地を有効利用しようとして、ビルの建設と賃貸事業を行おうとした場合を考えると、自然人である老人が金融機関から資金を借り入れることや不動産賃貸事業を行うことには、困難であることが容易に推測されるが、信託銀行にその土地を信託した場合には、資金調達も賃貸事業も容易に行うことができる。

また、権利者の数の転換は、財産権の帰属主体が複数である場合に、これを単一体にしたり、調整者を出したりするために、利用されている。

(イ) 財産権の転換

一方、財産権の転換には、主なものとして、既存の財産権が有している性状を別のものに転換し、あるいは財産権を、債務を含む包括財産に転換する

---

41 四宮・前掲（注40）14頁。

第1章　電気事業における信託活用のための基礎知識

ために利用する「財産権の性状の転換」がある。たとえば、委託者が保有している不動産や動産を信託受益権という債権的な権利に転換することにより、財産の譲渡が容易になる。とりわけ、信託法の改正により、受益権を有価証券化する受益証券発行信託という新しい類型の信託を利用すれば、受益証券は、引渡しをするだけで所有権が移転し、また、振替制度に乗せることもできる。

　また、リース債権のような小口で多数の債権を一つの信託受益権に転換する「財産（権）の運用単位の転換」が利用されている。逆に、購入するには多額の資金が必要な不動産の場合でも、信託して受益権を分割すれば、投資家のニーズに合致した商品に換えることが可能となる。さらに、これらの受益権は、優先受益権と劣後受益権に複層化することも可能である。

(3)　信託の倒産隔離機能

　信託が成立すると、委託者から受託者に財産が移転することから、原則として、委託者の倒産からは隔離される。また、移転して受託者に帰属した信託財産は、信託の公示制度や分別管理義務を履行することにより、受託者の倒産からも隔離される。さらに、受益者が倒産しても、受益権は受益者の債権者の引当てにはなるものの、信託財産自体は、強制執行の対象とはされず、受益者の倒産から隔離されている。

　この倒産隔離機能は、広く実務において活用されている。

5　信託財産

(1)　信託財産の範囲

　信託法では、信託財産は、「受託者に属する財産であって、信託により管理又は処分をすべき一切の財産をいう」と定義されており（信託法2条3項）、金銭に見積もれるものでなければならず、積極財産でなければならない。したがって、特許権等の知的財産権のほか、特許を受ける権利、外国の財産権等も含まれるが、人格権は含まれず、債務は、信託財産ではない。

　また、信託財産の範囲は、信託行為において信託財産に属すべきものと定められた財産のほか、信託財産に属する財産の管理、処分、滅失、損傷その他の事由により受託者が得た財産、信託法の規定により、信託財産に属する

42

こととなった財産であることが定められており（信託法16条）、信託財産は、形を変えても信託財産であり、物上代位性があるといわれている。

(2) 信託財産に属する財産の対抗要件

不動産等の財産には、信託の登記・登録制度があるが、信託法14条では、登記・登録をしなければ権利の得喪および変更を第三者に対抗することができない財産については、信託の登記・登録をしなければ、当該財産が信託財産に属することを第三者に対抗することができないことが定められている。すなわち、信託の登記・登録は、信託財産であることを第三者に対抗する要件であるということである。

なお、登記・登録制度のない動産、債権等の財産については、公示がなくても信託財産であることを第三者に対抗できると解されている。

(3) 信託財産責任負担債務

信託財産責任負担債務とは、受託者が信託財産に属する財産をもって履行する責任を負う債務（信託の債務）のことをいい（信託法2条9項）、同法21条1項において、信託財産責任負担債務が、限定列挙されている。

また、信託財産責任負担債務のうち、①受益債権、②限定責任信託における信託債権、③その他信託法に規定された信託財産に属する財産のみをもってその履行の責任を負うものとされる場合の信託債権、④責任財産限定特約が付された信託債権、に係る債務については、受託者が信託財産に属する財産のみをもって履行の責任を負う債務となる（信託法21条2項）。

(4) 信託財産の独立性

㋐ 信託財産に対する強制執行等の禁止

信託法では、信託財産責任負担債務に係る債権に基づく場合を除き、信託財産に属する財産に対しては、強制執行、仮差押え、仮処分、担保権の実行、競売または国税滞納処分をすることができない（信託法23条1項）。また、この規定に違反してなされた強制執行、仮差押え、仮処分、担保権の実行もしくは競売または国税滞納処分に対しては、受託者または受益者は、異議を主張することができる（同法23条5項・6項）。

また、受託者が破産手続開始の決定を受けた場合であっても、信託財産に属する財産は、破産財団には組み込まれず（信託法25条1項）、また、受益債

第1章　電気事業における信託活用のための基礎知識

権も、破産債権とならず、信託財産に属する財産だけを引当てとする信託債権についても同様に、破産債権にはならない（同条2項）。

(イ)　信託財産に属する財産と固有財産等に属する財産との付合および識別不能

信託財産に属する財産と固有財産に属する財産（他の信託の信託財産に属する財産を含む）との間で、付合、混和やこれらの財産を材料とする加工があった場合には、各信託の信託財産と固有財産に属する財産は各別の所有者に属するものとみなして、民法242条～248条の規定を適用するものとされている（信託法17条）。

また、信託法18条では、信託財産に属する財産と固有財産（または他の信託財産）に属する財産とが、識別することができなくなった場合は、その当時における各財産の価格の割合に応じて識別不能となった各財産の共有持分が当該信託財産と固有財産（または他の信託財産）とに帰属するものとみなし、識別不能となった当時における価格の割合が不明である場合には、その共有持分の割合は均等であると推定するものとされている。

(ウ)　信託財産に属する財産についての混同の特例

信託法においては、後述する利益相反行為の例外規定により、受託者が信託財産について権利を取得する場合が想定され、信託財産に対する権利を受託者が有する場合もある。

そこで、同一物について所有権および他の物権、または、所有権以外の物権およびこれを目的とする他の権利が、信託財産と固有財産または他の信託の信託財産とにそれぞれ帰属した場合には、民法179条1項本文・2項前段の規定にかかわらず、他の物権は消滅しないものとされている（信託法20条1項・2項）。また、債権の場合にも、同様の規定がおかれており、民法520条本文の規定にかかわらず、その債権は消滅しないものとされている（同法20条3項）。

(エ)　相殺の制限

信託法においては、信託財産に属する債権と固有財産に属する債権との相殺について、第三者からは、信託財産に対する強制執行等の制限に基づき制限され、一方、受託者からの相殺の場合には、信託財産に対する強制執行等

44

Ⅲ　信託の概要

の制限に加えて受託者の忠実義務における利益相反行為の制限に基づき、制限されている。

(A)　第三者が信託財産に属する債権を受働債権としてする相殺

信託法では、受託者が固有財産または他の信託の信託財産（以下、「固有財産等」という）に属する財産のみをもって履行する責任を負う債務に係る債権を有する者は、その債権をもって信託財産に属する債権に係る債務と相殺をすることはできない（同法22条1項）。しかし、受託者の忠実義務における利益相反行為の制限の例外（同法31条2項各号）に該当する場合において、受託者が承認したときは、この制限は適用されないことになっている（同法22条2項）。さらに、固有財産等責任負担債務に係る債権を有する者が、その債権を取得した時または信託財産に属する債権に係る債務を負担した時のいずれか遅い時において、①その信託財産に属する債権が固有財産等に属するものでないことを知らず、かつ、知らなかったことにつき過失がなかった場合、または、②その固有財産等責任負担債務が信託財産責任負担債務でないことを知らず、かつ、知らなかったことにつき過失がなかった場合についても、その例外として相殺を容認している（同条1項ただし書）。

(B)　第三者が固有財産に属する債権を受働債権としてする相殺

信託財産に属する財産のみをもってその履行の責任を負うものに限定した信託財産責任負担債務に係る債権を有する者は、その債権をもって固有財産に属する債権に係る債務と相殺をすることはできない（信託法22条3項本文）。ただし、受託者が同項の相殺を承認したときは、適用しないものとされている（同条4項）。また、この場合においても、信託財産責任負担債務に係る債権を有する者が、その債権を取得した時または当該固有財産に属する債権に係る債務を負担した時のいずれか遅い時において、その固有財産に属する債権が信託財産に属するものでないことを知らず、かつ、知らなかったことにつき過失がなかった場合については、その例外として相殺を容認している（同条3項ただし書）。

(C)　受託者が信託財産に属する債権を自働債権としてする相殺

受託者から相殺を行う場合については、信託法は、特別な規律をおかずに忠実義務に関する一般的な規律に委ねている。

45

第1章　電気事業における信託活用のための基礎知識

　受託者が信託財産に属する債権と、固有財産に属する債務と相殺する場合は、形式的には利益相反行為の間接取引に該当する（信託法31条1項4号）ことから、相殺は制限され、その違反の効果としては、第三者である債権者が、その相殺が利益相反行為であることを知り、または重大な過失により知らなかったときは、受益者は、受託者の相殺の意思表示を取り消すことができる（同条7項）ことになる。ただし、信託行為に定めがある場合等、利益相反行為の制限の例外（同条2項各号）に該当する場合には、相殺をすることが容認される。

⒟　受託者が固有財産に属する債権を自働債権としてする相殺

　信託法においては、受託者が固有財産に属する債権と信託財産責任負担債務とを相殺する場合については、一般的には、信託財産に不利益を与えることがないため、形式的にも、忠実義務違反とはならず、平成18年法律第108号による改正前の信託法（以下、「旧信託法」という）と同様に、相殺を制限していない。

　ただし、たとえば、信託銀行が、信託勘定と銀行勘定の両方で、ある会社に対して貸出を行っており、かつ、預金の預入れを受けているような場合において、その会社が倒産しそうなときには、銀行勘定に属する貸出金と信託勘定に属する貸出金のいずれと預金とを相殺すべきかは、忠実義務における競合行為の制限（信託法32条）の問題となる。

6　受託者

⑴　受託者の資格

　信託は、委託者が、受託者に対する信頼を基礎として、管理権の行使を委ねるものであることから、受託者は、その職責上委託者の信頼に応え、その管理者としての任務を達成することができる者でなければならない。

　そこで、信託法においては、未成年者、成年被後見人、被保佐人は、受託者にはなることができないものとしている（信託法7条）。

⑵　受託者の権限

　信託法26条では、「受託者は、信託財産に属する財産の管理又は処分及びその他の信託の目的の達成のために必要な行為をする権限を有する。ただ

し、信託行為によりその権限に制限を加えることを妨げない」ことが定められている。

また、受託者の権限違反行為を行った場合の効果について、信託財産が信託の登記または登録をすることができる財産とできない財産に分けて規定している。

まず、信託財産が信託の登記または登録をすることができない財産については、原則として、受託者が信託財産のためにした行為が、その権限に属しない場合において、行為の相手方が、行為の当時、その行為が、「信託財産のためにされたものであること」を知っており、かつ、「受託者の権限に属しないこと」を知っていたとき、または知らなかったことについて重大な過失があったときは、受益者はその行為を取り消すことができることが定められている（信託法27条1項）。

また、信託財産が信託法14条の信託の登記または登録をすることができる財産については、受託者の権利を設定しまたは移転した行為が、その権限に属しない場合には、その行為の当時に、同条の信託の登記または登録がされていたこと、かつ、その行為が受託者の権限に属しないことを知っていたことまたは知らなかったことについて重大な過失があったこと、に該当するときに限り、受益者は、その行為を取り消すことができることが定められている（同法27条2項）。

これらの受託者の権限違反行為に対する取消権は、受益者（信託管理人を含む）が取消しの原因があることを知った時から3カ月間行使しないとき、または、行為の時から1年を経過したときも、消滅する（信託法27条4項）。

(3) 受託者の義務

㋐ 受託者の各種義務

受託者は、信託が設定されて、効力が発生すると、信託法に定められた信託事務遂行義務、善管注意義務、忠実義務、公平義務、分別管理義務、信託事務処理の委託における第三者の選任および監督に関する義務等、を当然に負うことになっている。

㋑ 信託事務遂行義務、善管注意義務

信託法29条1項において、「受託者は、信託の本旨に従い、信託事務を処

第1章　電気事業における信託活用のための基礎知識

理しなければならない」と定められており、受託者に信託事務遂行義務を課してる。

　また、信託法29条2項においては、「受託者は、信託事務を処理するに当たっては、善良な管理者の注意をもって、これをしなければならない。ただし、信託行為に別段の定めがあるときは、その定めるところによる注意をもって、これをするものとする」と定められている。受託者は、委託者および受益者からの信認を受けており、信託事務を処理するには、自己の財産に対するのと同一の注意では足りず、より高度な注意義務を負うことが必要であることから、善管注意義務を課しているのである。

　この場合の「善良な管理者の注意」とは、「その職業や地位にある者として通常要求される注意」を意味し、受託者が専門家である場合には、専門家として通常要求される程度の注意をもって、信託事務を処理しなければならないと解されている。

㈡　忠実義務

(A)　忠実義務の規定

　忠実義務とは、受託者は、もっぱら信託財産（受益者）の利益のためにのみ行動すべきであるという義務である。

　信託法30条では、「受託者は、受益者のため忠実に信託事務の処理その他の行為をしなければならない」という忠実義務の一般規定がおかれている。

　信託法31条・32条では、「利益相反行為」と「競合行為」という二つの制限の類型が定められており、同時に、この制限に対する例外規定を設けることにより、一部任意規定化している。

　まず、利益相反行為については、①信託財産と固有財産との直接取引、②信託財産間の直接取引、③第三者との間において信託財産のためにする行為で、かつ、第三者の代理人となって行うもの、④信託財産に属する財産について、第三者との間において信託財産のためにする行為で、受託者またはその利害関係人と受益者との利益が相反することとなるもの、を制限している（信託法31条1項）。

　また、利益相反行為の制限の例外として、①信託行為に許容する定めがあるとき、②重要な事実を開示して受益者の承認を得たとき（ただし、信託行

為の定めで当該行為をすることができない旨の定めがあるときを除く）、③相続、合併等により包括承継がなされたとき、④信託の目的を達成するために合理的に必要と認められる場合で、受益者の利益を害しないことが明らかであるとき、または、その行為の信託財産に与える影響、その行為の目的および態様、受託者の受益者との実質的な利害関係の状況その他の事情に照らして正当な理由があるとき、のいずれかの場合には、その行為が容認されるものとされている（同条2項）。

　競合行為の制限については、受託者として有する権限に基づいて信託事務の処理としてすることができる行為であってこれをしないことが受益者の利益に反するものについては、これを固有財産または受託者の利害関係人の計算でしてはならないものと定められており（信託法32条1項）、また、競合行為の制限の例外として、上記の利益相反行為の例外の①②と同じ要件が定められている（同条2項）。

⒝　忠実義務の違反の効果

　利益相反行為の制限に違反した場合、信託財産と固有財産間、信託財産間の直接取引については無効とされている（信託法31条4項）。ただし、受益者は追認してその行為の時に遡ってその効力を生じさせることもできる（同条5項）。

　前記の直接取引の後で、その財産を第三者との間で取引した場合については、第三者の保護も視野に入れて、その第三者が悪意重過失のときに限って受益者は取消しができる（信託法31条6項）。また、当初から利益相反行為の制限に違反して、第三者との間で取引した場合も、第三者が悪意重過失のときに限って受益者は取消しができる（同条7項）。

　競合行為の制限に違反した場合には、第三者との関係では、とりあえず有効とするものの、受益者は、第三者を害する場合を除いて、その取引が信託財産のためにされたものとみなすことができる（信託法32条4項）。

　さらに、受託者が忠実義務違反行為を行った場合に、信託財産に損失が生じた場合には、受託者やその利害関係人が得た利益の額と同額の損失を信託財産に生じさせたものと推定するという信託財産の損失のてん補の特則が定められている（信託法40条3項）。

第1章　電気事業における信託活用のための基礎知識

㈎　公平義務

受託者の公平義務とは、「1つの信託に複数の受益者がいる場合に、これ
ら受益者を公平に扱う義務」[42]であるといわれており、信託法では、公平義
務の内容と効果を明確にするために、受益者が2人以上ある信託において
は、受託者は、受益者のために公平にその職務を行わなければならないこと
が定められている（信託法33条）。

受託者が公平義務に違反する行為をし、またはこれをするおそれがある場
合において、その行為によって一部の受益者に著しい損害が生ずるおそれが
ある場合においては、その損害を受けるおそれがある受益者は、その受託者
に対し、その行為をやめることを請求することができる（信託法44条2項）。

㈏　分別管理義務

信託財産に属する財産と、固有財産に属する財産または他の信託財産に属
する財産とを、次の①～④のとおり、財産の区分に応じた方法で分別して管
理することが定められている（信託法34条1項）。

①　信託の登記・登録をすることができる財産は、信託の登記・登録（信
託法34条1項1号）

②　動産は、外形上区別することができる状態での保管（物理的分別管理）
（同項2号イ）。

③　金銭と動産以外の財産は、その計算を明らかにする方法による管理
（具体的には、帳簿による分別管理）（同号ロ）。

④　電子化された振替株式等、法務省令で定める財産は、それぞれの法律
により定められている信託財産に属する旨の記載・記録に加えて、その
計算を明らかにする方法（同項3号）。

なお、前記①を除き、分別管理の方法については、別段の定めが認められ
ているが（信託法34条1項ただし書）、別途、信託帳簿の作成義務が強行規定
で定められている（同法37条1項）ことから、最低限、帳簿による分別管理
は不可欠である。

また、前記①については、受託者が経済的窮境に至ったときには、遅滞な

42　能見善久『現代信託法』（有斐閣、平成16年）88頁。

50

く登記・登録をする義務があるとされていれば、分別管理義務の免除にはあたらず、その限度では信託行為で信託の登記・登録を留保することができると解されている[43]。

(カ) 信託事務の処理の第三者への委託

信託法28条では、信託行為の定めがある場合、または信託目的に照らして相当な場合については、信託事務を第三者に委託することができることが定められている。

また、受託者には、信託事務の第三者へ委託した場合、選任・監督義務が課せられており（信託法35条1項・2項）、その例外として、信託行為で、委託先が具体的に規定されている場合、または、信託行為に委託者または受益者の指名に従う旨の定めがあり、その指名に従う場合については、受託者は、選任・監督責任を負わないものとされている（同条3項本文）。ただし、委託先が、不適切もしくは不誠実であること、または信託の事務の処理が不適切であることを知っていたときは、何らかの対応措置をしなければならないものとされている（同項ただし書）。

(キ) 信託事務の処理の状況等についての報告義務

信託法36条においては、委託者または受益者は、受託者に対し、信託事務の処理の状況並びに信託財産に属する財産および信託財産責任負担債務の状況について報告を求めることができることが、強行規定で定められている。

(ク) 信託帳簿等の作成、報告および保存の義務

受託者は、①信託事務に関する計算、信託財産に属する財産の状況、信託財産責任負担債務の状況を明らかにするために、「信託財産に係る帳簿その他の書類又は電磁的記録」を作成しなければならないこと（信託法37条1項）、②「貸借対照表、損益計算書その他の法務省令で定める書類又は電磁的記録」を毎年1回一定の時期に作成しなければならず（同条2項）、また、これを受益者に対し報告しなければならないことになっている（同条3項）。作成については、強行規定であり、受益者への報告については、別段の定めが認められている。

---

43 松村秀樹ほか『概説新信託法』（金融財政事情研究会、平成20年）113頁。

第1章　電気事業における信託活用のための基礎知識

　また、前記①②の書類と、「信託財産に属する財産の処分に係る契約書その他の信託事務の処理に関する書類又は電磁的記録」について、10年間の保存義務が課せられている（信託法37条4項・5項・6項）。

(ケ)　信託帳簿等の閲覧等の請求

　受益者は、受託者に対し、請求の理由を明らかにして信託帳簿等の閲覧または謄写の請求をすることができる（信託法38条1項）。ただし、開示することが適切ではない場合もあることから、一定の拒否事由が定められている（同条2項）。

(コ)　他の受益者の氏名等の開示の請求

　受益者が2人以上ある信託においては、受益者は、受託者に対して理由を明示して、他の受益者の①氏名または名称・住所、②他の受益者が有する受益権の内容について、相当な方法により開示することを請求することができる（信託法39条1項）。

　また、受託者は、一定の事由に該当すると認められる場合を除いて、開示請求を拒否することはできないが、信託行為による別段の定めが認められている（信託法39条2項）。

(4)　受託者の費用等の償還請求権

　受託者は、信託事務を処理するのに必要と認められる費用を固有財産から支出した場合、すなわち、固有財産で立て替えた場合には、信託財産からその費用（前払いの場合も含む）と立て替えた日以後の利息の償還を受けることができる（信託法48条1項・2項）。

　また、償還請求の際に必要があるときには、信託財産に属する財産を処分することもできるが（信託法48条2項本文）、その財産を処分することにより信託の目的を達成することができなくなる財産については処分できない（同項ただし書）。

　なお、これらのルールは、信託行為による別段の定めで変更することができる。

　また、これらの費用の償還等については、信託債権者の共同の利益のためにされた信託財産に属する財産の保存、清算または配当に関する費用等については、民法307条1項の先取特権と同順位として、他の債権に優先するも

52

のとされている（信託法49条6項）。さらに、信託財産に属する財産の保存の
ために支出した金額その他の当該財産の価値の維持のために必要であると認
められるものについても、その金額全額が、信託財産に属する財産の改良の
ために支出した金額その他の当該財産の価値の増加に有益であると認められ
るものについては、その金額または現に有する増加額のいずれか低い金額
が、それぞれ優先するものとされている（同条7項）。なお、これらのもの
以外は、他の債権者の権利と同順位となる。

　また、受託者と受益者との間の合意があれば、受益者に対して、費用等の
償還請求をすることができる（信託法48条5項）。

(5)　受託者等の責任

(ア)　受託者等の責任の原則

　受託者がその任務を怠ったことによって、信託財産に「損失」が生じた場
合については、受益者は、その受託者に対し、「損失のてん補」を、信託財
産に「変更」が生じた場合については、「原状の回復」を、それぞれ請求す
ることができる（信託法40条1項本文）。

　また、「原状の回復が著しく困難であるとき、原状の回復をするのに過分
の費用を要するとき、その他受託者に原状の回復をさせることを不適当とす
る特別の事情があるとき」は、原状の回復に代えて損失のてん補請求とする
ものとされている（信託法40条1項ただし書）。

　さらに、法人である受託者の理事、取締役もしくは執行役またはこれらに
準ずる者は、その法人が損失てん補等の責任を負う場合において、その法人
が行った法令または信託行為の定めに違反する行為について悪意または重大
な過失があるときには、受益者に対し、その法人と連帯して、損失のてん補
または原状の回復をする責任を負うことになっている（信託法41条）。

(イ)　受託者の義務違反についての責任の3つの特則

(A)　信託事務の委託に関する規定違反に関する特則

　受託者が、信託法28条の規定に違反して、信託事務の処理を第三者に委託
した場合において、信託財産に損失または変更を生じたときは、受託者は、
第三者に委託をしなかったとしても損失または変更が生じたことを証明しな
ければ、損失てん補等の責任を免れることができない（信託法40条2項）。

第1章　電気事業における信託活用のための基礎知識

(B)　忠実義務違反に関する特則

受託者は、信託法30条の忠実義務の一般規定、31条1項・2項の利益相反行為の制限、または、32条1項・2項の競合行為の制限の規定に違反する行為をした場合において、信託財産に損失等を生じさせたときには、その行為によって受託者またはその利害関係人が得た利益の額と同額の損失を信託財産に生じさせたものと推定するものとされている（同法40条3項）。

(C)　分別管理義務違反に関する特則

受託者が、信託法34条の分別管理義務の規定に違反して信託財産に属する財産を管理した場合において、信託財産に損失または変更を生じたときは、受託者は、分別管理をしたとしても損失または変更が生じたことを証明しなければ、損失てん補等の責任を免れることができないものとされている（同法40条4項）。

(6)　受託者の任務の終了と新受託者の選任

(ア)　受託者の任務の終了

受託者は、信託の清算が結了した場合のほか、①受託者である個人の死亡、②受託者である個人が後見開始または保佐開始の審判を受けたこと、③受託者が、破産手続開始の決定により解散するものを除き、破産手続開始の決定を受けたこと、④受託者である法人が合併以外の理由により解散したこと、⑤受託者の辞任、⑥受託者の解任、⑦信託行為において定めた事由が発生した際、にその任務は終了する（信託法56条1項各号）。

(イ)　新受託者の選任

受託者の任務が終了した場合、信託行為の定めに従い、新受託者が選任されるが、信託行為に新受託者に関する定めがないとき、または、信託行為の定めにより新受託者となるべき者として指定された者が信託の引受けをせず、もしくはこれをすることができないときは、委託者と受益者の合意によって、新受託者を選任することができる（信託法62条1項）。

(ウ)　承継された債務に関する前受託者と新受託者の責任

受託者の任務が終了して新受託者が就任したときは、前受託者の任務が終了したときに前受託者から承継した信託債権に係る債務が新受託者に承継された場合にも、前受託者は、自己の固有財産により、その承継された債務を

54

履行する責任を負うものとされているが（信託法76条1項）、信託財産に属する財産に限定されている債務の場合には、この責任は負わない。

一方、新受託者の責任については、前受託者から承継した信託債権に係る債務を承継した場合には、新受託者は、自ら権利義務の主体となって信託事務を処理したことに基づくものではないから、信託財産の限度においてのみ履行責任を負う（信託法76条2項）。

(7) 複数受託者

(ア) 複数受託者の場合の信託財産の所有・意思決定・業務執行

信託法では、受託者が複数の信託の場合の信託財産の所有形態は、合有とされており、（信託法79条）。登記名義についても合有である。

信託事務処理の決定については、原則として多数決であり、信託事務の執行は単独執行（保存行為は、単独決定・単独執行）であることが、任意規定として定められている（信託法80条1項・2項）。

受託の特別な形態として、職務分掌型の形態の信託の規律が規定されている。すなわち、信託行為に、受託者の職務分掌に関する定めがある場合には、分掌された職務の範囲で、単独で決定し執行することができ（信託法80条4項）、職務分掌者には、自己の分掌する職務に関し、当事者適格が認められている（同法81条）。

(イ) 複数受託者の場合の受益者に対する責任

(A) 受益債権に関する受託者の給付責任と損失てん補等の責任

受益者に対する責任には、受益債権に関する受託者の給付責任と、損失てん補等の責任とが考えられるが、まず、受益債権に関する受託者の給付責任については、いわゆる物的有限責任であり、受託者は信託財産を限度に給付責任を負うことから、信託法には、特段の規定は置いていない。

次に、損失てん補等の責任については、受託者の任務違反についての故意または過失に基づく責任であるため、意思決定または対外的な執行行為をした各受託者が連帯責任を負うものとされている（信託法85条1項）。

(B) 複数受託者の場合の第三者に対する責任

複数受託者の場合の第三者に対する責任については、信託財産を引当てにする責任と、固有財産を引当てとする責任とが考えられるが、前者の信託財

第1章　電気事業における信託活用のための基礎知識

産を引当てにする責任については、信託財産は複数受託者の合有であることから、受託者が信託事務処理により第三者に対して負担した債務は、各受託者は、職務分掌の定めの有無にかかわらず、少なくとも、信託財産を限度として責任を負うことになる。

　次に、後者の固有財産を引当てとする責任については、職務の分掌の定めがない場合と、職務の分掌の定めがある場合に分けて考える必要がある。

　まず、職務の分掌の定めがない場合で、複数の受託者が共同して信託事務処理を決定し、その決定に基づき、信託事務を執行して第三者に対し債務を負担した場合には、職務の執行の有無にかかわらず、各受託者は、連帯債務者とされている（信託法83条1項）。

　次に、職務の分掌の定めがある場合で、分掌を受けた受託者が、その定めに従い信託事務を処理するにあたって第三者に対し債務を負担したときは、各受託者は、分掌された職務の限度において独立して事務を処理していることから、他の受託者は、信託財産に属する財産を限度に履行する責任を負うことになる（信託法83条2項本文）。ただし、取引の第三者を保護するために、その第三者が、①その債務の負担の原因である行為の当時、その行為が信託事務の処理としてされたこと、および、②受託者が複数であることを知っていた場合であって、信託行為に受託者の職務の分掌に関する定めがあることを知らず、かつ、知らなかったことについて過失がなかったときについては、職務の分掌を受けていない他の受託者は、固有財産を含めて責任を負うことになっている（同項ただし書）。

7　受益者

(1)　信託受益権の定義と取得

　信託の受益権とは、①信託行為に基づいて受託者が受益者に対し負う債務で、信託財産に属する財産の引渡しその他の信託財産に係る給付をすべきものに係る債権（以下、「受益債権」という）と、②これを確保するために受託者その他の者に対し一定の行為を求めることができる権利、の二つの権利からなる（信託法2条7項）。

　また、信託行為の定めにより受益者となるべき者として指定された者は、

56

当然に受益権を取得することが、任意規定として定められている（信託法88条1項）。

(2) 受益者指定権・変更権

受益者指定権とは、信託行為においては特定の者を受益者に指定せず、事後的に一定の者の意思により受益者指定をさせるものであり、受益者変更権とは、信託行為において受益者として指定した者を、事後的に一定の者の意思により変更するものである[44]。

信託法では、受益者指定権等を留保すること、または、第三者に与えることができることを前提に、受益者指定権等を有する者の定めがある信託については、受益者指定権等の行使は、受託者に対する意思表示によってすること、また、遺言によってもすることができるものとされている（信託法89条）。

(3) 受益者が2人以上ある信託における意思決定方法

受益者が2人以上の信託における受益者の意思決定方法については、全員一致を原則としつつ、信託行為の定めによる自治を認めており、受託者等の責任の免除に関するものを除き、多数決での決定や第三者に決定を委ねることもできることになっている（信託法105条）。

また、複数受益者の意思決定について「受益者集会」という会議体で決することを信託行為に定めた場合については、受益者集会の招集、受益者集会の招集の通知、受益者集会参考書類および議決権行使書面の交付、受益者の議決権の行使、議決権の数、受益者集会の決議、受益者集会の決議の効力、受益者集会に要した費用の負担等について、詳細な定めが、任意規定としておかれている（信託法106条～122条）。

(4) 信託行為の定めによる受益者の権利の制限の禁止

受益者の権利のうち、裁判所に対する申立権等の受託者を監視・監督するような一定の権利については、原則として、信託行為の定めにより制限できないものとされており、信託法92条において、限定的に列挙されている。

しかし、後述する受益証券発行信託においては、特別に、帳簿等の閲覧・謄写請求権等の一定の権利については、信託行為の定めによって一定の割合

---

44 松村ほか・前掲（注43）210頁。

第1章　電気事業における信託活用のための基礎知識

の受益権以上を有する受益者にのみ権利行使を可能にすることが認められている（信託法213条1項・2項）。ただし、信託行為の定めによって他の受益者の氏名等の開示の請求が制限されている場合については、単独での権利行使の制限はできないものとされている（同条3項）。

また、受益者には受託者の不正行為等に対する差止請求権が認められているが（信託法44条）、受益証券発行信託におけるこの権利については、信託行為の定めにより、受益権を6ヵ月以上保有する受益者に限り行使を認めるという制限をすることができる（同法213条4項）。

(5)　受益権取得請求権

受益者が複数の場合の意思決定の際に、その意思決定に賛成しない受益者の保護のために、受益権取得請求権の制度が強行規定として定められている（信託法103条）。

この権利については、すべての事項の意思決定に認めてしまうと、信託事務が停滞してしまうおそれがあることから、重要なものに限定しており、①信託の目的の変更、②受益権の譲渡の制限、③受託者の義務の全部または一部の減免、④受益債権の内容の変更、⑤その他信託行為で定めた事項については、それらによって損害を受けるおそれがある（前記①②は損害を受けることを要しない）受益者は、受託者に対して受益権を公正な価格で取得することを請求することができるものとされている。また、信託の併合、分割のときにも認められている。

(6)　受益権の譲渡・質入れ・放棄

受益者は、受益権の性質が許さないときを除き、原則として受益権を譲り渡すことができる（信託法93条1項）。また、信託行為に譲渡禁止の別段の定めがあるときは譲渡できないが、その場合には、善意の第三者に対抗することができないものとされている（同条2項）。

受益権の譲渡は、譲渡人による受託者への通知または受託者の承諾がなければ、受託者その他の第三者に対抗することができず、その通知および承諾は、確定日付のある証書によってしなければ、受託者以外の第三者に対抗することができないものとされている（信託法94条）。

また、受益者は、受益権の性質が許さないときを除き、原則として、受益

権を質入れすることができる（信託法96条1項）。また、信託行為に別段の定めがあるときは質入れすることはできないが、善意の第三者に対抗することができない（同条2項）。

さらに、信託法では、受益者は、受託者に対し、受益者が信託行為の当事者（委託者・受託者）である場合を除き、受益権を放棄する旨の意思表示をすることができることが定められている（信託法99条1項）。また、受益者が、その意思表示をしたときは、第三者（受託者を含む）の権利を害する場合を除き、当初から受益権を有していなかったものとみなし（同条2項）、受益者として指定された者は、放棄の時点までに受けた利益を不当利得として返還しなければならないことになっている。なお、この信託法上の受益権の放棄は、信託の設定の時点にまで遡及するものであり、将来効だけの受益権の放棄とは別の概念である。

(7)　**受益債権の消滅時効**

受益債権の消滅時効は、原則として、債権の消滅時効と同じ取扱いとしている（信託法102条1項）。ただし、信託の場合は、信託行為の定めにより受益者となるべき者として指定された者は、当然に受益権を取得することから、受益者として指定されたことを受益者は知っていないにもかかわらず、受益債権の消滅時効が進行してしまうおそれがあることから、受益債権の消滅時効は、受益者が受益者としての指定を受けたことを知るに至るまでの間（受益者が現に存しない場合は信託管理人が選任されるまでの間）は、進行しないものとされている（同条2項）。

さらに、受益債権の消滅時効は、①受託者が、消滅時効の期間の経過後、遅滞なく、受益者に対し受益債権の存在およびその内容を相当の期間を定めて通知し、かつ、受益者からその期間内に履行の請求を受けなかったとき、②消滅時効の期間の経過時において受益者の所在が不明であるとき、その他信託行為の定め、受益者の状況、関係資料の滅失その他の事情に照らして、受益者に対し前記①の通知をしないことについて正当な理由があるとき、のいずれかのときに限り、援用することができるものとされており（信託法102条3項）、また、20年の除斥期間が設けられている（同条4項）。

第1章　電気事業における信託活用のための基礎知識

(8)　実績配当主義

信託法では、受益債権に係る債務については、受託者は、「信託財産に属する財産のみをもって」これを履行する責任を負うとされているが（信託法100条）、この規定は、受託者の受益者に対する債務が物的有限責任であることを表したものであり、実務における信託の「実績配当主義」の根拠であるといわれている。

また、受益債権と信託債権との優先劣後関係として、受益債権は、信託債権に後れるものとされている（信託法101条）。

8　受益者保護のための機関

(1)　信託管理人・信託監督人・受益者代理人の制度

旧信託法では、不特定の受益者またはいまだ存在しない受益者を保護するために、自己の名により信託に関する裁判上または裁判外の行為を行う信託管理人の制度（旧信託法8条）がおかれていたが、信託法では、受益者の保護を図るとともに、より使い勝手がよくなるように、「信託管理人」「信託監督人」「受益者代理人」という三つの制度を新設している。

(2)　信託管理人

信託託管理人は、受益者が現に存しない場合に、原則として、信託行為において、信託管理人となるべき者を指定する定めを設けることができるものとされており（信託法123条1項）、自己の名で受益者の権利に関する一切の裁判上または裁判外の行為を行うことができるが、信託行為による別段の定めにより制限することもできる（同法125条）。

また、信託管理人は、受益者のために善管注意義務と誠実公平義務を負っている。

(3)　信託監督人

受益者が現に存する場合において、信託行為に、信託監督人となるべき者を指定する定めを設けることができるものとされている（信託法131条1項）。また、受益者が受託者の監督を適切に行うことができない特別の事情がある場合には、信託行為に信託監督人に関する定めがないとき、または信託行為の定めにより信託監督人となるべき者として指定された者が就任の承諾をせ

ず、もしくはこれをすることができないときは、裁判所は、利害関係人の申立てにより、信託監督人を選任することができるものとされている（同条4項）。

信託監督人が行使することができる権利は、原則として、受託者を監視、監督するために必要となる権利であることから、具体的には、信託法92条（17号・18号・21号・23号を除く）に掲げる権利に関する一切の裁判上または裁判外の行為をする権限を有し、信託行為による別段の定めが認められている（同法132条1項）。

また、信託監督人は、信託管理人と同様に、受益者のために善管注意義務と誠実公平義務を負っている（信託法133条）。

(4) 受益者代理人

受益者代理人は、受益者が短期間に変わるために受益者を把握することが困難な場合、受益者が多数で迅速、適切な意思決定をすることが困難な場合に、受益者に代わって意思決定の権利を行使することを想定して導入された制度である。

信託法では、受益者が現に存する場合、信託行為の定めにより、その代理する受益者を定めて、受益者代理人となるべき者を指定する定めを設けることができるものとされており（信託法138条1項）、受益者代理人は、受託者等の責任の免除に係るものを除き、その代理する受益者のためにその受益者の権利（同法42条の受託者等に対する損失てん補の責任等の免除を除く）に関する一切の裁判上または裁判外の行為をすることができるものとされている（同法139条1項）。信託に係る意思決定の権利については、受益者代理人に専属するものとされている（同条4項）。

また、受益者代理人の義務については、受益者のために善管注意義務および誠実公平義務が課せられている（信託法140条）。

9　委託者

(1) 委託者の権利

委託者の権利については、信託行為で、信託法の規定による委託者の権利の全部または一部を有しない旨、または、信託法に定められた一定の権利

第1章　電気事業における信託活用のための基礎知識

（信託法145条2項）の全部または一部を有する旨を定めることができる（同条1項）。すなわち、委託者の権利については、信託行為の定めでゼロにすることもできるし、反対に大きな権限を与えることもできるということである。

(2)　委託者の地位の移転

委託者の地位は、受託者、受益者および他の委託者が存する場合は他の委託者の同意を得るか、または、信託行為において定めた方法に従って、第三者に移転することができる（信託法146条）。

(3)　委託者の地位の承継

委託者の地位の承継については、契約によって設定された信託と、遺言によって設定された信託に分けられる。

契約によって設定された信託については、委託者の相続人は、他の権利と同様に、委託者の地位を相続により承継することになる。また、それを望まない場合には、信託行為の定めにより承継させないこともできる。

一方、遺言によって設定された信託については、信託法において、委託者の相続人は、委託者の地位を相続により承継しないものとされており、また、信託行為の別段の定めにより承継させることもできる（信託法147条）。

遺言によって設定された信託は、その大半が委託者が財産を法定相続分とは異なる配分にしようとするものであり、そもそも、類型的に、信託の受益者と委託者の相続人とは、信託財産に関して相対立する立場にあり、通常、遺言者は、そのような状態が予想されるにもかかわらず、相続人に対して、委託者の権利を与えることを望まないと考えられることから、委託者の地位を相続により承継しないことが、任意規定として定められている。

10　裁判所による監督と検査役制度

旧信託法では、営業信託を除く信託には、裁判所による一般的な監督が及ぶものとされていたが（旧信託法41条1項）、信託法においては、この規定を削除し、裁判所による監督を廃止している。

一方、裁判所による検査役制度については、信託法においても、存続させており、受託者の信託事務の処理に関し、不正の行為または法令もしくは信

託行為の定めに違反する重大な事実があることを疑うに足りる事由があるときは、受益者は、信託事務の処理の状況並びに信託財産に属する財産および信託財産責任負担債務の状況を調査させるため、裁判所に対し、検査役の選任の申立てをすることができるものとされている（信託法46条1項）。

　検査役は、その職務を行うため必要があるときは、受託者に対し、信託事務の処理の状況や信託財産に属する財産等の状況について報告を求め、または当該信託に係る帳簿、書類その他の物件を調査することができる報告徴収権・物件調査権を有している（信託法47条1項）。

11　信託の変更

(1)　信託の変更の定義

　立案担当者によれば、「信託の変更とは、既存の信託行為の定めについて事後的に関係当事者の合意など一定の者の意思に従って改廃を加え」あるいは、「信託行為に定めを置いていなかった事項について、事後的に一定の者の意思に従って、新たに定めを設けること」であり、「実質的には、信託行為の変更を行うことに類するものである」と説明されている[45]。

(2)　裁判所の関与による信託の変更

　裁判所は、信託行為の当時予見することのできなかった特別の事情により、「信託事務の処理の方法」に係る信託行為の定めが信託の目的および信託財産の状況その他の事情に照らして受益者の利益に適合しなくなるに至ったときは、委託者、受託者または受益者の申立てにより、信託の変更を命ずることができる（信託法150条）。

(3)　合意による信託の変更

　信託の変更は、変更後の信託行為の内容を明らかにして、原則として委託者、受託者及び受益者の合意によってすることができるが（信託法149条1項）、関係当事者の利害に配意しながら、例外規定をおいている（同条2項）。さらに、これらの例外として、信託行為に別段の定めがあるときは、これを認めている（同条4項）。

45　松村ほか・前掲（注43）280頁。

第1章　電気事業における信託活用のための基礎知識

12　信託の併合・分割

(1)　信託の併合

信託の併合とは、「受託者を同一とする二以上の信託の信託財産の全部を一の新たな信託の信託財産とすること」である（信託法2条10項）。

信託の併合の際に、従前の信託の信託財産責任負担債務であった債務は、信託の併合後の信託の信託財産責任負担債務となり、従前の信託の信託財産責任負担債務のうち信託財産限定責任負担債務であるものは、信託の併合後の信託の信託財産限定責任負担債務となる（信託法153条・154条）。

信託の併合の手続については、原則として、一定の事項を明らかにしたうえで、従前の各信託の委託者、受託者および受益者の合意によってすることができるものとされている（信託法151条1項前段）。また、関係当事者のうち、実質的に関与の必要性のない者の同意を省略を容認しており（同条2項）、さらに、同条3項では、1項・2項の定めが、任意規定であることが定められている。

また、併合する前の信託の信託財産責任負担債務に係る債権を有する債権者の保護のために、その債権者は、受託者に対し、信託の併合について異議を述べることができるものとされており（信託法152条1項本文）、信託の併合をしても債権者を害するおそれがないことが明らかであるときは、異議を述べることはできないものとされている（同項ただし書）。

異議を述べることができる場合には、受託者は、①信託の併合をする旨、②1カ月以上の一定の期間内に異議を述べることができる旨、③その他法務省令で定める事項、について官報に公告し、かつ、債権者で知れているものには、各別にこれを催告[46]しなければならないものとされている（信託法152条2項・3項）。

さらに、債権者が期間内に異議を述べなかったときは、その債権者は、信託の併合について承認をしたものとみなされ（信託法152条4項）、異議を述

46　法人受託者の場合には、時事に関する事項を掲載する日刊新聞紙に掲載する方法または電子公告による公告で、催告に代えることができる。

64

べたときは、受託者は、その債権者に対し、①弁済、②相当の担保の提供、③当該債権者に弁済を受けさせることを目的として信託会社等への相当の財産の信託、のいずれかの措置をとらなければならないものとされている（同条5項）。

(2) 信託の分割

信託の分割については、「吸収信託分割」と「新規信託分割」の2種類がある。

吸収信託分割とは、ある信託の信託財産の一部を、受託者を同一とする他の信託の信託財産として移転すること、新規信託分割とは、ある信託の信託財産の一部を、受託者を同一とする新たな信託の信託財産として移転することである（信託法2条11項）。

また、信託の併合と同じく、移転することとなる債務は、同様の状態で引き継がれることになる（信託法157条・161条）。

吸収信託分割および新規信託分割いずれにおいても、一定の事項を明らかにして、原則として、委託者、受託者および受益者の合意によってすることができるものとされており（信託法155条1項・159条1項）、信託の併合と同様に、利害関係のない者の合意の省略、および、別段の定めが認められている（同法155条2項・3項・159条2項・3項）。

さらに、分割信託（新規信託分割の場合は従前の信託）または承継信託（新規信託分割の場合は新たな信託）の信託財産責任負担債務に係る債権を有する債権者の保護のために、その債権者は、受託者に対し、信託の分割について異議を述べることができるが（信託法156条1項本文・160条1項本文）、信託の分割をしても債権者を害するおそれがないことが明らかであるときは、異議を述べることはできないものとされている（同法156条1項ただし書・160条1項ただし書）。

また、異議を述べることができる場合には、受託者は、①信託の分割をする旨、②1カ月以上の一定の期間内に異議を述べることができる旨、③その他法務省令で定める事項、について官報に公告し、かつ、債権者で知れているものには、各別にこれを催告[47]しなければならないものとされている（信託法156条2項・3項・160条2項・3項）。

第1章　電気事業における信託活用のための基礎知識

　さらに、債権者が期間内に異議を述べなかったときは、その債権者は、その信託の分割について承認をしたものとみなされ（信託法156条4項・160条4項）、異議を述べたときは、受託者は、その債権者に対し、①弁済、②相当の担保の提供、③当該債権者に弁済を受けさせることを目的として信託会社等への相当の財産の信託、のいずれかの措置をとらなければならないものとされている（同法156条5項・160条5項）。

　なお、異議を述べることができる債権者で各別の催告をしなければならないものが、催告を受けなかった場合には、受託者に対し、分割前から有する分割信託（新規信託分割の場合は従前の信託）に係る債権については、分割後の承継信託（新規信託分割の場合は新たな信託）の信託財産に属する財産に、承継信託（新規信託分割の場合は新たな信託）に係る債権については、分割後の分割信託（新規信託分割の場合は従前の信託）の信託財産に属する財産をもってそれぞれの債権に係る債務を履行することを請求することができるものとされている（信託法158条・162条）。

13　信託の終了

(1)　信託の終了事由

　信託法では、①信託の目的の達成または達成不能、②受託者が受益権の全部を固有財産で取得した場合に受益権の全部を固有財産で有する状態が1年間継続したとき、③受託者の全部が欠けてから新受託者が就任しない状態が1年間継続したとき、④受託者が信託財産から費用等の償還等の請求を受けるのに信託財産が不足している場合に一定の手続を経たとき、⑤信託の併合、⑥信託行為の当時予見することのできなかった特別の事情により、信託を終了することが信託の目的その他の事情に照らして受益者の利益に適合するに至ったことが明らかである場合において、裁判所が、委託者、受益者または受託者の請求により、信託の終了を命じたとき、⑦信託財産についての破産手続開始の決定、⑧破産法53条1項等の規定により信託契約が解除されたとき、⑨信託行為に定める終了事由が生じたとき、以上のいずれかに該当

47　前掲（注46）参照。

すると、信託は終了する（信託法163条）。

(2) 委託者と受益者の合意による終了

委託者および受益者は、いつでも、その合意により、信託を終了することができる（信託法164条1項）。委託者と受益者が、受託者に不利な時期に信託を終了したときは、やむを得ない事由があったときを除いて、委託者及び受益者は、受託者の損害を賠償しなければならない（同条2項）。

ただし、常に、委託者および受益者の合意のみで、受託者の関与がない状況で信託が終了すると、受託者に不測の損害が生じるおそれがあるだけではなく、信託事務処理が突然中止されることにより、受益者の損失につながりかねない事態を招くおそれもあることから、信託行為の別段の定めを認めている（信託法164条3項）。

(3) 特別の事情による信託の終了を命ずる裁判と公益の確保のための信託の終了を命ずる裁判

裁判所は、信託行為の当時予見することのできなかった特別の事情により、信託を終了することが信託の目的および信託財産の状況その他の事情に照らして受益者の利益に適合するに至ったことが明らかであるとき、委託者、受託者または受益者の申立てにより、信託の終了を命ずることができる（信託法165条1項）。

また、裁判所は、①不法な目的に基づいて信託がされたとき、②受託者が、法令もしくは信託行為で定めるその権限を逸脱しもしくは濫用する行為または刑罰法令に触れる行為をした場合において、法務大臣から書面による警告を受けたにもかかわらず、なお継続的にまたは反覆して当該行為をしたときに、公益を確保するため信託の存立を許すことができないと認めるときは、法務大臣または委託者、受益者、信託債権者その他の利害関係人の申立てにより、信託の終了を命ずることができる（信託法166条1項）。

14　信託の清算

信託法においては、信託に係る債務等を清算し、受益者および帰属権利者に対して残余財産を交付することを「信託の清算」とし、その開始事由として信託の終了事由を定め、清算事務が完了することを「清算事務の結了」と

第1章　電気事業における信託活用のための基礎知識

している。

　信託が終了した場合には、信託の併合がされたとき、または、信託財産についての破産手続開始の決定により終了した場合でその破産手続が終了していないとき、を除き、清算をしなければならない（信託法175条）。

　また、信託が終了した場合でも、清算が結了するまではなお存続するものとみなすものとされている（信託法176条）。この存続中の信託を、「法定信託」と呼んでいる。

　信託法においては、清算受託者の職務内容は、①現務の結了、②信託財産に属する債権の取立ておよび信託債権に係る債務の弁済、③受益債権（残余財産の給付を内容とするものを除く）に係る債務の弁済、④残余財産の給付を行うことであることが定められている（信託法177条）。

　また、信託の清算の際には、清算受託者には、信託の清算のために必要な一切の行為をする権限があることが、任意規定で定められている（信託法178条1項）。

15　新しい類型の信託

(1)　新しい類型の信託の創設

　信託法においては、現在から将来の社会経済のニーズに応えるために、多様な信託の利用形態に対応するための新たな諸制度を導入した。その一つが新しい類型の信託といわれているものであり、自己信託、セキュリティ・トラスト、受益証券発行信託、限定責任信託、受益者の定めのない信託、事業の信託があげられる。

(2)　自己信託

　自己信託は、前述したように、意思表示を公正証書その他の書面または電磁的記録で当該目的、当該財産の特定に必要な事項その他の法務省令で定める事項を記載しまたは記録したものによってすることにより設定され（信託法3条3号）、信託の効力の発生については、公正証書・公証人の認証を受けた書面・電磁的記録の作成、または、受益者として指定された者に対する確定日付ある証書による信託がされた旨およびその内容の通知によることを要件としている（同法4条3項）。

68

Ⅲ　信託の概要

　信託財産に属する財産に対する強制執行等の制限の特例として、自己信託の委託者の債権者は、委託者が債権者を害することを知って当該信託をしたときには、債務名義があれば、信託財産に属する財産に対して強制執行、競売等ができるものとされている（信託法23条2項本文）。ただし、受益者の全部または一部が、受益者としての指定を受けたことを知った時、または受益権を譲り受けた時に債権者を害することを知らなかったときが除かれている（同項ただし書）。

　また、法人の事業譲渡の特例として、自己信託は、法人の事業譲渡に関する規定の適用を受けることが定められている（信託法266条2項）。したがって、自己信託により、事業を移す場合には、株主総会の特別決議等が必要になる。

(3)　受益証券発行信託

　信託法において、信託行為の定めにおいて一又は二以上の受益権を表示する証券（受益証券）を発行する旨を定めることができるものとされている（信託法185条1項）、この受益証券が発行された信託のことを受益証券発行信託といい、この信託においては、特定の内容の受益権について、受益証券を発行しないこともできる（同条2項）。

　受益証券を発行する旨の定めのある信託においては、受益証券を発行する旨の定めと、特定の内容の受益権について受益証券を発行しない旨の定めは、いずれも変更することはできず（信託法185条3項）、受益証券を発行する旨の定めのない信託においては、信託の変更によって受益証券を発行することはできないものとされている（同条4項）。

　受益証券発行信託の受益証券の性質は、株券と同様に有因証券であり、その譲渡手続の簡易化および譲渡の効力の強化の観点から、講学上の「無記名証券」としての性質をもたせている。

　受益証券発行信託においては、受益証券の譲渡等における効力要件は券面の交付であり（信託法194条）、占有者の適法な所持の推定（同法196条1項）、受益証券の善意取得（同条2項）、公示催告手続で無効（同法211条）等、私法上の有価証券としての特質を有している。

　また、受益証券発行信託においては、「受益権原簿」の制度が導入されて

第1章　電気事業における信託活用のための基礎知識

おり、受益証券発行信託の受託者は、遅滞なく、受益権原簿を作成して、「受益権原簿記載事項」を記載し、または記録しなければならないものとされている（信託法186条）。

(4)　限定責任信託

限定責任信託とは、受託者が当該信託のすべての信託財産責任負担債務について信託財産のみをもってその履行の責任を負う信託のことをいう（信託法2条12項）。

信託においては、受託者が信託事務の処理のために第三者との間で取引を行い債務を負担した場合には、受託者がその取引の主体となっているため、受託者がその債務を弁済しなければならない責任を負うことになっている。したがって、その債務が信託財産だけでは弁済できない場合には、受託者は、固有財産によりその債務を弁済しなければならないことになるが、この信託の場合には、固有財産では、弁済する必要がない。

限定責任信託においては、第三者が受託者に対して有する債権で、信託事務に関する取引により生じたものや法定の原因により生じたもの、たとえば、信託での借入債務や土地工作物の所有者責任（民法717条1項ただし書）などについては、責任財産が信託財産に限定されると解されているが、受託者が不法行為（同法709条）により第三者に損害を与えた場合には、受託者の固有財産も不法行為債権の責任財産となる（信託法217条1項）。

限定責任信託は、①信託行為においてそのすべての信託財産責任負担債務について、受託者が信託財産に属する財産のみをもってその履行の責任を負う旨の定めをすること、②限定責任信託に係る一定の事項の登記をすること、の二つの要件を満たすことにより、信託財産に責任が限定される効力が生じる（信託法216条1項）。

(5)　受益者の定めのない信託

受益者の定めのない信託は、従来、目的信託とも呼ばれ、英米では、ペットを飼育するための信託等が存在している。

受益者の定めのない信託については、①公益信託の許可を受けるほどの公益性はないものの、これに準じるようなものの受け皿として、また、②ペットの飼育等、受益の対象が、動物や地域のように権利能力のないもののため

の行為主体として、さらには、③資産流動化のためのケイマンにおけるチャリタブル・トラスト類似の機能を有するものとしての利用、が考えられていたが、受益者による受託者に対する監視・監督権が期待できず、自己信託と同様に執行免脱等の弊害のおそれがあることから、信託法において、条件付きでの創設となった。すなわち、信託法258条〜260条において、受益者の定めのない信託の弊害防止のための次の①〜⑥の特例が、すべて強行規定で定められている。

① 期間は20年以内に限定して認める。

② 設定は契約と遺言に限定し、弊害のおそれがある自己信託による設定はできない。

③ 契約によるものは、委託者の監視・監督権限を強化するとともに（信託法145条2項各号（6号を除く）の権利を有する）、受託者の義務も厳格化している。

④ 遺言によるものは、信託管理人の指定を義務づけ、かつ、信託管理人の監視・監督権限を前記③の委託者の権限以上とし、信託管理人が就任しない状態が1年間継続したときは信託は終了する。

⑤ 信託の変更により、受益者の定めのある信託において受益者の定めを廃止すること、受益者の定めのない信託において受益者の定めを設けることはできない。

⑥ 別に法律に定める日までは、信託事務を適正に処理するに足りる財産的基礎および人的構成を有するものとして政令（信託法施行令3条）で定める純資産の額が5000万円以上等の要件を満たす法人以外の者を受託者とすることはできない（信託法附則3項）。

なお、受益者の定めのない信託には、当然、受益者が存在しないことから、信託法261条に読み替えの定めがおかれている。

(6) **セキュリティ・トラスト**

信託法3条1号においては、「財産の譲渡、担保権の設定その他の財産の処分をする旨」と規定されている。この規定には、旧信託法における「財産権ノ移転其ノ他ノ処分」だけではなく、「担保権の設定」が規定されており、これは、債務者を委託者、担保権者を受託者、債権者を受益者として担

第1章　電気事業における信託活用のための基礎知識

保権を設定するいわゆる「セキュリティ・トラスト」の導入を認めたものであるといわれている。すなわち、担保付社債信託法においてのみ認められていた担保権の設定方法を、「一般の借入れ」で、かつ、「一般の信託」で認めるものであるといえ、これを実現するために、信託法55条に、「担保権が信託財産である信託において、信託行為において受益者が当該担保権によって担保される債権に係る債権者とされている場合には、担保権者である受託者は、信託事務として、当該担保権の実行の申立てをし、売却代金の配当又は弁済金の交付を受けることができる」ことが定められている。

(7)　事業の信託（信託設定時の債務の引受け）

信託法21条1項3号において、信託財産で負担する債務を信託行為によって当初から引き受けることができることになったが、この規定により、そもそも「事業」を積極財産と消極財産の束であると考え、それを包括的な形でとらえると、あたかも「事業自体」を信託したかのような状態をつくり出すことができる。そのため、事業の信託（事業自体の信託）ができるようになったといわれている。しかし、手続的には、委託者の債務を消滅させて受託者に引き受けさせるには、免責的債務引受の手続、すなわち、委託者の債権者の同意が必要となる。

なお、積極財産の価額が消極財産の価額を下回る場合においても、信託の設定が可能であると解されている。

16　民事信託の利便性を高める規律

(1)　遺言代用信託

遺言代用信託とは、信託法には定義はないが、委託者が生前に、遺言の代わりに設定する信託のことである。典型的には、高齢者である委託者が、信託銀行等に自らの財産を信託して、委託者が生きている間は、委託者が受益者となり、委託者の死亡時に委託者の妻を受益権とする信託が考えられる。

この信託の設定により、自らの死亡後における財産の分配を行うことが可能となり、生前における行為により自らの死亡後の財産承継を図る死因贈与と類似する機能を有するものである。

信託法においては、信託法89条で規定されている受益者指定権等の行使に

ついての特則という形で、遺言代用信託のルールを定めている。すなわち、①委託者の死亡の時に受益者となるべき者として指定された者が受益権を取得する旨の定めのある信託、または、②委託者の死亡の時以後に受益者が信託財産に係る給付を受ける旨の定めのある信託、における委託者は、受益者を変更する権利を有することが、任意規定として定められている（信託法90条1項）。また、委託者の死亡の時以後に受益者が信託財産に係る給付を受ける旨の定めのある信託においては、委託者が死亡するまでは、受益者としての権利を有しないことが、同様に任意規定として定められている（同条2項）。

遺言代用信託の規律は、遺言・死因贈与の規定とパラレルにしているものの、任意規定であるため、信託行為において、受益者変更ができない旨を定めれば、委託者、受益者および受託者全員の合意により信託行為を変更しない限り、受益者を確定することができる。その意味では、民法の遺言・死因贈与とは異なる効果をもたせることができるといえる。

(2) 後継ぎ遺贈型の受益者連続信託

いわゆる後継ぎ遺贈型の受益者連続信託とは、たとえば、委託者が、当初、自らを受益者とし、委託者が死亡後は、委託者の妻を受益者とし、その妻の死亡後は、委託者の長男を受益者とするなど、委託者が死亡後においても、受益者が連続する信託のことで、英米においては、一般的に利用されている制度である。この後継ぎ遺贈型の受益者連続信託において、受益者が連続するというのは、受益権を承継するのではなく、各受益者は、それぞれ異なる受益権を原始的に取得するものと考えられている。

わが国においては、後継ぎ遺贈型の受益者連続信託については、民法との関係からその有効性について疑義があるといわれてきた。

そこで、信託法では、「受益者の死亡により、当該受益者の有する受益権が消滅し、他の者が新たな受益権を取得する旨の定め（受益者の死亡により順次他の者が受益権を取得する旨の定めを含む。）のある信託は、当該信託がされた時から30年を経過した時以後に現に存する受益者が当該定めにより受益権を取得した場合であって当該受益者が死亡するまで又は当該受益権が消滅するまでの間、その効力を有する」（信託法91条）との規定がおかれて、後継

第1章　電気事業における信託活用のための基礎知識

ぎ遺贈型の受益者連続信託の有効性が明確化された。

17　信託に関する規制法

　わが国においては、信託に関連する法律として、法務省の所管の私法である信託法のほか、金融庁の所管のものとして、信託会社等を規制する信託業法と、信託業務を兼営する金融機関を規制する金融機関の信託業務の兼営等に関する法律がある。

　そのほかに、金融商品取引法において、信託受益権が適用対象の有価証券として指定されていることにより、金融商品取引業としての規制や開示規制が適用される場合があり、また、投資性の強い信託については、信託業法の中で金融商品取引法を準用することになっている。そのほか、投資信託及び投資法人に関する法律、貸付信託法、資産の流動化に関する法律、担保付信託法等の特別法がある。これらの信託に関する規制法は、業として信託業等を行ううえで重要であり、大きな影響を与えるものであるが、本稿の目的は、私法における信託法を概説することであるため、説明は省略することとする。

△▲田中和明△▲

第2章

電力システム改革と電気事業

第2章　電力システム改革と電気事業

I　電気事業の沿革

　本章では、次章以下で展開される電力システム改革の各論と金融のかかわりや課題の理解を助けるため、わが国の電気事業の始まりから電力システム改革までの変遷を概観する。

　読者は、この概観によって、この度の電力システム改革が、1990年代のオイルショックを契機に10電力会社の電力供給事業への価格批判から始まり、技術開発と競争原理を根拠とする電力事業の構造変革の要求、自由化の求めにまで展開したこと、一時は、エネルギーセキュリティと環境への適合を根拠とする対立軸の動きにより頓挫したものの、その対立は東日本大震災と、東京電力福島第一原子力発電所の事故を契機に止揚され、安全と安心、環境への適合を実現しつつ、戦後の10電力会社による電力供給事業を、需給当事者の意思、市場原理、競争原理を利用した、民主的で客観的・合理的な電力取引へと転換する電力事業の構造改革であることを知るであろう。

　電力システム改革の各論とこれに対する金融の寄与と課題は、次章以下で展開される。

1　電気事業の始まり

　わが国の電力事業は、発電機を保有して電燈用電力を配電する電燈事業から始まった。その最初は、明治16年2月に設立許可を受けた有限会社東京電燈であった。その後全国に多くの電気事業が設立され、事業は、電燈のみならず動力用電力の供給へと拡大し、業界は、大正14年には、発電力280万kW、全国に738社を数えるまでに成長した[1]。電力事業は、その後も合従連衡を経ながら発送電事業と配電事業者のそれぞれが成長した。

1　電気事業講座編集委員会編『電気事業発達史（電気事業講座3）』（エネルギーフォーラム、平成19年）13頁～40頁。

I　電気事業の沿革

2　戦時体制──地域分割の始まり

　しかし、戦時体制に入ると、政府は、発送電、配電会社の国家管理に向かい、全国を9地区に分け、各地域に一つの電気事業者をおいて事業を独占させるという体制を構築した。この体制が、戦後の9電力会社体制（昭和63年5月沖縄地区の沖縄電力が参加して10電力会社となる）の基礎をなすことになる。

　政府は、昭和12年には、配電事業の統制を強化を開始し[2]、昭和13年4月6日の電力管理法公布、昭和15年の電力国策要領の閣議決定を行って、国内発送電会社の施設を日本発送電の管理下において発送電の国家管理を可能とした。

　政府は昭和14年には電気事業法を改正して配電統制の強化を決定、昭和16年4月には、全国を8区画に分け、配電事業者を統合して各区ごとに配電会社を設立し統合することなどを内容とする配電事業統合要領を決定し、同年7月31日には、配電地区を8から9区画に修正して成案とし、同年9月6日には、特殊配電会社の設立命令[3]で配電会社統合後の受け皿会社をつくり、昭和18年までに二度の統合を行って、当時412社を数えた配電会社を北海道、東北、関東、北陸、中部、大阪、中国、四国、九州の9地区の配電会社に統合した。

　こうして、送配電会社を日本送配電1社に、全国9区画を9の配電会社にそれぞれ独占させる電力国家管理体制が完成した[4]。

3　9電力体制の成立

　この体制は、昭和23年、敗戦による過度経済力集中排除法の指定を受けて

2　昭和12年7月には、逓信省が通牒（「電気供給区域の整理統合に関する件」）を発して、配電統制を開始し、同年12月には、政府は配電統制強化を閣議決定し、行政指導により電気事業の合併統合と配電統制の自主的な取組みを促した（電気事業講座編集委員会編・前掲（注1）108頁）。

3　電気事業講座編集委員会編・前掲（注1）111頁。

4　電気事業講座編集委員会編・前掲（注1）110頁・113頁。

77

第2章　電力システム改革と電気事業

解体され、その後3年間にわたる議論に曝された[5]。しかし、昭和25年11月22日、マッカーサーの吉田茂首相あての9分割による電力再編成促進に関する書簡に基づき、同月24日、ポツダム政令として電気事業再編成令と公益事業令が公布され、松永安左エ門の9分割案により戦後電力再編が開始され、昭和26年5月1日、電気事業再編成の結果として、民有民営の北海道、東北、東京、中部、北陸、関西、中国、四国、九州の9電力会社が一斉に誕生して、9電力体制がスタートした[6]（この9電力体制には、昭和63年5月に独立民営化した沖縄電力[7]が加わり10電力会社体制となった）。

4　9電力体制の展開

この9電力体制は、昭和38年、電気事業審議会答申が当時の9電力体制の維持を明確に打ち出し、これを受けて新電気事業法が制定され、公益事業令を中心とする事業規制が廃止されたことによって法的にも定着した[8]。

9電力体制の下、電力事業は、電力の供給義務を課される許認可事業で、活動のエリアが法規制される反面独占が許され、報酬は規制されるが電気の生産から販売までの適正な利潤が確保された。ここに、地域独占と総括原価で市場と利潤と継続性を保証された事業者が、その信用を基に大規模資金調達を行い、発電から小売までの一貫体制を構築して大規模中電源システムと巨大なネットワークを構築し、電力供給義務を果たすという電力システム改革の対象となる電力事業者の姿をみることができる。

5　その経過および関係者の主体性、特に松永安左エ門については、橘川武郎『日本電力業の発展と松永安左エ門』（名古屋大学出版会、平成7年）226頁〜255頁、再編にあたっての関係者の主体性については同『日本電力業発展のダイナミズム』（名古屋大学出版会、平成17年）12頁〜15頁・189頁〜207頁。中瀬哲史『日本電気事業経営史(9)電力体制の時代』（日本評論社、平成17年）119頁〜159頁。

6　橘川・前掲（注5）ダイナミズム189頁〜207頁、中瀬・前掲（注5）135頁〜153頁、電気事業講座編集委員会編・前掲（注1）138頁〜152頁、松永安左エ門『電力の鬼──松永安左衛門自伝』（毎日ワンズ、平成23年）89頁〜109頁。

7　沖縄電力 HP「当社の歩み（沿革）」〈https://www.okiden.co.jp/company/guide/history/〉参照。

8　橘川・前掲（注5）ダイナミズム336頁。

9電力体制は、「黄金時代」とも評される[9]昭和26年から昭和48年までの間[10]に、電源、送電網を大規模化し、系統運用の確立を通じて低廉な電力の増産と安定供給を実現した[11]。具体的には、9電力は、発電所の主力を、水力から火力、燃料も炭から油、さらには原子力の採用へと展開した。この時期に[12]発電電力量は、392億3600万kWhから3252億9200万kWhに増加し、昭和35年代初頭には戦後初めて電力不足を解消した。送電線路亘長の架空線は4万2612kmから6万426kmに、地中線は1703kmから4885kmに、変電所総数は1958カ所から3267カ所に、変電所総出力は1829万kVAから1億8727万kVAに、配電線路亘長の合計は31万1928kmから59万6500kmにそれぞれ増加した。送電圧力も昭和21年には関西電力がわが国初の27万5000V送電を、昭和48年度には東京電力が50万V送電を開始した。

9電力は、この間、総合損失力の低下、配電電空の改善、発・変電所の自動化、停電防止対策、ユニバーサルサービスの実現などに努めるとともに、電力広域運営の導入・定着を整備し、9電力体制下の系統運用を確立した。

5 電力事業の課題──価格批判から制度変革要請へ

(1) 電力価格の問題

このように、9電力は、社会の需要に応じた電力を安定供給する体制・能力を備えたが、昭和48年の第1次オイルショック[13]による原油価格の高騰、景気後退による電力需要の伸び悩み、家電の普及による負荷率の低下、立地・環境問題の深刻化、資本費の増大などを背景に、電力料金の値上げを余儀なくされた。

その結果、円高の影響を受ける需用者からは、電力価格の内外価格差を指摘され、低廉な電力の供給に欠けるとの批判を強く受けるようになった。

---

9 橘川・前掲（注5）ダイナミズム364頁、同『電力改革──エネルギー政策の歴史的大転換』（講談社現代新書、平成24年）。

10 日本の電力事業の創設期から平成12年までの時代区分とその特徴については、橘川・前掲（注5）ダイナミズム参照。

11 橘川・前掲（注5）ダイナミズム230頁以下。

12 以下の数値は、橘川・前掲（注5）ダイナミズム235頁～262頁による。

第2章　電力システム改革と電気事業

(2)　行政改革・自由化の波──市場原理を基本とする需給構造への転換の求め

　折から、行政改革における規制緩和が進行していた。当初、行政改革の主目的は、行政事務の簡素化を図ることであった。しかし、昭和56年第2次臨時行政調査会（第2次行革審）が発足すると、当時、市場原理を基本とする需給構造への転換を図ることが求められていたことを反映して、その目的は、国民生活の向上、市場原理を基本とした産業構造の転換による産業活力の維持・増進、国際経済社会におけるわが国の地位を踏まえた市場アクセスの改善を一層進めることなどに変わり、規制緩和が電力事業にも及ぶようになった。

(3)　電力価格の内外価格差

　電力価格の内外価格差は顕著であった。昭和57年1月時点の日本、イギリス、西ドイツ、フランス、イタリアの産業用・使用電力量別料金単価を為替レートで換算して比較すると、日本の電力料金が最も高く、一般物価の動向を反映したGDE購買力平価で比較すると、日本はイタリアに次いで2番目に高く、イギリス、西ドイツより1割ほど、フランスよりも約3割程高価であった[14]。また、昭和60年のプラザ合意以降は、円高差益の内部留保をめぐり、電力料金の低廉化、内外価格差が注目された。そこで10電力会社は、昭和61年、63年および64年の3回にわたり一斉値下げを行ったが、需要家の電気料金の割高感は解消されず、内外価格差は鋭く批判された。橘川武郎教授は、当時の内外価格差批判の象徴的出来事として、平成元年経済白書が、東

13　エクソン・シェルは原油価格を3割引き上げ、昭和48年10月24日には他のメジャーも追随した。サウジアラビアも直接販売原油価格を7割引き上げ、同月25日にはメジャー・サウジアラビアが原油供給量10％削減を通告して第1次石油危機が始まり、11月8日には、エクソン、BPは、アラブ石油輸出国機構の原油生産量25％削減を受け、対日供給量の削減強化を通告してきた。その影響は甚大であった。例として、通産省が同月7日に自衛隊への防衛・軍事用石油の供給削減方針を決定した例、東京電力が同月5日に大口需要家に対して10％節電を要請した例、は電気事業連合会が同月9日に全国の需要家に10％の節電を要請した例などがある。

14　電力中央研究所「電力中央研究所報告研究報告──電気料金の国際比較（582924）」（昭和58年5月10日）48頁。

80

京とニューヨークの電気料金を比較して東京が割高であるとのデータを掲げたことを指摘する[15]。

△▲稲垣隆一△▲

---

15 橘川・前掲（注5）ダイナミズム477頁。

第2章　電力システム改革と電気事業

Ⅱ　電力改革の沿革

1　電力事業に対する変革の要求

　昭和63年12月１日、公的規制の緩和等に関する答申[16]は、改革方策の提言の中で、エネルギー等に関する事業規制を取り上げ、次の①②の改革方策を答申した[17]。

　①　電気料金について、電気の安定供給を旨とし、利用者負担の公平性を確保し安定性にも配慮しつつ、料金制度面では次の@bの措置を講ずるとともに、生産性・資金効率の向上等経営の効率化、合理化を推進し料金原価の一層の低減を図ることにより、可能な限り低廉な料金設定をめざす。

　　@　逓増料金制度の一層の緩和を図る。

　　b　季節別・時間帯別料金制度の拡大等料金制度の活用により、負荷平準化の促進を図る。

　②　今後の電力需要の変化、技術開発の進展等に対応し、複合エネルギー時代に向けて、分散型電源を含めた発電システムのあり方について安定的・効率的な電力供給の確保、需要家間の公平に配慮しつつ、供給に係る規制等の制度面を含め検討を進める。

　この答申は、単に内外価格差という現象を指摘して、経営効率化を迫るに止まらず、エネルギー選択、料金制度の弾力化、コージェネレーション、複合エネルギー、小規模・消費地近接型分散電源を含めた発電システムのあり

16　臨時行政改革推進審議会「公的規制の緩和等に関する答申」（昭和63年12月１日）（臨時行政改革推進審議会事務室監修『規制緩和の推進──国際化と内外価格差』（ぎょうせい、平成元年）105頁以下。

17　答申の同部分は、臨時行政改革推進審議会事務室監修・前掲（注16）135頁以下。

82

方の検討など、電力産業の組織・経営課題に係る論点を取り上げ、国と電力事業者に、当時の技術革新など外部環境の変化に対応した変革を迫る点で、単なる価格批判にとどまらないものとなった。

2　課題の重大性

エネルギー問題の重要性は増し、電力事業改革を求める声は力を増していた。

政府は、昭和63年12月13日、規制緩和推進要綱[18]において、電力事業について答申同様の内容を閣議決定し、国全体で具体的な施策が進められた。しかし、内外価格差は是正されなかった。平成2年には、国会質問でも取り上げられるに至り[19]、国全体が規制緩和に向かって取組みを開始した。総務省行政監察局が経産省所管の電力事業に対して行った監査は、その象徴ともいうべき取組みであろう。行政監察局は、平成4年1月から3月までの間、実に32年ぶりに電気事業に関する行政監察を行い、平成5年8月4日、その結果を報告した[20]。同報告書は、電源立地の計画的推進（電源開発の困難さが増していることを踏まえ、安定供給のため電力事業者以外の電力を活用する必要性が指摘されている[21]）のほか、広域運営の推進、分散型電源の普及促進、検査業務の効率化推進、負荷平準化対策の推進、電気料金制度の適正化、一般電気事業者の経営の合理化の推進を勧告した。

18　臨時行政改革推進審議会事務室監修・前掲（注16）163頁・175頁以下。勧告の日については総務庁「規制監査推進の現況」（平成7年7月）74頁。

19　国会議事録上に、「電力料金」と「内外価格差」という語を用いた質問が最初に出現するのは、第118回国会参議院国民生活に関する調査会の平成2年4月27日の刈田貞子議員の質問である。刈田議員は、円高差益の還元としての電気料金の下げ幅が少ないこと、内外価格差を是正すべきことを主張して通商産業省に取組みを求め、これに対して森本修資源エネルギー庁公益事業部業務課長は内外価格差の問題が指摘されていることも事実だと思うと答弁している。

20　総務庁行政監察局「エネルギーに関する行政監察結果報告書——電気及びガスを中心として」（平成5年8月）。

21　総務庁行政監察局・前掲（注20）36頁③最終段落。

第2章　電力システム改革と電気事業

3　競争政策の導入

　平成2年の発足以来作業をしていた臨時行政改革推進審議会（第3次行革審）は、平成4年6月19日、国際化対応・国民生活重視の行政改革に関する第3次答申で、競争的産業に対する需給調整の視点からの参入・設備規制は、原則として10年以内のできるだけ早い時期に廃止の方向で検討することを答申した。その趣旨は、その後の累次の閣議決定でも確認され続けた。

　平成4年6月30日に閣議決定された生活大国五か年計画[22]は、規制緩和による電気料金の季節別時間帯別料金の拡充などサービスの質やコストに応じた適切な料金メニューの整備など公共料金の内外価格差の是正を指摘した。しかし、平成5年になっても、電力料金の内外価格差は是正されず、東京を100とすると、ニューヨークは78、ロンドンは62、パリは75であった[23]。

　平成5年10月27日、第3次行革審は、最終答申[24]の規制緩和の推進の「基本的考え方」の冒頭に「官主導から民自律への転換」を掲げて、中期的かつ総合的なアクションプランの策定、規制緩和推進のしくみの確立、政府部内における強力な推進体制の整備、規制緩和のための基盤的条件の整備等を答申し、規制緩和はいよいよ具体的な方策の段階に入った。

　政府は、平成6年2月15日、今後における行政改革の推進方策について（以下、「行革大綱」という）において、平成6年度内に、5年を期間とする規制緩和推進計画を策定することを決定し、電力事業における規制緩和の方策として、効率的な電力供給システムのあり方について関係審議会で検討することを閣議決定した[25]。

　また、政府は、平成6年3月29日の対外経済改革要綱の閣議決定に基づく

22　国立社会保障・人口問題研究所 HP「日本社会保障資料Ⅳ（1980-2000）」〈http://www.ipss.go.jp/publication/j/shiryou/no.13/data/shiryou/souron/10.pdf〉参照。

23　馬場直彦「内外価格差について──サーベイを通じた考え方の整理」金融研究14巻（平成7年）2号47頁以下。

24　総務庁・前掲（注18）資料編10頁以下。

25　行革大綱については総務庁・前掲（注18）40頁以下、閣議決定の内容については同48頁以下。

84

同年6月28日の行政改革推進本部決定、同年7月5日の閣議決定（「今後における規制緩和の推進等について」（規制緩和推進要綱））において、市場機能の強化と対日アクセスの改善の一環として、公的規制の抜本的な見直しに重点的に取り組むこと等を閣議決定し、電気事業については、卸電気事業に係る参入許可の原則撤廃等による卸発電事業の自由化、需要家への直接供給に関する新規参入条件の整備等を実施すること、民間事業に係る公共料金制度については、低廉で良質なサービスの確保を図るため、競争的環境の整備、事業の効率化の促進にあわせ、事業の内容・性格等を勘案しつつ、価格設定のあり方の検討、料金の多様化・弾力化を推進することを決定した[26]。

4　具体的政策への動き——電気事業法改正に向けた準備

(1)　電気事業審議会における検討・報告

　通商産業省は、行革大綱の閣議決定を受け、電気事業の規制緩和に関する関係者からの規制緩和要望の聴取を行い、これを反映させつつ、電気事業審議会での検討を進め、次の①〜④の報告を取りまとめて、電気事業法改正に向けた準備を進めた[27]。

① 　電気事業審議会需給部会電力基本問題検討小委員会中間報告[28]（平成6年6月）における特定供給の見直し[29]（電気事業法3条関係）、余剰電力購入制度の改善[30]

② 　電気事業審議会電力基本問題検討小委員会中間報告[31]（平成6年12月）

26　総務庁・前掲（注18）51頁以下。なお、規制緩和推進要綱における電気事業と公共料金に関する決定については同62頁。

27　通商産業省「通商産業省の所管行政にかかる規制緩和要望及びその検討状況」（平成7年2月）。

28　資源エネルギー庁監修『電力産業のリエンジニアリング』（電力新報社、平成6年）。

29　特定供給とは、一建物内の電気の供給、地方公共団体の他部門間の供給、自社の社宅に対する供給をいう。この特定供給を自家発電自家消費と同等に扱い許可を不要とすること、生産工程等により密接な関係を有する会社相互間の供給は、個別事例に応じて判断するが、許可基準はできる限り明確化することの提言がなされている（通商産業省「通商産業省の所管行政にかかる規制緩和要望及びその検討状況」（平成7年2月）301頁）。

第2章 電力システム改革と電気事業

における卸発電事業の自由化[32]（同条関係）、直接供給に対する参入条件の整備[33]（同条関係）、電力卸託送の実現[34]（同法25条関係）

③ 電気事業審議会需給部会電力保安問題検討小委員会報告（平成6年12月）における電気保安に関する国の直接関与の簡素化・合理化[35]

④ 電気事業審議会料金制度部会中間取りまとめ（平成7年1月）における料金制度の見直し[36]（同法21条ただし書関係）

(2) 規制緩和推進計画

政府は、行革大綱に基づく検討を進め、平成7年3月31日、規制緩和推進

---

30 卸発電事業の自由化、入札制度の導入にあわせて、余剰電力購入制度につき、ⓐ季節感単一の単価を、季節別に設定すること、ⓑ単価設定の考え方につき透明性を確保すること、ⓒ廃棄物発電について日価格要素を評価した取扱いを行うことの見直しを検討するよう提言がなされたものである（通商産業省・前掲（注29）304頁）。

31 通商産業省・前掲（注29）299頁回答欄に記載あり。

32 卸電気事業許可制の撤廃は、卸発電事業への新規事業者の参入の促進を図るため、一般電気事業者による電源業立つに入札制度を導入するのは、新規事業者に対する透明性・公平性の高い参入機会を確保する目的に出たものである（通商産業省・前掲（注29）299頁）。

33 電力の重要性に鑑み、供給区域内の一般の需要家に対して供給義務を負う一般電気事業者による安定供給の確保は重要だが、他方、再開発地域等においてはコージェネレーション等による効率的な供給を行いうる潜在可能性が拡大しており、より効率的な電力の供給システムを構築するため、こうした供給事業を実現可能とする必要がある。こうした状況を踏まえ、中間報告は、特定供給すなわち、限定された地域内において不特定多数の需用に応じて自ら保有する設備により電気を供給する事業として、特定地域供給事業（仮称）を創設することについて提言がなされた（通商産業省・前掲（注29）300頁）。

34 卸発電事業への新規事業者の参入促進のため、卸電気事業許可を原則撤廃し、一般電気事業者による電源調達について入札制度を導入するとともに、より広域的な卸発電市場が形成されるように卸託送の活性化を図ることの提言がなされた（通商産業省・前掲（注29）302頁）。

35 通商産業省・前掲（注29）314頁以下。

36 電気事業者の経営効率化を促すしくみの導入と負荷平準化を促進するための料金の多様化・弾力化のため、料金規制への一部届出制の導入、季節別時間帯別料金制度の適用拡大などにより、需要家のニーズに応じた多様な料金メニューを電気事業者が設定できるようにすることを提言された（通商産業省・前掲（注29）305頁・306頁）。

86

計画[37]（以下、「推進計画」という）を閣議決定した。この閣議決定は、前記(1)の取りまとめを反映させた電気事業法の第1次改正案が衆議院本会議で附帯決議を付して可決された翌日のことであった。

推進計画は、その目的の冒頭に、自己責任原則と市場原理の導入、消費者の選択、内外価格差の是正を掲げ、電力事業については、前記(1)の通商産業省の取組みを反映させて、次の①〜⑬の事業規制・価格規制を緩和する措置を平成8年度までに（⑬ⓑは平成7年度までに）講ずることを決定した[38]。

① 卸電気事業の規制緩和[39]（ⓐ卸電気事業許可制を原則撤廃し、一般電気事業者の電源調達に入札制度を導入する、ⓑ卸託送について、大臣が指定する電気事業者による約款の策定、届出、公表等に係る規定を整備する）

② 特定電気事業制度の創設（需要家への直接供給に係る参入条件の整備を図るため、再開発地域等特定の供給地点における需要に応じ、自ら保有する設備により電気を供給する事業を可能とする特定電気事業制度を創設する）

③ 特定供給の規制緩和（一建物内の供給、地方公共団体の他部門への供給および自社の社宅に対する供給については、自家発自家消費と同様の扱いとし、特定供給に係る許可を不要とする）

④ 電気事業の兼業規制の緩和（負荷平準化につながり、効率的な需要構造の形成に資する事業については、個別の許可を不要とする）

⑤ 電気保安に関する国の直接関与の簡素化・合理化

⑥ 電気工作物の区分の見直し（太陽電池等の小出力の発電設備を一般電気工作物となして主任技術者の選任を不要とする等、取扱いを簡素化する）

⑦ 電気事業法に基づく技術基準の見直し（内外の民間規格の技術基準への取入れ等、技術基準の全面的見直しを図る）

⑧ 受電電力変更の届出

---

37 総務庁・前掲（注18）資料編20頁。

38 総務庁・前掲（注18）資料編20頁・133頁以下。

39 旧電気事業法3条関係。国民からの要望および平成6年12月の電気事業審議会需給部会電力基本問題検討小委員会中間報告での提言を受けている（通商産業省・前掲（注29）299頁）。

第2章　電力システム改革と電気事業

⑨　発電量報告の簡素化

⑩　水力発電所の水路等に係る道路占用許可手続の簡素化

⑪　発電所の工事状況報告頻度の簡素化

⑫　電気主任技術者国家試験の簡素化

⑬　電気料金の規制緩和（ⓐ負荷平準化等に資する電気料金について、個別認可制から需要家の幅広い選択を可能とする選択約款の届出制に移行する、ⓑ電気・ガス料金[40]については、事業者の自主的な経営効率化を促すため、料金の透明化を確保し、総括原価方式の枠組みを維持しつつ、事業の特性を踏まえたヤードスティック方式（各事業者の経営に係る諸指標を比較し、効率化の度合いに応じて査定に格差を付ける方式）等を導入する）

　また、推進計画は、内容の最適性を維持するため、推進計画策定後も、情勢の変化等を踏まえつつ、経済的規制については、原則自由・例外規制、かつ、社会的規制については、本来の政策目的に沿った必要最低限のものとすることを基本的考え方として、計画を見直すこととした。

　加えて、競争政策の積極的展開を明記して、私的独占の禁止及び公正取引の確保に関する法律の厳正・的確な運用のほか、競争制限的な行政指導の抑制をはじめ、公正取引委員会の体制強化をはじめ広汎な競争阻害の抑制を規定した。

　この推進計画は、電気事業に競争を導入するため、電力供給システム全般の抜本的見直しの検討を開始するもので、以後、平成8年、同9年にも改定がなされ、あわせて、エネルギーほか11分野の緊急円高・経済対策として当初の5年計画は3年計画に前倒し実施することが決定された。

　こうして、規制緩和を根拠とする切迫した社会的要請は、電力分野にも確実に及び具体的政策形成へと動き始めた。

40　筒井美樹ほか「電気料金の国際比較と変動要因の解明——主要国の電気料金を巡る事情を踏まえて（電力中央研究所報告調査報告 Y11013）」（平成24年4月）6頁は、平成7年当時、わが国の産業用電気料金を購買力平価でみると主要国内ではイタリアと並んで最も割高な水準にあったことを報告している。

5 電気事業の規制緩和・電力自由化の法制度化

　こうした規制緩和・自由化に向けた動きは、電気事業法改正に結実し、小売の一部自由化とネットワークの公平の確保、卸電力取引市場の創設その他、電力事業の規制緩和と自由化にむけた基礎的なインフラが設計された。

　電気事業法の改正は、平成7年法律第75号による改正（第1次改正）、平成11年法律第50号による改正（第2次改正）および平成15年法律第92号による改正（第3次改正）と、3次に及ぶ大改正であった。以下、まず第1次改正からその概要をみてみよう。

(1) 第1次改正の概要

　内閣は、平成7年2月21日、第132回国会に電気事業法の一部を改正する法律案を提出し、同年3月30日に衆議院で採決され（翌31日に推進計画を閣議決定し）、同年4月14日参議院で採決され、同年4月21日に公布された[41][42]。

　第1次改正は、推進計画の一部を具体化するものであった。

(ア) 事業規制の緩和

(A) 卸発電部門の自由化——卸電気事業の参入許可撤廃、電源調達入札制度の導入（前記4(2)①）

　卸発電市場への新規参入を促進するため、卸電気事業の許可を要する場合を一定の規模以上のものに限定するとともに（独立系発電事業者・卸供給事業者[43]（IPP：Independent Power Producer）の参入自由化）、一般電気事業者が行う入札を通じて決定した供給条件により一般電気事業者に電気を供給する場合には、料金その他の供給条件について通商産業大臣の認可を要しない

41　立法の経緯については、国会図書館HP「日本法令索引【会議録一覧】」〈http://hourei.ndl.go.jp/SearchSys/viewShingi.do;jsessionid=E3AB54994056B7BF91F3EB75C020C4E9?i=113201051〉参照。

42　立法の背景については、第132回国会衆議院商工委員会（平成7年3月15日）における電気事業法改正の提案理由（同日議事録）参照。

43　これに対し、同じ電力卸事業を行う者でも、電源開発株式会社と日本原子力発電株式会社は卸電気事業者と呼ばれる。

第2章　電力システム改革と電気事業

ものとした（電源調達入札制度・卸電力入札制度）。

(B)　振替供給による広域的な卸発電市場の形成

　送電網の活用による広域的な卸発電市場の形成のため、通商産業大臣が指定する電気事業者は、振替供給について、料金その他の供給条件を約款として通商産業大臣に届け出るとともに公表する義務を負うこととし、その電気事業者が振替供給を不当に拒んだ場合には、通商産業大臣が振替供給を行うべきことを命ずることができるものとすることとした。

(C)　特定電気事業制度の創設　（前記4(2)②③）

　特定の供給地点における需要に応じて電気を供給する特定電気事業の制度を新たに設けた。特定電気事業については、電気工作物の能力が需要に応ずることができること、一般電気事業者の需要家の利益が阻害されないことなどを事業許可の要件とし、その供給地点における供給義務を負うものとするとともに、料金その他の供給条件については通商産業大臣に届け出るものとした。

(イ)　料金規制の緩和──選択約款の導入　（前記4(2)⑬）

　負荷平準化等設備の効率的な使用に資すると見込まれる場合には、通商産業大臣の認可を受けた供給約款にかえて電気の使用者が選択し得る料金その他の供給条件を、一般電気事業者が選択約款として定めることができるものとした。選択約款は通商産業大臣への届出制とし、選択約款が供給約款により電気の供給を受ける者の利益を阻害するおそれがある場合等においては、通商産業大臣が変更を命ずることができるものとした。

(ウ)　保安規制の合理化　（前記4(2)⑤～⑫）

　電気保安について自己責任を明確化し、電気工作物の設置者自身による自主保安を基本とした条文構成とした。

　技術進歩、新規参入による電気の供給者の多様化等を踏まえ、電気工作物の区分の見直しを行った。電気工作物をその規模および態様を基準として区分するとともに、太陽電池等の一定規模以下の発電設備を一般用電気工作物とすることにより、現在これらの電気工作物に課されている主任技術者の選任、保安規程の届出等の規制を不要とした。

　使用前検査の対象となる電気工作物を限定するとともに、工程ごとの検査

を原則廃止した。また、溶接検査の方法の認可を廃止し、定期検査について
は設置者による自主検査制度を導入した。

（エ） 第1次改正の限界

10電力会社は、1.1％から4.21％に上る電気料金の引下げを行った。しか
し、内外価格差批判は相変わらず是正されなかった。

政府は、当初の計画どおり、平成8年3月29日と平成9年3月28日の二度
にわたり推進計画を改定し、平成9年5月には、経済構造の変革と創造のた
めの行動計画（以下、「行動計画」という）を閣議決定した。

行動計画は、電力価格の内外価格差が解消されない現実を指摘し、平成13
年までに国際的に遜色のないコスト水準をめざし、わが国の電気事業のあり
方全般について見直しを行う旨決定したことを明らかにした。また、電力負
荷率の改善は、電気事業者はもとより、需要家・消費者側の努力と協力を得
ながら、政府一体となった取組みを進めることが重要だとし、電力供給シス
テム全体の見直し、競争原理の導入を促進すべきことを指摘した。

平成9年4月15日、日本経済団体連合会経済政策委員会も、国のこうした
動きと呼応して、内外価格差、総括原価方式のもとでは事業効率化のインセ
ンティブが働きにくく、値上げがスケジュール化してきたことを批判して、
次の①～④の具体策を提言した[44]。

① 電力事業の効率化による電力価格の引下げ（ⓐ直接供給競争とモード間
競争の促進、ⓑ価格決定方式にも事業効率化を促す手段とした、プライス
キャップ方式やヤードスティック方式の導入）

② 常に市場構造を見直し、競争が進展している分野は、思い切って公的
規制の対象範囲からはずすこと

③ さらなる効率化に向け、競争的機能が十分に発揮されるようにしてい
くこと

④ 負荷平準化のため、引き続き競争原理を一層浸透させていくべきこと

---

44 日本経済団体連合会 HP「わが国の高コスト構造の是正——新たな経済システムの構
築を目指して」〈https://www.keidanren.or.jp/japanese/policy/pol124/chap4.html〉
4－3参照。

第2章　電力システム改革と電気事業

　しかも、平成9年5月29日、佐藤信二通商産業大臣は、参議院商工委員会で、「発送電分離が高コスト是正に効果的か研究すべきだ」と、垂直統合（アンバンドリング）の見直しに及ぶ発言をなした。この発言は、電力自由化の取組みが、単に規制緩和や価格の低減にとどまらず、戦後の電力システムである10電力会社の業務にとどまらず、垂直統合の経営、人事、資本、信用に及ぶ改革へと展開する可能性を示唆する重大な発言であった。

　平成10年12月15日、行政改革推進本部規制緩和委員会は、規制改革についての第1次見解を示した。同見解は、新3か年計画では、国際的に開かれ、自己責任原則と市場原理に立つ自由で公正な経済社会としていくことおよび行政のあり方についていわゆる事前規制型の行政から事後チェック型の行政に転換していくことを基本とするとともに、①経済的規制は原則自由、社会的規制は必要最小限との原則の下、規制の撤廃またはより緩やかな規制への移行、②検査の民間移行等規制方法の合理化、③規制内容の明確化・簡素化、④規制の国際的整合化、⑤規制関連手続の迅速化、⑥規制制定手続の透明化、という6項目を重視すべき視点とした。同見解各論のエネルギーの項は、電気事業の許可について、「電気事業法（昭和39年法律第170号）第5条第1号は、『その電気事業の開始が一般の需要（中略）又は供給地点における需要に適合すること』を電気事業の許可要件としているが、……現在、規制緩和推進3か年計画に基づき、電気事業に競争を導入するため、新たな電力供給システム全般の抜本的見直しが検討されている。これらの検討結果を踏まえて、当該規定について抜本的な見直しを行うべき」だと30分同時同量の規制を特に取り上げて抜本的改革の必要を指摘した。

(2) 第2次改正の概要

　第2次改正は、平成11年2月19日、第145回国会に、電気事業法及びガス事業法の一部を改正する法律として内閣から提出され、同年4月22日衆議院で採決され、同年5月13日参議院で採決され、同年5月21日に公布された[45]。

45　国会図書館HP「日本法令索引【会議録一覧】」〈http://hourei.ndl.go.jp/SearchSys/viewEnkaku.do?i=63oVNSDrwFT％2fneVQqF60WA％3d％3d〉参照。

提案理由には、これまでの規制緩和措置にもかかわらず、経済構造改革を進めるにはいまだ不十分で、「さらなる参入規制や料金規制等の見直しを行い、両事業の一層の効率化、電気及びガスの使用者の利益の一層の増進、ひいては強靱で活力に満ちた日本経済の実現を図ること」が必要だと明記されていた。

第2次改正の概要は以下のとおりである。第2次改正は、平成12年3月21日に全面施行され、全需要の約3割を占める特定高圧需要家向けの小売自由化が開始された。

(ｱ)　大口需要家に対する小売自由化──小売分野の部分自由化

電力会社による独占供給が認められている電気の小売供給について、大口の需要家（電気の使用規模2000kW 以上、2万V 特別高圧系統以上で受電する特別高圧需要家）に対しては、電力会社以外の供給者による電気の小売を可能とした。その際、電力会社と新規参入者との競争を有効に働かせるために、電力会社が保有する送電ネットワークを新規参入者が利用するための、公正かつ公平な託送ルールを整備することとした。

(ｲ)　規制部門の料金規制の緩和──引下げの届出制・メニュー拡大（前記 4(2)⑬)

自由化の対象とならない部門の料金規制について、現行の認可制から、料金引下げなど需要家の利益になるような場合には、届出制による変更を可能とした。また、料金メニューを多様化し、需要家の選択肢が拡大されるよう、選択メニューの設定が可能な要件を拡充した。

(ｳ)　電力会社の兼業規制廃止（前記 4(2)④)

電気事業以外の事業を行う際の許可制を廃止し、電気事業に必要な設備を譲渡する際の許可制を届出制とした。

(3)　第3次改正の概要

第3次改正は、第2次改正で3年後の見直しが定められていたことから行われた[46]。

46　国会図書館HP「日本法令索引【会議録一覧】」〈http://hourei.ndl.go.jp/SearchSys/viewShingi.do?i=115601079〉参照。

第2章　電力システム改革と電気事業

　第3次改正に向けた総合資源エネルギー調査会電気事業分科会は平成13年から開始された。その最大の論点は、アンバンドリングで、送配電部門と発電部門・販売部門は別会社とする法的分離や、送配電部門の系統運用を行う独立機関（ISO：Independent System Operator）などにより自然独占性の残る送配電部門を欧米のように分離することで送配電部門の公平正・透明性を向上させるべきとの議論がなされた。

　しかし、発電・送配電・販売の各部門の相互連携による安定供給の確保が重要視されて採用に至らず、行為規制をもって対応する方法が採用された。

　第3次改正の概要は以下のとおりである。第3次改正は、平成17年4月に全面施行された。

㋐　小売自由化範囲の拡大

　平成11年の第2次改正で平成12年3月から主に大規模工場を需要家とする特別高圧産業用と主にデパートやオフィスビルを需要家とする特別高圧業務用が自由化され電力量の約26％が自由化され、平成15年の第3次改正によって平成16年4月から主に中規模工場を需要家とする高圧B電源、主にスーパー、中小ビルを需要家とする高圧業務用（500kW以上）が自由化され、合計で電力量の40％が自由化された。残すは3年後に予定される主に家庭を需要家とする低圧の全面自由化だけになった。

㋑　送配電部門の公平性・透明性確保

⒜　情報の目的外利用禁止と会計分離・公表

　送配電部門の公平性および透明性についての市場参加者の信頼を確保し、送配電部門が供給信頼度の維持に不可欠な調整機能を確保するため、電力会社の送配電部門について、アクセス情報等の目的外利用の禁止、他部門との内部相互補助を防止するための会計分離[47]およびその結果の公表を義務づけた。

⒝　連系性利用の公平性・透明性確保・監視機関

　電力会社、新規参入者や学識経験者等が公平・透明な手続の下で送配電部門に係る連系線空き容量や混雑情報の公開、連系線利用ルールの策定および運用状況の監視等を行うしくみ（ESCJ）を構築した。

Ⅱ　電力改革の沿革

㋑　電力の広域利用の確保——振分供給料金の廃止、需要地近接電源の誘導

全国の発電所の供給力を有効活用できるようにするため、供給区域をまたいで送電するごとに課金されるしくみ、いわゆる振替供給料金（パンケーキ）を廃止する等、託送制度を見直し、広域的な電力取引を円滑化した。なお、振替供給料金の廃止に際しては、送電線建設等に要するコストの公平かつ確実な回収、そのための送電費用の負担に関する適切な精算、電力供給システム全体としての効率性を害するような遠隔地への電源立地の抑制の３点の確保を図った。また、廃止後の状況の推移をみて、必要とあれば、遅滞なく廃止の見直しを行うこととした。

㋒　その他の見直し

二重投資による著しい社会的弊害が生ずる場合を除き、コジェネ等の分散型電源から、自由化対象である特定規模需要に対し、自前の送電線により電気を供給することを可能とした。

電源開発株式会社を完全民営化し、電源開発促進法を廃止した。

余剰電力の取引を可能とする私設機関としての卸電力取引所を創設した。

㋓　全面自由化の検討の開始

平成15年２月15日、総合資源エネルギー調査会電気事業分科会は、平成19年４月をめどに全面自由化の検討を開始することを明かにした（「今後の望ましい電力事業制度の骨格について」）。

47　八田達夫教授は、『電力システム改革をどう進めるか』（日本経済新聞出版社、平成24年）45頁注11で、会計分離となった経緯について、「経済産業省は電力会社の法的分離を目指したが、電力会社の抵抗に逢い、中立的に新規参入者と電力会社の供給部門を扱うという了解の下に会計分離を行い、法的分離をしないことになった。法的分離の代わりに曖昧ではあるが機能分離をすることになった」と指摘する。また、第２次改正、第３次改正における、発送電分離を進めようとする経済産業省とこれに対する電力業界の対応については、竹内敬二『電力の社会史——何が東京電力を生んだのか（朝日選書398)』（朝日新聞出版、平成28年）186頁以下に詳しい。

95

第2章　電力システム改革と電気事業

6　電力自由化の停滞

　平成19年4月、総合資源エネルギー調査会電気事業分科会は、第4次制度改革の検討を開始した。重要課題は、小売事業を低圧需用まで含めて全面自由することの是非であった。第3次改正で、平成19年4月をめどに全面自由化の検討を開始すると規定されていたからである。

　総合資源エネルギー調査会電気事業分科会は、制度改革ワーキンググループで需要家の選択肢の確保状況、小売自由化範囲に係る費用便益分析および小売自由化範囲の拡大が電気事業者の企業行動に与える影響を検討[48]した結果を受け、平成20年3月の基本答申[49]で、自由化範囲における需要家選択肢の拡大が期待しうる一定期間（5年をめど）の経過後に再度検討することとして全面自由化を見送った。

　理由は、すでに自由化された範囲（7000V超の特別高圧需用で契約電力が原則として2000kW以上の需要家）でも需要家の選択肢は十分に確保されておらず、小売自由化の範囲を拡大する前提条件が未整備であること、このような中で小売自由化範囲を拡大することは、家庭部門の需要家にメリットをもたらさない可能性があるにとどまらず、移行コストが社会全体の便益を上回るおそれが強いことなどで、まずは自由化された範囲における競争環境整備のための制度改革が適当で、小売自由化範囲の拡大を行う場合は、諸外国において講じられた措置およびその最新の動向を参照したうえで、電気事業者の企業行動に与える影響にして適切な措置が事前になされることが必要とされたことにある。

48　検討は総合資源エネルギー調査会電気事業分科会制度改革ワーキンググループ（経済産業省HP「審議会・研究会」〈http://warp.da.ndl.go.jp/info:ndljp/pid/282046/www.meti.go.jp/committee/gizi_8/13.html〉）。議事録は、同第2回議事録〈http://warp.da.ndl.go.jp/info:ndljp/pid/282046/www.meti.go.jp/committee/summary/0004383/index.html〉参照。

49　総合資源エネルギー調査会電気事業分科会「今後の望ましい電気事業制度の在り方について」（平成20年3月）〈http://warp.da.ndl.go.jp/info:ndljp/pid/282046/www.meti.go.jp/committee/materials/downloadfiles/g80529c05j.pdf〉6頁以下。

平成21年9月16日、民主党鳩山由紀夫内閣が誕生した。同内閣の下におけ
る総合資源エネルギー調査会は、この基本答申を受け、平成22年6月18日、
第3次エネルギー基本計画（以下、「基本計画」という）を策定した。基本計
画は、環境の視点から原子力発電への依存度を平成21年の29％から、平成42
年（2030年）には53％まで高めるとはしたが、「自由化」には、一語も触れ
ることがなかった。

　橘川教授は、この自由化の後退の背景について、エネルギー・セキュリ
ティの確保が原発重視に結びつくと同時に、原子力投資を抑制する自由化が
問題視され、自由化の後退を招いたと指摘する[50]。

△▲稲垣隆一△▲

50　橘川・前掲（注9）115頁。

第2章　電力システム改革と電気事業

Ⅲ　電力自由化から電力システム改革へ

1　東京電力福島第一原子力発電所事故後の政府の対応

　平成23年3月11日、東日本大震災と東京電力福島第一原子力発電所の事故が発生し、原子力のあり方も含めエネルギー問題への国民の関心が大きく高まった。また、原子力の安全性への疑問、原子力発電の抜本的な安全対策への要請、原子力依存のエネルギー構造の是非をめぐる議論が高まる一方で、エネルギー多消費構造への反省と節電に向けた取組みが進んだ[51]。

　こうした状況は、原子力こそ、エネルギーシステムの経済効率性、エネルギーセキュリティの確保、環境への寄与という価値を実現するという第3次エネルギー基本計画のよって立つ信頼を突き崩し、あらためて、これらの要請と電源の安全・安心の確保という価値の序列・整理をどうつけるのかという問題を突きつけた。

　また、事故への対応で、実際には需用逼迫時に需要側の節電[52]や電力供給に向けた取組みが可能な状況になっていたにもかかわらず、従前のエネルギーシステムではこれを活用できなかった脆弱性を有することが把握された。

　菅直人内閣は、平成23年5月17日、政策推進指針を閣議決定し[53]、電力制

51　エネルギー・環境会議「『革新的エネルギー・環境戦略』策定に向けた中間的な整理（案）」（平成23年7月29日）5頁。

52　電力システム改革専門委員会第2回配布資料の参考資料〈http://www.meti.go.jp/committee/sougouenergy/sougou/denryoku_system_kaikaku/002_s01_01_02.pdf〉1－1（7頁以下）に、震災時に産業界がさまざまな節電対策を行ったことおよびそのコストが記載されている。

53　第9回新成長戦略実現会議議事要旨〈http://www.cas.go.jp/jp/seisaku/npu/policy04/pdf/20110610/20110614_gijiyoshi.pdf〉2頁にその記載がある。

約の克服、安全対策の強化に加え、エネルギーシステムの歪み・脆弱性を是正し、安全・安定供給・効率・環境の要請に応える短期・中期・長期からなる革新的エネルギー・環境戦略を検討することとし、新成長戦略実現会議を開催して、革新的エネルギー・環境戦略を定めることを決定した。

　これを受けて、政府は、平成23年６月７日に開催された第９回新成長戦略実現会議[54]で、エネルギー問題に関する集中討議を行い、玄葉光一郎国家戦略担当大臣から、福島第一原子力発電所の事故がエネルギー問題に与える影響とわが国のエネルギー戦略の課題、検討のスケジュールおよび検討体制が示され[55]、了承された。

　この会議は、福島第一原子力発電所の事故を踏まえた今後のエネルギー戦略で検討すべき各省庁にわたる課題を網羅的に取り扱う会議で、電力システムを、省エネルギー、自然エネルギー、資源・燃料、原子力の４つの戦略の共通基盤としての位置づけ、次の①～⑤の論点と解決の手法を示した。

①　電力システムを支えるエネルギー基本戦略は、原子力発電所の安全性と需給逼迫時におけるエネルギー構造の脆弱性への対応のため白紙から再検討されるべきこと

②　エネルギー戦略の重要性に鑑み、今一度、前提であると信じてきた、経済効率性、エネルギーセキュリティ、環境問題への適合を含めて白紙からエネルギー・環境戦略を見直し、新たな合意形成を急がねばならないこと。原子力発電への依存度を平成21年の29％から平成42年には53％まで高めるとした平成22年６月18日制定の第３次エネルギー基本計画は白紙で見直すべき状況にあること

③　新たな電力システムは、日本再生の基本戦略として成長、経済を支え、イノベーションをリードすべきものであるべきこと

54　新成長戦略実現会議の議事次第、配付資料、議事要旨、記者会見は、内閣官房 HP「新成長戦略実現会議」〈http://www.cas.go.jp/jp/seisaku/npu/policy04/archive02.html〉参照。

55　第９回新成長戦略実現会議配付資料１〈http://www.cas.go.jp/jp/seisaku/npu/policy04/pdf/20110607/siryou1.pdf〉参照。

第2章　電力システム改革と電気事業

④　新たな電力システムは、新パラダイムに立つ戦略であり、集権型の旧
　　システムの改良ではなく、分散型の新システムをめざすべきこと
⑤　電力システムには、電力不足と高コスト構造の克服、分散型電源との
　　両立、原子力リスクの管理などの論点があるが、発送電分離を含む事業
　　体制のあり方について聖域なく検証すべきこと

これらの論点と解決の方法は、すべて、その後の電力システム改革に関す
る会議で検討され、電力システム改革の内容となった。その意味で、この会
議は、電力システム改革の基礎的な視点と論点を定める会議であったという
ことができるであろう。

2　エネルギー・環境会議と総合資源エネルギー調査会基本問題委員会

第9回新成長戦略実現会議の決定を受けて、平成23年6月7日、新成長戦
略実現会議の分科会として、エネルギー・環境会議[56]が設置され、同月22日
に第1回が開催され[57]、短期・中期・長期からなる革新的エネルギー・環境
戦略を政府一丸となって策定することに向け検討が開始された[58]。

あわせて、電力システム改革は、同決定で、経済産業省総合資源エネル
ギー調査会に設置された基本問題委員会に検討の場を移して検討を進め、エ
ネルギー・環境会議にその状況を報告することとされたことから、同省は、
平成23年10月3日、総合資源エネルギー調査会の下に基本問題委員会[59]を設
置し、平成22年6月の第3次エネルギー基本計画[60]をゼロベースで見直

56　経産省資源エネルギー庁「エネルギー白書2012（HTML版）」〈http://www.
　　enecho.meti.go.jp/about/whitepaper/2012html/1-4-4.html〉第1部第4節参照。エ
　　ネルギー・環境会議の第1回から第17回までの全体のアーカイブは内閣官房HP「エネ
　　ルギー・環境会議」〈http://www.cas.go.jp/jp/seisaku/npu/policy09/archive01.
　　html〉参照。
57　エネルギー・環境会議の議事次第、議題、配付資料、参考資料は内閣官房HP「議事
　　次第」〈http://www.cas.go.jp/jp/seisaku/npu/policy09/archive01_01.html#haifu〉
　　参照。
58　当面の検討方針については、前掲（注57）資料3〈http://www.cas.go.jp/jp/
　　seisaku/npu/policy09/pdf/20110622/siryou6.pdf〉参照。

100

し[61]、エネルギー・環境会議が扱う各省横断的な大方針と連携・連動して新エネルギー計画を策定する作業を開始するとともに、電力システム改革をはじめ、原子力・再生可能エネルギー、エネルギーミックス、海外エネルギー同項、エネルギー安全保障などの検討を広く開始した[62]。

59　基本問題委員会全体のアーカイブは経済産業省資源エネルギー庁 HP「基本問題委員会について」〈http://www.enecho.meti.go.jp/committee/council/basic_problem_committee/〉参照。

60　第 3 次エネルギー基本計画〈www.enecho.meti.go.jp/category/others/basic_plan/pdf/100618honbun.pdf〉参照。

61　枝野幸男経済産業大臣は、第 1 回委員会の開会挨拶で、基本問題委員会の設置の動機を「今回のこの基本問題委員会の設置のきっかけとなりましたのは、3 月 11 日の東京電力福島原子力発電所の事故でございます。これによって原子力の安全性に対する国民の信頼は大きく損なわれました。また、このことによるさまざまな影響の下、わが国のエネルギーシステムが抱える脆弱性も明らかになったところでございます。こうした状況の中で、昨年 6 月に閣議決定しましたエネルギー基本計画については、ゼロベースで見直し、再構築を図る必要があるということで、本委員会を設置しまして、この委員会の意見を聞いた上で、私の下でエネルギー基本計画の案を作成するということにさせていただいたものでございます」と述べている。また、「ゼロベースで見直す」の意味は、同委員会第 1 回の枝野大臣の以下の挨拶に表れている。「今回の議論に当たりまして私からぜひお願いをしたいことがございます。一つは、今回の事故によって従来の特に原子力に対する国民の意識、信頼性というものが大きく変わっております。そうしたことの中では現状から物事を出発するのではなくて、あるべき姿からどうやってそこに向かっていくのかと、ぜひこうした議論をお願いしたい。現状がこうだから当面これでやむを得ないというような議論では、私は国民の理解は到底得られないと思っております。本来こうあるべきであるという姿をお示しいただき、そこに向かってどうやって早く近づいていくのかという議論を進めていただきたいと思っているところでございます。今回の委員の皆さまには、従来のこの総合資源エネルギー調査会の審議会等とは異なりまして、幅広い皆さんにご参加をいただきました。従って、ここで妥協点を探るといった発想ではなくて、しっかりとした事実関係や根拠の確認を議論の中でしていただきながら、地に足の着いたご議論をお願いしたいと思っております」〈http://www.enecho.meti.go.jp/committee/council/basic_problem_committee/001/pdf/gijiroku1th.pdf〉。

第2章　電力システム改革と電気事業

3　電力システム改革タスクフォースによる論点整理

⑴　有識者からのヒアリング

　また、経済産業省は、平成23年11月10日、電力システム改革の検討を進めるため、基本問題委員会の下に、電力システム改革タスクフォース[63]を設置し、震災により明かになった電力供給システムの問題点を踏まえ、①電力市場のあり方（ピーク需要の抑制ができる電力システム、需要家の選択と公平で透明な事業参入の確保など）、②欧米における電気事業制度改革と論点、③電力小売事業（PPS等）の実態と課題、④電力系統システムの現状と今後の可能性（スマート化等）の４点について、同年12月20日まで６回にわたり、精力的に有識者からのヒアリングを行った。

　招聘された有識者と議事の要旨は以下のとおりである。なお、詳細は発表されていない。

　第１回は平成23年11月10日に開催され、八田達夫大阪大学招聘教授を招聘し、「電力市場の諸類型について――ピーク需要カットが出来る電力体制を」を主題とし、主に、電力市場の諸類型、日本の電力市場の現状、北欧の市場、発送電分離の意義について意見交換・質疑等がなされた[64]。

　第２回は平成23年11月14日に開催され、松村敏弘東京大学社会科学研究所教授を招聘し、「白地に絵を描く電力市場制度」を主題とし、主に、理想の

62　議論の経緯のまとめは経済産業省資源エネルギー庁 HP「基本問題委員会について」の「【参考】基本問題委員会の議論の経緯」〈http://www.enecho.meti.go.jp/committee/council/basic_problem_committee/pdf/giron-keii.pdf〉参照。

63　電力システム改革タスクフォースの議事要旨は経済産業省 HP「電力システム改革タスクフォース」〈http://www.meti.go.jp/committee/kenkyukai/energy_environment.html#denryoku_system〉参照。平成23年11月10日の第１回から同年12月20日まで６回が行われ、議論の成果は、12月27日には、論点整理（同 HP「電力システム改革タスクフォース『論点整理』」〈http://www.meti.go.jp/committee/kenkyukai/energy/denryoku_system/007_giji.html〉参照）として発表された。

64　経済産業省 HP「電力システム改革タスクフォース（第１回）議事要旨」〈http://www.meti.go.jp/committee/kenkyukai/energy/denryoku_system/001_giji.html〉参照。

Ⅲ　電力自由化から電力システム改革へ

エネルギー市場制度、垂直統合・垂直分離の理想型、規制なき独占の恐れと
競争基盤整備、スマートメーター・スマートコミュニティ以下の点について
意見交換・質疑等がなされた[65]。

　第3回は平成23年11月25日に開催され、小笠原潤一日本エネルギー経済研
究所研究主幹を招聘し、「欧米における電気事業制度改革と論点」を主題と
し、欧米の電気事業制度の概要、欧米の電気事業制度改革の流れ、欧米の自
由化モデル（成功事例、失敗事例やその要因）、海外事例も踏まえた電気事業
制度改革の論点について意見交換・質疑等がなされた[66]。

　第4回は平成23年12月1日に開催され、池辺裕昭株式会社エネット代表取
締役社長、遠藤久仁株式会社エネット取締役営業本部長および谷口直行株式
会社エネット経営企画部長を招聘し、「電力小売（PPS）事業の実態とスマー
トサービスの可能性」を主題とし、主に電力小売（PPS）事業について、電
力自由化の意義と課題について、デマンドレスポンス等の新サービスの導入
効果と今後の可能性について意見交換・質疑等がなされた[67]。

　第5回は平成23年12月7日に開催され、横山明彦東京大学教授を招聘し、
「電力システムの運用の現状とスマート化の可能性」を主題とし、主に電力
システムの概要、電力システム運用の基礎事項、電力自由化における課題、
電力システムを取り巻くリスク、再生可能エネルギー電源の大量導入のため
の電力システムのスマート化について意見交換・質疑等がなされた[68]。

65　経済産業省HP「電力システム改革タスクフォース（第2回）議事要旨」〈http://
　　www.meti.go.jp/committee/kenkyukai/energy/denryoku_system/002_giji.html〉
　　参照。

66　経済産業省HP「電力システム改革タスクフォース（第3回）議事要旨」〈http://
　　www.meti.go.jp/committee/kenkyukai/energy/denryoku_system/003_giji.html〉
　　参照。

67　経済産業省HP「電力システム改革タスクフォース（第4回）議事要旨」〈http://
　　www.meti.go.jp/committee/kenkyukai/energy/denryoku_system/004_giji.html〉
　　参照。

68　経済産業省HP「電力システム改革タスクフォース（第5回）議事要旨」〈http://
　　www.meti.go.jp/committee/kenkyukai/energy/denryoku_system/005_giji.html〉
　　参照。

第2章　電力システム改革と電気事業

　第6回は平成23年12月20日に開催され、八田教授、松村教授、小笠原氏および横山教授を再度招聘し、電力システム改革に関する論点の整理を目的として議論がなされた[69]。

(2)　論点整理

　電力システム改革タスクフォースは、平成23年12月27日、震災により明かになった電力供給システムの問題点と有識者からのタスクフォースの議論を通じて得られた示唆を、電力システム改革に向けた4つの視座と10の論点にまとめ、電力システム改革タスクフォース「論点整理」で発表した[70]。

　この4つの視座と10の論点は、後に電力システム改革を制度設計した電力システム改革制度設計専門委員会における議論を導くチャートとなり、電力システム改革の制度設計の骨格をなした。この取りまとめ事務を中心になって行ったのは、当時資源エネルギー庁電力・ガス事業部の電気事業制度企画調整官であった安永崇伸氏[71]、小柳聡志氏、当間正明氏であった。

⑦　4つの視座

　4つの視座とは、①需給逼迫時に需要抑制や供給促進のインセンティブが働く電力市場の形成、②企業や消費者の自由な選択、創意工夫を最大限活用する電力市場の形成、③需要サイドによる需給管理が可能な次世代スマート

69　経済産業省HP「電力システム改革タスクフォース（第6回）議事要旨」〈http://www.meti.go.jp/committee/kenkyukai/energy/denryoku_system/006_giji.html〉参照。

70　経済産業省HP「電力システム改革タスクフォース『論点整理』」〈http://www.meti.go.jp/committee/kenkyukai/energy/denryoku_system/007_giji.html〉参照。

71　その後同氏は、後述の電力システム改革専門委員会中間報告、専門委員会報告および電力システム改革ワーキングの取りまとめに奔走し、3つの法改正をみた後、産業組織課長を最後に平成27年7月5日付けで退職したが、その誠実な働きぶりは「電力システム改革の議論がスタートして以降、ある意味彼がいたから改革が仕上がったといっても過言ではない。彼は業界に対して相当厳しいことを言うが、事業者から不平不満はほとんど出てこない。なぜなら彼が事業者ときっちりとコミュニケーションを取っていたからだ。北から南まですべての電力会社、ガス会社を訪問して話に耳を傾け、それを踏まえて意見をまとめ上げていった。だからこそシステム改革を断行できた」と評されている（エネルギーフォーラム2017年8月号39頁）。電力システム改革は彼のように多くの誠実な人々によって進められた。

社会の構築、④このような電力市場を支える公正で透明な競争環境の整備の
4つである。

この4つの視座に貫かれているのは、電力需給を需用者の意思を軸に再構築しようとする思想である。思えば、これまでの電力システムは、いかに供給するか、つまり、安定した豊富な電力を安価に供給することを最大の課題として構築されてきた。社会は豊富で安価な電力を求め、電力事業者は垂直一貫体制の下、安定供給を実現し、国は地域分割で市場を保証し、総括原価方式で経営を保証してこれに応えてきた。

そこでは、需用者は、国、10電力会社による電力供給の反射的利益を受ける存在で、対価を支払う存在でありながら電力取引の主体の位置を与えられなかった。需用者もその地位を責任をもって見つめ、行動しなかったというべきであろうか。

しかし、震災は、こうした需用者の地位と責任を明かにした。

震災により大規模電源が喪失した際に、需用者側は、自ら費用を支払い、さまざまな工夫を凝らして節電に努め、総体として需給調整の成果を上げた。この現実を前に、タスクフォースは、「計画停電や電力使用制限の発動という強制的・画一的な需要抑制手段によって多くの国民や企業に多大な負担と苦難を強いざるを得なかったことは反省すべき大きな課題」[72]だと認識した。タスクフォースの視座は、法的には事業者、国という電力の供給者だけでなく、需用者の主体性と意思による民主的な電力供給システム、経済的には需要者と市場を用いた客観的で合理的な電力供給システムを構築しようとする「反省と課題認識」であったといえるであろう。

　(イ)　10の論点

10の論点とは以下のとおりである。

＜新たな需要抑制策＞

論点1：需給逼迫時において、供給サイドからの一律・強制的な停電や
　　　使用制限によらず、需要側でのピークカット、ピークシフト等の取組

72　前掲（注52）1－1（14頁以下）参照。

第2章　電力システム改革と電気事業

が柔軟に行われるようにするための仕組みが重要。そのため、スマートメーターやインターフェースの整備を進め、市場メカニズムを通じた需給調整機能を強化し、需給状況にきめ細かく対応した料金やサービスの導入を図ることが必要ではないか。

＜需要家の選択＞

論点２：企業のイノベーションを引き出し、多様な電源やサービスを生み出すため、需要家が供給者や電源を選択できる仕組みの構築が重要。そのため、一般電気事業者の独占と規制料金が適用されている小口小売分野についても、大口分野と同様、需要家が選択できる仕組みを導入すべきではないか。

＜供給の多様化＞

論点３：小売分野の選択肢拡大のためには、供給者や電源の多様性も重要。そのため、発電分野の規制（卸規制）の見直しや、卸電力市場の活性化などが必要ではないか。

論点４：大規模電源の集中リスクへの対応策として、再生可能エネルギーやガスコジェネレーションの活用も含め、分散型エネルギーの活用を拡大していくことが重要。そのため、系統接続や託送に関するルールを見直すべきではないか。

論点５：我が国の巨大な電力需要を安定的に支える電源として、大規模電源への投資も引き続き重要な課題。様々な電源が参入する競争的環境の中で、適切な予備力を確保し、安定的に供給力を確保するための仕組みが必要ではないか。

＜競争の促進と市場の広域化＞

論点６：地域独占に安住することなく、電力会社同士での競争を行い、様々な需要家向けサービスを展開していくことが重要。そのため、供給区域を超えた電力供給に関する障壁の撤廃や、卸電力取引市場を通じた競争活性化が必要ではないか。

論点７：既存の供給区域を超えた広域での系統運用や需給調整を行い、供給力の広域的な有効活用を図るための仕組みが必要ではないか。

論点８：送配電部門の中立性を確保し、電源間の公正競争のためのルー

ル・仕組みを導入することが重要。そのため、会計分離の徹底、法的分離、機能分離、所有分離などのメリット・デメリットを十部に検証したうえで、さらなる送配電部門の中立化を行うべきではないか。

＜安定性と効率性の両立＞

論点9：市場メカニズムの活用による競争の徹底に際しては、安全性の確保、適切な送配電投資の確保、ユニバーサルサービスの確保、供給責任の確保等、市場原理に委ねるのみでは解決し難い公益的な課題に対応する仕組みの再構築が必要ではないか。

論点10：多様な主体の参画により複雑化する設備形成や系統運用上の技術的課題を克服しつつ、安定性と効率性を両立する新たなシステムを構築が重要。そのため、どのような時間軸を設定して制度設計を行うべきか。

4　電力システム改革専門委員会による報告書・工程表

　電力システム改革タスクフォースの論点整理は、平成23年12月27日に開催された電力改革及び東京電力に関する閣僚会合[73]の第2回会合[74]において合意され、あわせて、総合資源エネルギー調査会の下に委員会を立ち上げ、平成24年の年明け以降、具体的な制度設計について集中的に討議を進めてゆくことが報告された。

　これを受けて、経済産業省は、平成24年2月2日、総合資源エネルギー調査会に電力システム改革専門委員会[75]を設置した。同委員会は、同日の第1回を皮切りに平成24年7月13日まで第8回の会議を行い、10の論点に関する

73　平成23年11月4日から平成24年5月9日の間に内閣に設置された（内閣官房HP「電力改革及び東京電力に関する閣僚会合」〈http://www.cas.go.jp/jp/seisaku/denryoku/index.html〉参照）。

74　第2回会合の議事概要は前掲（注73）参照。

75　電力システム改革専門委員会全体のアーカイブは経済産業省HP「電力システム改革専門委員会」〈http://www.meti.go.jp/committee/gizi_8/2.html#denryoku_system_kaikaku〉参照。

第2章　電力システム改革と電気事業

同委員会としての基本方針を発表した（「電力システム改革の基本方針──国民に開かれた電力システムを目指して」）。次いで、同委員会は、同年11月7日の第9回から平成25年2月8日の第12回まで、この基本方針に基づき議論を重ね、同月15日、その成果を電力システム改革専門委員会報告書（以下、「報告書」という）および電力システム改革の工程表（以下、「工程表」という）にまとめて発表した。

　報告書は、まず「Ⅰ　なぜ今、電力システム改革が求められるのか」で、電力システム改革の意義を示し、その後、「Ⅱ　小売全面契約自由化とそのために必要な制度改革」で、小売の自由化とその具体策、需要者の保護、「Ⅲ　市場機能の活用」で、小売の自由化に対応するための供給の機能、特に卸電力市場の設計と活性化を論じ、「Ⅳ　送配電の広域化・中立化」で、全国大の需給調整機能の強化と広域系統計画や需給調整機能を担う広域系統運用機関の基本設計を論じ、続いて、送配電部門の一層の中立化に向けた制度上の措置について、必要となる理由、法的分離と行為規制の方法を提案する。その後、「Ⅴ　安定供給のための供給力確保」で、小売全面自由化に伴う供給義務の撤廃を背景とする新たな供給力確保のしくみ、1時間前市場創設による全国大のメリットオーダーと経済的な安定供給の実現、リアルタイム市場実現を射程に入れたインバランス精算、小売事業者の供給義務、これを補完する広域系統運用機関の機能、さらには電源開発投資を促進するための容量市場、広域系統運用機関による電源調達公募など、中長期の重層的な確保策を提案した。この報告書において、10の論点は以下のように具体化された。以下、報告書を引用しながらその内容を紹介しよう。

(1)　電力システム改革の意義

　報告書は、「Ⅰ　なぜ今、電力システム改革が求められるのか」で、電力システム改革を「これまで料金規制と地域独占によって実現しようとしてきた『安定的な電力供給』を、国民に開かれた電力システムの下で、事業者や需要家の『選択』や『競争』を通じた創意工夫によって実現する方策」[76]と定義し、その改革で、「構造的な電力コスト上昇圧力がある中にあって、安

76　報告書3頁。

定供給を確保しつつ、電気料金上昇を短期的にも中長期的にも最大限抑制することを目指す」[77]とする。

その理由は、すでに、震災直後の平成23年6月7日に開催された第9回新成長戦略実現会議以来の取組み、特に経済産業省に設置された基本問題委員会、電力システム改革タスクフォースによる論点整理で示された4つの視座と10の論点で示されたところであるが、報告書は、電力コスト増が見込まれる中で電力供給の効率性、安定性の両立を図るには、競争の徹底と、価格シグナルを通じた需要抑制を図ることのできる電力システムに転換し、需要側の意思を最大限生かせるしくみをつくり上げていくことが有効だとし、多様な事業者、多様な電源による全国大でのメリットオーダーで最適化される電力供給体制、節電や省エネにより生み出される供給余力の活用（ネガワット取引）、需給逼迫の状況に応じた電力需要の削減（デマンドレスポンス）、供給コストの低減を実現するとした。

(2) 小売全面自由化と需要家の保護

報告書は、「Ⅱ　小売全面自由化とそのために必要な制度改革」で、まず、第3次エネルギー基本計画がその歩みを止めた小売の全面自由化を冒頭に掲げ、そのための制度設計として、①全面自由化、②需要家保護、③小売市場活性化・効率化のための環境整備としての卸電力市場の活性化、送配電部門の一層の中立化や地域間連系線の強化・運用見直しなど、以下のように展開した。

(ア) 全面自由化のための制度設計

(A) 地域独占の撤廃

小売の自由化を「原則として、すべての者がすべての地域ですべての需要に応じ電気の供給を行うことを可能とする」ものと設計する。

したがって、特定電気事業者に認められてきた特定地点での独占についても、既存地点についての必要な経過措置を講じつつ撤廃する。

(B) 需要家情報へのアクセス──スイッチング情報

需要家による電力選択を実質的に可能とするためには、小売事業者が、そ

77　報告書7頁。

第2章　電力システム改革と電気事業

の需要家の過去の電力需要の時間帯別の状況（ロードカーブ）など、電力使用に関する情報を得て営業活動ができるようにする必要がある。そのスイッチング情報は、従来の事業者、当時の一般電気事業者が保有していた。そこで、各小売事業者がスイッチング情報にアクセスできるように、顧客の獲得や契約変更を円滑化するしくみを設けることが必要である。需要家情報の管理を送配電事業者が一元的に行うことも考えられる。

　(C)　沖縄地域の取扱い

　需要家の選択肢の拡大、多様な電源の参入といった政策目的は、沖縄地域においても、その実現に向けて改革を進めることが求められることから、小売全面自由化は原則として他地域同様実施し、卸電力市場の活性化や送配電部門の広域化・中立化は、沖縄の特殊性を反映した制度とする。

　(D)　小売料金の自由化

　小口部門の料金規制を自由化し、需給状況に対応したさまざまな料金メニューをより柔軟に設定できるようにして、価格が弾力的に動くようにすれば、需要側は、その意思で電力使用を抑制できる。こうして供給力不足の中でも効率的に安定供給を実現する。

　(E)　低圧託送制度の整備

　小売全面自由化後は、家庭など低圧需要にも託送制度を整備する必要がある。託送コストの大半を占める固定費の回収が容易であること等を踏まえると、低圧託送料金制度としては、原則として二部料金制を採用することが適当であるが、スマートメーターが導入されるまでの間は契約電力の設定が困難であるため、最低料金制も認める。なお、託送制度の見直しにあたり、今後、国や広域系統運用機関において検討すべき論点として、送配電網の効率的な利用、送配電投資の効率化、電源立地の適正化、分散型電源の活用等を促すため、託送料金制度に、潮流や需要地近接性をどのように組み込むのかがある。また、スマートメーター設置までは、30分ごとのインバランス量を正確には把握できないから、自弁的な便法として、プロファイリング方式（1カ月分の電力利用量が想定需要パターンに従って各時間帯で使われたとみなす方法）によってインバランス量を算定することも認める。

110

(F) 計画値同時同量

競争市場においては市場参加者の対等な関係（イコールフッティング）が求められる。そのため、当時の一般電気事業者のインバランスを計画値と実績値の差異として算定できるよう、一般電気事業者に計画値同時同量制度を適用し、他方、新電力には現在すでに30分実同時同量制度に対応したシステムを導入していることも踏まえ、30分実同時同量と計画値同時同量のいずれかを選択することを認める制度とすることが適当だとする。

(イ) 需要家保護

次に、報告書は、需要家保護のため、以下のとおり極めて詳細に施策を検討した。それは、全面自由化が、特に低圧・小口の「需要家」を、ただ、電力供給の反射的利益を受ける者から、自らの責任で小売事業者を選択、決定する契約主体である「消費者」へと変化させたことを反映しているといえるであろう。

(A) ライセンス制──事業特性に応じた規制

電力の公益性、重要性に鑑みれば、小売自由化後も、安定供給の必要性や需要家の利益保護を目的とする規制は必要である。また、一般電気事業者の一貫体制は廃止される。そこで、小売事業、送配電事業、発電事業という事業類型ごとに、新たにライセンスを付与する制度を創設し、それぞれの事業の特性に応じた規制を及ぼすことのできる制度とする。

(B) 激変緩和措置

小売自由化に伴う料金・契約の自由化から需要家を保護する激変緩和措置として以下を行う。

(a) 料金規制の段階的撤廃

料金規制撤廃は段階的に行う必要がある。なお、後述する最終保障サービスやユニバーサルサービス、事後規制としての需要家保護策は、経過措置終了後にも、最低限必要な需要家保護制度として措置を継続する。

(b) 規制料金による供給義務の段階的撤廃

経過措置期間を設け、期間中は、一般電気事業者には、家庭など小口部門の需要家に対して、規制料金で供給することを義務づけ、需要家が希望する場合には、一般電気事業者が規制料金によらず供給を行うことを認める。

第2章　電力システム改革と電気事業

(c)　経過措置解除の条件

経過措置は、送配電部門のさらなる中立化策等の各種制度が整備され、卸電力市場の活性化等の競争環境が整い、競争が実際に進展するまで維持される必要がある。経過措置の解除（一般電気事業者の小売料金規制の撤廃）にあたっては、スマートメーターの導入や各種制度の整備、競争状況のレビューを行い、競争の進展を確認することが必要である。

(C)　最終保障サービスの措置・離島の電気料金の平準化

小売の自由化に伴い、小売事業者の破綻・撤退や、業者変更（スイッチング）に際しての契約不調などの事態が考えられるが、電力の重要性を踏まえると、セーフティネットとして、誰からも電気の供給を受けられない事態が生じないようにする最終保障サービスが必要である。また、主要系統に接続していないことにより電気料金が上昇する離島でも、他地域と遜色ない料金水準で電力供給を受けられるようにするしくみ（ユニバーサルサービス）を設ける必要がある。その担い手・費用負担者を誰にするかは問題となるが、報告書は、小売事業者かの対等な競争条件を確保して競争を促進するためと、実際に電力供給を最終的に担保するのは送配電事業者であるという電力の技術的側面を勘案し、エリアの送配電事業者を担い手とする設計とした。

(D)　その他の需要家保護策・需要家への周知・広報

小売自由化は、需要者の地位を、ただ電力の供給を受ける者から、取引、すなわち供給者と供給条件を選択し、意思決定したことに責任を負う者へと変化させる。全面自由化により、社会と需要家が、改革の目的を享受し、豊かさを増し、小売市場が活性化するには、需要家に、電力だけでなく、供給者を選び、責任を負わせるに足る情報も供給する必要がある。電気・電力という専門性の高い財の供給を選択し意思決定するための情報は事業者に偏在しているからである。特に、全面自由化は、低圧・小口の需用家、つまり、個人の生活に、電力の選択と意思決定を求めるものであることを考慮する必要がある。そこで、報告書は、取引に際しての行為規制、特に供給条件の説明、情報提供、説明義務を小売事業者に課し、不当な行為については、規制当局が業務改善命令を出すことができる制度設計とともに、電力の全面自由化に関する「消費者」の認知を進めるため、国や事業者により、「家庭等の

Ⅲ　電力自由化から電力システム改革へ

需要家」への周知・広報を行う必要があるとした。

(3)　市場機能の活用

　需要家の意思は、需要家の意思と行動により需給を調整するという電力システム改革の思想は、市場と取引により電力事業に取り込まれる。それゆえに、小売市場、卸売市場機能の活性化が、この電力システム改革にとって何よりも大切となる。

　報告書は、「Ⅲ　市場機能の活用」で、小売の自由化に対応するための供給の機能、特に卸電力市場の設計と活性化を論じた。

　報告書は、以下のとおり、まず、卸電力市場活性化の意義と現状を論じたうえで、卸電力市場活性化の方策を論じ、卸電力市場活性化に向けた取組みの進め方を論じている。

㋐　卸電力市場の意義と現状

　報告書は、卸電力市場活性化は、発電には、広域メリットオーダー[78]を可能にし、予備力の市場調達による経済性の追求、売電先の多様化などのメリットをもたらすこと、小売には、電源不足の新規参入者に競争環境を提供して、発電・小売市場の競争実現に資すること、卸電力市場の厚みが増すことにより、取引所価格の安定化が期待され、透明性・客観性の高い電力価格指標の形成を通じて電力取引の活性化や、発電における投資回収の見通し向上などの意義があるとして、市場活性化の意義を明らかにした。

　しかし、同時に、報告書は、我が国の卸電力市場の現状が、流動性は0.5％と圧倒的に不足し、客観的価格指標を形成できない。しかも、卸規制により電力の卸取引には価格メカニズムが働きにくい状況にあることを指摘して、活性化の必要を明確にした。

㋑　卸電力市場活性化の方策

　こうした状況を踏まえ、報告書は、卸電力市場活性化の方策を以下のとおり示した。

78　卸電力市場の活用により、最も効率的で価格競争力のある電源から順番に使用するという発電の最適化を、事業者やエリアの枠を超えて実現すること。

113

第2章　電力システム改革と電気事業

(A)　卸電力市場のさらなる活用

　まず、報告書は、一般電気事業者９社が、第９回電力システム改革専門委員会において、要旨、スポット市場において、売買両建てで、かつ限界費用に基づき入札を行うことや、需給逼迫の解消を前提に、数値目標を伴って卸電力取引所への売り入札を行うこと等の自主的取組みを示した[79]ことを報告し、自主的取組みにあたっての供給予備力の考え方を以下のとおり示した。

　「卸電力市場の活性化のためには、適正予備率を確保し、……それ以上の電源については最大限の市場投入を行うことが求められる。その際の供給予備力は、……実運用に近づくにつれて……必要な予備率が徐々に低下していくことから、以下の予備率を確保した上で、各断面で時間帯ごとに余力を判断し、原則全量を卸電力取引所に投入することが適当である。また、卸電力市場の活性化のためには買い入札も重要であることから、一般電気事業者は、自社の限界費用に基づく価格で買い入札を行い、積極的に購入していくことが適当である」。

(a)　スポット市場への投入時（前日）の供給予備率

　「原則８％又は最大電源ユニット相当」の予備力を確保しつつ、少なくともそれを超える電源分をスポット市場に投入する。なお、気候が安定している季節など、需要予測の乖離が小さい場合には、市場投入する電源の上積みを行うことが適当である。また、実需給の時間に近づくにつれ、必要な予備率は減少することから、「時間前市場への投入」（後記(b)参照）を行うことを求める。

(b)　時間前市場への投入時（４時間前）の供給予備率（第１場、第２場、第３場（当日分のみ））

　「原則３～５％又は最大電源ユニット相当」の予備力を確保しつつ、少なくともそれを超える電源分は時間前市場に投入する。

79　これらは９社から示された自主的取組みであるが、これに加えて、一般電気事業者の多くから、これまで一般電気事業者同士で行われてきた短期相対融通を市場に移行することや、卸電気事業者の電源の切り出しを検討すること、積極的な買い入札を実施することなどが示された。

114

Ⅲ　電力自由化から電力システム改革へ

報告書は、この運用を、平成25年3月から試行的に開始し、同年夏までの本格導入をめざした。また、試行運用中に改善点が確認できた場合には、随時運用を見直していくこととする。加えて、実施状況について、適切な場でレビューを行うこととした。

⒝　先渡市場の活性化

日本卸電力取引所の、先渡取引商品における昼間型の受渡時間を電力需要の実態に合わせ、8時～22時から8時～18時に変更するとともに、新電力のベース電源代替としての供給力が、常時バックアップから、中長期的には先渡市場等、卸電力市場での取引に移行していくことを期待して、新たに受渡しの期間（1年間）の間、一定量の電力を継続的に販売することを約する「年間商品」の導入を報告した。

⒞　卸電力市場における卸電力取引所への需要家の直接参加

電気事業法上、接続供給契約の主体が特定電気事業者、特定規模電気事業者、および一般電気事業者に限定されていた。しかし、需要家が自家消費分を卸電力取引所から調達するなど、市場への需要家の直接参加は、取引所取引の厚み増大、小売市場における競争促進、需要家にとっての選択肢拡大に資することから、能力・信用力等について一定の条件を満たす需要家や特定供給を行う事業者が、卸電力取引所からの直接の電力調達やネガワットの売買を行えるよう、必要な制度を整備するため、①需要家が卸電力取引所から調達した電気の託送に関する整理、②需要家が卸電力取引所から調達する供給形態の類型に関する整理（小売と考えるか卸と考えるか等）、③日本卸電力取引所（JEPX）における内部ルール（取引会員規程等）のあり方、④需要家が節電した分の売買を行うネガワット取引を卸電力取引所で行うためのルール整備を検討することとした。

⒟　デマンドレスポンスやネガワットの活用

報告書は、わが国全体の電力供給を効率的に行うためには、市場取引に、デマンドレスポンスやネガワットなど、需要側の取組みを取り入れることが有効で、スポット市場、1時間前市場およびリアルタイム市場における供給力・供給予備力の確保や、容量市場での取引においても、これら需要側の取組みの導入を最大限進めていくことが適当であるとする。

115

第2章　電力システム改革と電気事業

そこで、報告書は、デマンドレスポンスやネガワット取引の意義を明らかにし、導入にあたり検討すべき課題として「具体的な市場設計に当たっては、実際に負荷抑制がなされることを担保するための負荷遮断などの要件や、要件の履行を担保する方法、デマンドレスポンスやネガワットを取引する際の託送契約の在り方、小売事業者の同時同量制度との関係整理等について検討を進めること」を示した。

(E)　新規参入者の電源不足への対応による競争の活性化

新規参入者が電量を調達できるようにすることは、発電、小売競争環境の構築に極めて重要である。報告書によれば、平成13年度の市場構造から計算した[80]、新電力が調達した電力量は合計307.6kWh、一般電気事業者が調達した電力量は9546.2kWh の、わずか3.2％である。報告書は、卸電力市場が機能するまでの当面の措置として、常時バックアップの供給量や料金の見直し、部分供給実施のための環境整備を行うとともに、新規参入者の電源不足に対応するために、先渡市場の活性化を図る必要があるとする。

(a)　常時バックアップの料金と供給量の見直し

報告書は、卸電力市場が機能するまでの過渡的措置として、新電力が常時バックアップをベース電源代替として高負荷率で利用する場合には従量料金を従来料金より引き下げ、供給量も、新電力が新たに需要拡大をする場合に、その量に応じて一定割合（3割程度）の常時バックアップが確保されるよう一般電気事業者に配慮を求めることが適当とした。

(b)　部分供給の実施のための環境整備

部分供給は、適正な電力取引についての指針[81][82]（平成11年12月）に規定されていたが、実施の方法が確立せず実例に乏しかった。そこで、電力システム改革の基本方針[83]の決定に基づき、平成23年12月、資源エネルギー庁は、

80　報告書19頁参考図7の数値から筆者が計算。

81　適正な電力取引についての指針の改定状況は経済産業省 HP「『適正な電力取引についての指針』を改定しました」〈http://www.meti.go.jp/press/2016/02/20170206006/20170206006.html〉参照。

82　適正な電力取引についての指針（平成29年2月改定）〈http://www.meti.go.jp/press/2016/02/20170206006/20170206006-1.pdf〉。

部分供給に関する指針[84]を定めて、部分供給実施のための環境整備を開始した。報告書はこの指針と、適正な電力取引についての指針による部分供給の事例増加が期待されるとする。

(F) 卸規制の撤廃

市場活性化を促すため、小売の全面自由化の時点で卸電気事業者や卸供給事業者が一般電気事業者に供給する場合の、総括原価方式による料金規制や供給義務を内容とする卸規制は撤廃し、小売の全面自由化以後に締結された新たな卸契約は完全な自由契約によるものとする。卸規制の撤廃以前に締結された契約についても、特に卸電気事業者の電源の売電先の多様化の観点から、当事者間における一定の見直しが進められることが期待されるとする。

(G) 卸電気事業者の電源の売電先の多様化

一般電気事業者が卸電気事業者と進める前述の自主的取組みの内容を、卸電力市場の定期的モニタリングで確認する。

(ウ) 卸電力市場活性化の進め方

報告書は、「卸電力市場の活性化が、小売市場における新規参入促進や競争の促進に不可欠で、『需要家の選択肢』そのものと表裏の関係にある」との認識に立って、「卸電力市場の活性化は、小売市場の全面自由化を進めるに先立ち、最大限の取り組みにより促進されなければならない。また、その結果は定期的にモニタリングされ、真に競争的な市場が実現しつつあるのかどうか、客観的な立場からの監視がなされる必要がある」として、卸電力市場の活性化が小売市場全面自由化の鍵となると指摘し、その状況を定期的にモニタリングし継続的に監視すべきことを明記した。

また、報告書は、卸電力市場の活性化策は、まずは自主的取組みで進めるが、モニタリングの結果、「自主的取組が当初表明されたとおり進捗してい

83　部分供給に係る供給者間の役割分担や標準処理期間等をガイドライン化することを求めた。

84　部分供給に関する指針（平成28年3月一部改訂）〈http://www.enecho.meti.go.jp/category/electricity_and_gas/electric/summary/regulations/pdf/bubunkyoukyuu_shishin.pdf〉。

第2章　電力システム改革と電気事業

ないことが判明した場合や、自主的取組では料金規制の撤廃までに卸電力市場活性化の十分な進展が見込まれない場合には、制度的措置を伴う卸電力市場活性化策を検討することとする」として、自主的取組みが、料金規制の撤廃までに卸電力市場活性化を見込むに足る事実が認められることを求めた。

(A)　モニタリングの実施

　報告書は、小売市場の競争環境を確保するうえで、卸電力市場が十分機能していることの重要性を繰り返し指摘し、モニタリングの重要性を単に指摘するにとどまらず、モニタリングすべき事項、モニタリングの体制をも指摘した。この記載ぶりからは、報告書が、電力システム改革にとって、卸電力市場の活性化を極めて重視していたことが読み取れる。また、報告書が、モニタリング結果の公表について指摘しているから、報告書は、電力システム改革の担い手・利害関係者として、公表の読み手である需要家はもちろん、学会、電力システム改革によるイノベーションを担う関連産業をも視野に入れていることを示しているようにも思われる。

(a)　モニタリングすべき事項

　報告書は、一般電気事業者の自主的取組みと競争状況につきモニタリングすべき事項を5つの類型別に例示した。

　類型1は取引所取引（卸電気事業者からも同様の内容をモニタリング）であり、①売り・買いの入札量および約定量、②売買両建ての入札をしている場合には、売り入札と買い入札のスプレッド、③入札価格と限界費用の乖幅、④先渡市場の活用状況（短期相対融通の市場への以降等）である。

　類型2は卸電気事業者等への電源の切り出し（卸電気事業者からも同様の内容をモニタリング）であり、①相対での切り出しを行った電源の名称、切り出した電力（kW）、②相対での切り出しを行った先の事業者名である。

　類型3は自社エリア外の需要家への供給であり、一般電気事業者が自社の供給エリア外で行っている供給契約の件数、契約電力（kW）、電力量（kWh）の合計値である。

　類型4は常時バックアップであり、①契約電力（kW）、供給電力量（kWh）、契約期間、②常時バックアップの負荷率、料金単価の実績、③新電力の需要拡大量（ただし、新電力からの報告徴収等で情報を収集）である。

118

類型5は部分供給であり、①部分供給の件数、供給パターン、契約電力（kW）、供給電力量（kWh）、契約期間である。

　(b)　モニタリングの体制

新規制組織（新規制組織への移行までの間は有識者委員会等）によるべきである。

　(c)　モニタリング結果の公表

競争上の地位その他正当な利害に配慮を行ったうえでその結果を公表することが適当である。

　(d)　その他

一般電気事業者が火力電源入札を行う際に、自社の公募分以外に新電力や卸電力取引所への併売を行う場合には、その実績を自主的取組みの一環としてモニタリングの際に評価することが適当である。

(B)　制度的措置を伴う卸電力市場活性化策の検討

報告書は、卸電力市場の活性化策を、まずは自主的取組みにより進めるものの、モニタリングの結果、「自主的取組が当初表明されたとおり進捗していないことが判明した場合や、自主的取組では料金規制の撤廃までに卸電力市場活性化の十分な進展が見込まれない場合には、制度的措置を伴う卸電力市場活性化策を検討することとする」として、自主的取組みが、料金規制の撤廃までに卸電力市場活性化を見込むに足る事実が認められることを求めた。

(C)　電力先物市場の創設

卸電力市場の活性化に伴い卸取引が増加すると、卸電力価格の変動リスクをヘッジするための電力先物取引のニーズが生じ、小売の全面自由化、料金規制の撤廃等が行われたときは、そのニーズは拡大することが考えられるとして、商品先物取引法の対象に電力を追加し、取引所に上場するための法整備を行う。

(D)　需給調整における市場機能の活用

経済合理的な電力供給体制を実現するため、電源運用に、市場機能を活用することとし、需給直前での需給調整においても、市場機能が最大限活用されることを期待して、「1時間前市場、リアルタイム市場、インバランス精

第2章　電力システム改革と電気事業

算の仕組みを構築することにより、市場機能を活用した効率的な需給調整を可能とする」とした。

(4) 送配電の広域化・中立化

報告書は、「Ⅳ　送配電の広域化・中立化」で、従来の広域運用機関であるESCJによる広域運用の課題を論じ、より強力な権限と責務を負う、広域系統運用機関の設置、業務、系統運用に関するルールの策定、エリアにおける系統運用者、利用者との関係を提示した。次いで、報告書は、送配電部門の中立性確保の意義を論じた後、アンバンドリングの法式を検討し、法的分離と機能分離の長所・短所を提示した後、法的分離の実施と行為規制を提示した。

(ア) ESCJ の課題

広域的な系統運用の必要性については、従来から認識され、広域運用のための機関として、ESCJが設置され機能していた。しかし、制度設計上、需給逼迫時における電力バックアップ体制としての視点に欠け、需給に関する権限と責任は一般電気事業者に留保され、ESCJは、一般電気事業者の託送供給業務を支援する機関にすぎず、ESCJの限られた権限では、広域的な需給調整を果たす十分なしくみがなかった。

(イ) 広域系統運用機関の設置

そこで、全国大での需給調整機能の強化や、広域的な系統計画の必要性といったわが国電力システムの課題に対応するために、全国大で広域的な運用を行う制度を整備する必要があるとして、以下を提示した。

(A) 広域系統運用機関（仮称）の設立

喫緊の課題としてESCJを廃止し、新たに広域系統運用機関（仮称）を設立して、強い情報収集権限・調整権限に基づいて広域的な系統計画の策定や需給調整にかかわる以下の業務を行わせる。

(B) 広域系統運用機関が行う業務

報告書は、広域系統運用機関が行う業務として、主に以下の7つを想定した。

(a) 需給計画業務・系統計画業務

エリアの系統運用者が作成したエリアの電源開発計画、流通設備計画等を

120

基に必要な調整を実施したうえで、1年～10年程度先の日本全体の需給計画を策定し、あわせて、地域間連系線および基幹系統の系統計画を策定し、これらを国に提出する（必要に応じ、国が変更を求めることも想定）。

(b) 長期の供給力確保のための予備力管理等の業務

需給計画および流通設備計画から供給力や流通設備を長期的に見通し、不足が明らかになった場合には、将来的な供給力不足を回避する最終手段として入札による電源建設者の公募を行う。

(c) 需給および系統の広域的な運用

需給運用に必要となる長期から短期（月間・週間・翌日）の計画の策定に際して、広域的観点から必要となる送電設備および電源の作業停止計画の調整等を行い、給電計画を策定する。また、実需給断面においても、再生可能エネルギーなど変動電源の増加により広域での需給調整・周波数調整の必要性が増すことに伴い、これに柔軟に対応した連系線および基幹系統の潮流の管理等を行い、各エリアの系統運用者と協力して需給調整・周波数調整にあたる。

(d) 需給逼迫緊急時の措置

需給逼迫緊急時（実需給直前（原則1時間前）までの段階で、市場の活用を図ってもなお供給力不足が見込まれる状況）には、必要に応じ、電源の焚き増しや予備力開放等の指示を行う。

(e) 系統アクセス業務

系統利用者の希望に応じ、接続検討の受付、検討結果の事業者への通知等を行う（配電系統を除く）。

(f) 系統情報の公表

系統情報の公表を行う（仮にその内容が不十分な場合は国が勧告・命令等を行うことも想定）。

(g) 系統の信頼度評価

1年～10年程度先の需要に対して適正な供給信頼度が確保されているかどうかの評価を行い、その結果を国に報告する。

広域系統運用機関がこれらの業務を行うにあたっては、需給計画の受理や、系統運用業務の監視、需給逼迫時の供給命令等という形で、国が一定の

第2章　電力システム改革と電気事業

関与を行うこととなる。また、これらの業務のうち、系統アクセス業務、連系線・基幹系統に係る作業停止計画の調整、需給逼迫緊急時の措置については、再編された広域系統運用機関に担わせ、中立性・公平性を向上させることとした。

(C) 広域系統運用に係るルールの策定

新機関が前述の業務を行うために必要となるルールの策定の方法につき、報告書は「公共インフラとしての送配電網の性格に鑑み、国が系統利用に係る基本的な指針を定めた上で、これに基づく形で、『電力系統利用協議会ルール』に定められてきた事項に見直しを加え、広域系統運用機関としてこれらのルールを定め、国がその内容の適切性を確認するという方法を取ることが適当である」とした。

(D) エリアの系統運用者・系統利用者と広域系統運用機関のかかわり

広域系統運用機関の業務は、エリアの系統運用者や系統利用者から各種計画を提出を受け、広域系統運用機関がエリアの系統運用者・系統利用者に対して広域調整を行うなど、緊密な連携の下に業務を行うことを想定し、エリアの系統運用者・系統利用者が広く参加し、広域系統運用機関が定めるルールを遵守する枠組みとするとともに、各種計画の提出義務などを課すことにより、広域系統運用業務の適切な実施を担保する制度設計を求めた。

(ウ) 送配電部門の中立性確保の必要性と改革後の送配電事業の姿

報告書は、送配電部門の中立性確保が必要とされる根拠が、小売全面自由化に伴う競争環境の整備の必要、分散型電源の導入促進などの観点から、系統情報の公開、接続条件、系統アクセスルールの運用の公平さ、送配電部門の公平性・透明性は一層強く求められることにあることを示し、さらに、電力システム改革後の送配電事業は、従来の、「垂直統合事業のもとで、自社電源を主体に系統全体の需給バランスを維持する仕組み」から、全国大の広域融通、メリットオーダーによる経済効率性の追求と、卸電力市場の活性化、系統全体の調整力の増大などを通じて、「電源保有者の区別なく中立的に運用される仕組み」へと早急に転換する必要があるとする。

122

(エ)　送配電部門の中立性確保の方式とそのメリット・デメリットの検討

(A)　４類型の定義とメリット・デメリット

そこで、報告書は、以下のとおり、送配電部門の中立性確保のためのアンバンドリングの４類型（所有権分離、法的分離、機能分離、会計分離）を定義し、国会の付帯決議でも求められたとおり、そのメリット・デメリットを検討した。

まず、アンバンドリングの４類型を次の①～④と定義した。

①　所有権分離（送配電部門を別会社とし、発電・小売会社との資本関係も解消する方式）

②　法的分離（送配電部門全体を資本関係を解消せずに法的には別会社化する方式。持株方式による親子・グループ会社を許容する）

③　機能分離（送配電施設は電力会社に残したまま、送電線の運用・指令機能だけを別組織に分離する方式）

④　会計分離（送配電部門の会計を他部門の会計から分離・公開し、送配電部門への料金支払い等の条件について、他の電気事業者との間での公平性を実現しようとする方式）

そして、平成11年改正で採用された会計分離は、情報の目的外利用と差別的取扱禁止などとあわせても、改正以来現在まで中立性確保に不十分との批判が絶えず、改革後の中立化策として不十分であること、所有権分離は法的分離で改革の効果が不十分な場合の将来的検討課題であると整理した。

そのうえで、報告書は、法的分離と機能分離のメリット・デメリットにつき、次の①～⑧の課題を分析した。

①　送配電部門の独立制の明確さ（法的分離は送配電部門の独立制を外形提起に把握でき、外部からの検証が容易）

②　運用・指令機能を担う部門との資本関係の有無（法的分離は、発電、送配電、小売会社が親子、グループなど、資本関係をもつことは許容するので、資本関係ある会社を有利に扱う誘因が働き、十分な行為規制が必要）

③　送配電業務の分断による安定供給への影響（法的分離では、送配電会社がこれまで同様送配電設備の開発・保守を一体的に行うため、送配電業務の担い手の間をつなぐルールを厳格に運用するためのルールは現行のルールの

準用が可能。監視も比較的容易）

④ 広域系統運用（機能分離は、広域基幹の内部で同一組織になっているので、連系線を介して調整が容易）

⑤ 送配電部門に対する利害の遮断と送配電への投資の確保（法的分離のほうが、発電部門の財務リスクの影響は受けにくい。送配電部門、小売の倒産からも分離されて、送配電が独立しているので、送配電投資の適切な継続にも資する）

⑥ 制度移行に伴うコストと期間（法的分離は、機能分離に比べて組織分割に伴うコストが必要）

⑦ 資金調達への懸念（いずれも送配電部門の一層の中立化の前提として、資金調達環境への配慮が必要）

⑧ 詳細制度設計や技術の動向など、各種要素の考慮（いずれにせよ、詳細なルール策定と課題の解決において差異はない）

⒝ **法的分離の実施と中立性確保のために必要な行為規制**

以上の検討の結果を踏まえ、報告書は「送配電部門の独立制の明確さ等の観点を踏まえ」法的分離の方式を前提に作業を進めるとした。

そのため、送配電部門の中立性・独立性確保のために法的分離に対応した行為規制が必要となることから、報告書は、次の①～③のように行為規制を例示した。

① 送配電部門の中立性・独立性を確保するための行為規制の例（ⓐ情報の目的外利用の禁止、ⓑ発電・小売業務との兼職の禁止、ⓒ送配電関連業務に関する文書・データ等の厳格管理（情報の符号化や、入室制限等）、ⓓ会計の独立性確保、ⓔ差別的取扱いの禁止）

② 親会社（持株会社または発電・小売会社）から子会社（送配電会社）への影響力行使を排除し、送配電子会社の独立性を確保するための行為規制の例（ⓐ送配電子会社の意思決定への親会社の影響力行使や、送配電子会社のトップマネジメントについての一定の規制を設ける、ⓑ親会社と送配電子会社の兼職を禁じるとともに、親会社から送配電子会社への転籍・出向等についても一定の制限を設ける）

③ 競争部門での対等な競争関係を確保するための行為規制の例（ⓐ親会

社が送配電子会社に業務委託することができる業務の内容に一定の制限を設け、他の小売事業者、発電事業者から受託しようとする場合と比べ差別的でないことを要件とする、ⓑ親会社と送配電子会社が共同での広告宣伝を行うことなどについて一定の制限を設ける)

なお、報告書は、親会社が行う行為のうち、次の①〜③については規制対象としないとする考えをあえて明記している。

① 送配電子会社の株主としての行為 (前述の送配電子会社の独立性確保のための規制に違反しない範囲内での株主としての議決権行使や、送配電子会社からの配当の受取り)

② スケールメリットを追求する行為であって、送配電子会社の独立性確保や競争部門での対等な競争条件確保に影響を及ぼさないもの

③ 競争部門での対等な競争条件確保に影響を及ぼさない親会社による一括の資金調達、送配電子会社への貸付け、資材の一括購入等

⑸ 安定供給のための供給力確保策

これまで供給義務を負って安定供給を担ってきた一般電気事業者が廃止され、発電、送配電、小売が法的に分離されると、改革後、安定供給を誰がどのように担うかが問題となる。

報告書は、「Ⅴ 安定供給のための供給力確保策」で、まず、①新たな供給力の確保のしくみを、「関係する各事業者がそれぞれの責任を果たす」という思想に立ち、短期、中長期に分けて構成するという考え方によるべきことを示し、この考え方に従って、②短期的供給力確保策として、ⓐ小売事業者の供給予備力確保義務、ⓑ系統運用者の周波数維持義務、ⓒ１時間前市場、ⓓリアルタイム市場の創設と利用、ⓔ市場と連動したインバランス精算のしくみを掲げ、③中長期の供給力確保策として、ⓐ広域系統運用機関の働き、ⓑ容量市場の創設、④最終手段としての広域系統運用機関による電源建設公募入札のしくみを提示した。

⑺ 新たな供給力確保のしくみ──供給力確保の新たな枠組みの思想と考え方

報告書は、電力システム改革後、供給力確保の新たな枠組みは、「関係する各事業者がそれぞれの責任を果たす」という思想に立ち、短期、中長期と

第2章　電力システム改革と電気事業

重層的に以下の対策を構想している。この考え方は、改革後の供給力確保を、電力システム改革と整合性を保って実現するもので、極めて合理的である。

(イ)　短期的な方策——供給予備力の確保義務

(A)　系統運用者の周波数維持義務と小売事業者の供給予備力確保義務

報告書は、系統運用者には、周波維持義務で安定供給を義務づけ、需要家に対して直接の責任を負うのは小売事業者であることから、小売事業者には、需要に対して必要な供給予備力確保を義務づけることを提示した。

報告書は、その趣旨を、「供給予備力の確保の努力を制度上も関係各者に分担させるとともに、市場で競争にさらされている小売事業者が一定量を調達することにより、より経済合理的な予備力確保を期待」した結果だと説明する。

しかし、報告書は、現実を考慮し、「なお、具体的な予備力確保の義務の内容については、一般電気事業者が供給力の大部分を保有している実態に鑑み、新規参抑制しないよう、一定の配慮を行いつつ、しかしながら全ての事業者が安定供給上の一定の役割を果たすよう、バランスのある制度設計を行っていくことが必要」だとして現実との調整に配慮した。

(B)　1時間前市場の創設

需給調整に必要な予備力を市場から調達すること、特に、実需給に近い時間の商品とすることで予備力確保の経済合理性は高まる。報告書は、小売事業者などが、メリットオーダーに基づく経済的な需給調整を実施するとともに、需給を極力一致させて、インバランスを最小化するための仕組みとして、ゲートクローズ直前まで利用可能な1時間前市場を創設するとした。

(C)　リアルタイム市場の創設

ゲートクローズ後の最終的な需給調整を市場を通じて行うことによりより効率的な運用となる。そこで「リアルタイム市場」すなわち「系統運用者が供給力を市場からの調達や入札等で確保した上で、その価格に基づきリアルタイムでの需給調整・周波数調整に利用するメカニズム」を創設する。設計には、市場運営の中立性、価格価格の透明性の確保、市場メカニズムを活用した効率的な需給調整の実現、必要な調整力の安定的な調達などの要件を満

たす必要があり、そのためには、リアルタイム市場価格の公開、メリットオーダーでの発電、新電力の電源やデマンドレスポンスの活用、調整の柔軟性が高い電源（周波数調整用の電源）が評価されるしくみが求められる。

報告書は、リアルタイム市場が機能するには、系統全体の需給調整・周波数調整のために系統運用者が行う電源の運用が、各発電事業者が自らの経営上の判断で行う電源の運用と混同されないように、電源運用に係る契約や指示系統が明確に仕分けされる必要があるので、そのために、送配電部門の中立化、一般電気事業者以外の発電事業者の電源に対する系統運用者からの指令を可能とするシステム整備などの環境整備を急ぐ必要があると指摘する。

(D) 市場と連動したインバランス精算のしくみ

小売事業者が発注した電力量と実際に販売した電力量にズレが生じることは系統運用上望ましくない。そこで、ズレを生じさせた者に、ズレ分の電力、すなわちインバランスを購入させることを、ズレの発生を抑制するインセンティブに用いる、これがインバランス精算である。このズレの価格をどう構成するかが問題である。

報告書は、リアルタイム市場が機能するまでは、やむを得ず、慎重な市場・商品設計と、十分な市場監視の下で、1時間前市場の価格を用いることや、計画値同時同量制度の実施、海外事例の検討などが必要だとする。

(ウ) 中長期的な方策

小売事業者には、中長期的な（10年単位から数カ月にわたる）需要見通しを行うことは困難である。そこで、報告書は、以下の方策を提示した。

(A) 広域系統運用機関に、中長期的な供給予備力見通しの作成を業務として担わせる

報告書は、これにより、小売事業者には、将来の供給力を早いうちから市場で調達できる、発電事業者の電源投資計画に市場の動向を生かすなどのメリットを期待できるとする。

(B) 容量市場の活用

容量市場とは、将来発電することができる能力を系統運用者、小売事業者等が取引する市場である。将来の電力供給に係る取引を事前に行う点では先渡市場、先物市場と類似するが、発電できる能力を取引するところが、実際

第2章 電力システム改革と電気事業

に発電する電力量を取引する先渡市場とは異なる。

　発電事業者は、将来の発電能力の取引により生じる価格シグナルを用いて発電投資に役立てられ、中長期の供給力確保に資することになる。また、中長期の未来における発電能力の量を市場を通じて調整することで、経済的な供給力確保に資することになる。

(エ)　広域機関による電源入札制度

　電気事業者に電源建設を命じる法的根拠はない。そこで、前記各方法でも将来の供給力不足を回避できない場合の最終手段として、報告書は、広域系統運用機関が電源建設者を公募入札するしくみを設け、投資回収できないコストは、送電料金へのサーチャージ等を利用して全需要家で広く負担することを提示した。

(6)　その他の制度改革

　報告書は、小売、送配電、安定供給を論じた後、「Ⅵ　その他の制度改革」で、以下のとおり、これを支えるしくみとして、電気事業に係る規制を司る行政組織の見直しを論じるほか、自己託送、自営線供給の制度化、小売全面自由化後の特定電気事業、特定供給の取扱い、関連する諸制度について論じている。

(ア)　電気事業に係る規制を司る行政組織の見直し

　電力システム改革による市場参加者の多様化、市場構造の複雑化の下での、健全な競争の推進と取引監視・レビュー、ルール整備、これまで以上に求められる送配電部門の中立性確保のための行為規制の実効性担保、市場を利用した安定供給の確保のための市場・商品設計等、高度な専門性を有する外部人材も登用しつつ、監督等の業務を適切に行うために、行政組織のあり方を見直す。

(イ)　自己託送の制度化

　自己託送とは、工場等に自家発を保有する需要家が、その設備を用いて発電した電気を、その需要家の別の場所にある工場等で利用するために、一般電気事業者の送電網を用いて送電することである。一般電気事業者は、自主的取組として自己託送の名で、こうしたサービスを行っていたが、供給区域をまたげない、特別高圧送電線に連系する需要家への供給しか認められな

い、供給者と供給先が同一のものでなければならないなどの制約があったため、ネットワークの公平利用、需給逼迫エリアへ自己託送は需給緩和につながることなどから、一定範囲の自己託送を制度化すべきことを提示した。

(ウ) 自営線供給の制度化

自営線供給とは、需要家に直接自前の送配電線を敷設して供給する形態である。

この自営線供給を行う事業者には、災害・非常時や、新たに送配電線を建設することが著しく不適切である例外の場合は別として、自営線による送配電線を第三者に開放する義務を負わせない整理を行う。その結果、非常時等を除き、自営線供給を受けていた者が、別の小売事業者から電気の供給を受けることを選択すると、送配電会社が新たに必要な送配電線の建設を行うことになる。なお、前記例外の場合には、自営線供給者に一定の公益特権を与える。

(エ) 小売全面自由化後の特定電気事業、特定供給の扱い

小売全面自由化により、特定電気事業者も小売参入が可能になるので、特定電気事業制度は必要な経過措置を講じて廃止する。

特定供給は、自家発電した電気を自家消費する行為の延長上にある制度で、元々電気事業とは位置づけられておらず、小売全面自由化後も、特電需要家保護の必要も認められないことから、小売事業の事業規制に服することなく供給可能とする。

(オ) 関連する諸制度の手当等

完全自由化に伴う税法、公益特権を定める法制への手当を行う。

電力システム改革による一般電気事業者の廃止、アンバンドリングは、一般電気事業者の信用状況に変化を与えることになる。報告書は、一般担保を含めた金融債務や行為規制の取扱いに関して、事業者間の公平な競争環境の整備等、電気事業の健全な発展を確保しつつ、今後の安定供給に必要となる資金調達に支障を来さない方策（経過措置）を講じることが求められるとする。

(7) 電力システム改革の進め方

報告書は、以上の内容の改革を、工程表のとおり、3段階に分けて進める

ことを提示した。

第1段階（広域系統運用機関の設立）は、震災後の電力需給状況に鑑み、広域系統運用を急ぎ拡大するため、平成27年をめどに広域系統運用機関を設立し、広域的な系統計画の立案と需給調整機能の強化、必要なルールの策定やシステム構築の準備ができ次第先行させるとした。

第2段階（小売分野への参入の全面自由化）は、小売分野の全面自由化に向けて、市場での取引の監視や競争状況をレビューする公的機能を担う新たな規制組織の設立、低圧託送制度等の関連制度の検討、顧客情報システムの扱いなど低圧配電部門の公平性・透明性を確保するための環境整備を先行させ、平成28年をめどに小売参入の全面自由化を行う（需要家保護のため、一定の経過措置期間をおく）こととした。

第3段階（法的分離による送配電部門の一層の中立化、料金規制の撤廃）は、法的分離の実施には、さまざまに処理すべき課題があることを考慮し、平成30年〜平成32年をめどに法的分離を実施することを想定するとした（ただし、それ以前でも、一般電気事業者が、自主的に送配電部門を分社化することは可能である。報告書は、ここでも、「法的分離の実施に当たっては、資金調達に支障を来さないよう留意する」と、関係者の、アンバンドリングによる資金調達力の減少への心配に配慮している）。

また、小売参入の全面自由化後は、競争の進展を見極めつつ料金規制の撤廃を行うという段階を踏む。そのため、需要家保護の観点から、一定の経過措置期間をおく。経過措置の解除は、送配電部門の一層の中立化等の各種制度整備が実施され、スマートメーター導入等の競争環境の整備と実質的な競争の進展がなされていることを確認しつつ行うとしている。

市場の競争状況は、新規制組織（設立前は規制当局）が厳格にモニタリングし、必要であれば競争促進のための追加的な措置を経過措置期間の解除までの間に行う必要があるとしている。

なお、料金規制の撤廃については、小売全面自由化の制度改正を決定する段階での電力市場、事業環境、競争の状態等も踏まえ、実施時期の見直しを行う可能性があるとしている。

5 電気事業法の改正

内閣は、平成25年4月2日、この報告書および工程表に基づく電力システム改革の推進を電力システム改革に関する改革方針[85]として閣議決定し、報告書記載の電力システム改革を工程表のスケジュールで実施する方針を定め[86]、電力システム改革は、法制化に必要な詳細制度設計と法制化へと動き始めた。

経済産業省は、前記閣議決定を受け、制度設計と実務的な課題への対応を含めた具体的な制度設計に関する検討・審議を行うため、総合資源エネルギー調査会基本政策分科会電力システム改革小委員会の下に、制度設計ワーキンググループを設置し[87]、平成25年8月2日の第1回[88]から、2年後の平成27年7月28日の第14回まで、詳細制度設計を進めた。

制度設計ワーキンググループの活動の成果は、逐次実施可能な措置を定めた電気事業法の改正案として国会に上程され、平成25年11月13日には第185回国会で平成25年法律第74号による第1弾改正[89]が、平成26年6月11日には第186回国会で平成26年法律第72号による第2弾改正[90]が、平成27年6月17日には第189回国会で平成27年法律第47号による第3弾改正[91]がそれぞれ成

---

85 電力システム改革に関する改革方針〈http://www.enecho.meti.go.jp/category/electricity_and_gas/electric/system_reform002/pdf/20130515-2-2.pdf〉。

86 資源エネルギー庁「電力システム改革について」〈http://www.enecho.meti.go.jp/category/electricity_and_gas/electric/system_reform002/〉参照。

87 制度設計ワーキンググループの設置について〈http://www.meti.go.jp/committee/sougouenergy/kihonseisaku/denryoku_system/seido_sekkei_wg/pdf/01_03_00.pdf〉。

88 電力システム改革小委員会制度設計ワーキンググループの全体のアーカイブは経済参照省HP「電力システム改革小委員会」〈http://www.meti.go.jp/committee/gizi_8/18.html#seido_sekkei_wg〉参照。

89 国会図書館HP「日本法令索引【会議録一覧】」〈http://hourei.ndl.go.jp/SearchSys/viewShingi.do?i=118501001〉参照。

90 国会図書館HP「日本法令索引【会議録一覧】」〈http://hourei.ndl.go.jp/SearchSys/viewShingi.do?i=118601044〉参照。

第2章　電力システム改革と電気事業

立して、電力システム改革の開始に必要な制度設計が電気事業法に位置づけられた。

(1)　第1弾改正の概要

第1弾改正では、広域的運用推進機関の創設、自営線供給の制度化、使用制限令の見直しで、小売および発電の全面自由化、法的分離の方式による送配電部門の中立性の一層の確保については、実施時期、実現のための法案提出時期を規定し、さらに電力システム改革を進めるうえでの留意事項などを規定した。

(2)　第2弾改正の概要

第2弾改正では、次の①〜⑤の改正が行われた。

① 平成28年をめどとする小売の全面自由化に向けた法制上の整備を目的に、小売全面自由化、一般電気事業者の廃止と電気事業類型の見直し

② 安定供給確保を関係者それぞれが自らの業務を通じて実現することの具体化として、

 ⓐ 送配電事業者については、電圧および周波数の維持義務、最終保障義務、ユニバーサルサービスの義務、その義務の履行を確保するため、一般送配電事業者に対し、必要な費用を送配電ネットワークの利用料金から回収する制度的担保

 ⓑ 小売事業者については、供給力確保義務

 ⓒ 広域的運営推進機関については、発電入札、発電設備建設を促進する業務

③ 需要家保護の徹底のため、小売電気事業者の供給条件説明義務、一般電気事業者の小売部門に対する経過措置としての料金規制の継続などの規定

④ 卸電力取引所を電気事業法において位置づけるとともに、電力先物取引の整備のため商品先物取引法の改正

⑤ 電気事業に係る事業類型の見直しに伴い、電気事業者による再生可能

91　国会図書館 HP「日本法令索引【会議録一覧】」〈http://hourei.ndl.go.jp/SearchSys /viewShingi.do?i=118901029〉参照。

エネルギー電気の調達に関する特別措置法などの関係法律についての所要の改正

(3)　第3弾改正の概要

第3弾改正では、次の①～③の改正が行われた。

①　法的分離を平成32年4月1日から実施すること（適正な競争関係を損なうことのないよう、グループ内での人事、会計などについて適切な行為規制を措置すること）

②　経過措置である小売料金規制を、競争の進展状況を確認したうえで、供給区域ごとに経過措置を解除することができる制度とすること

③　適正な競争関係を確保するため、一般電気事業者に認められている一般担保つき社債の発行の特例を廃止すること（ただし、激変緩和措置として、法的分離の実施から5年間に限り、送配電事業や発電事業者など一般担保つき社債を発行できる措置を講じるとともに、株式会社日本政策投資銀行などによる電気事業者への貸付金に係る一般担保制度も廃止すること）

6　電力システムの最適化に向けて

このようにして電力システム改革は法制上の根拠を得て出発し、今、平成32年（2020年）の最終段階に向けて進みつつある。

電力システム改革は、わが国の電力事業を、電力の供給事業から電力の取引事業へと転換するパラダイム転換である。その主体は、電力事業者、需用者とそれを支える関連事業者であり、それらが、市場において、主体的な意思決定によって電力取引を行うことにより電力システムの最適化が図られる。

金融は、それを支え、その成果をより豊かに花開かせる。この転換の具体的なあり方は、こうした金融との接点をどうもつことになるのか、次章以下で展開されるさまざまな考察がそれを明らかにする。

△▲稲垣隆一△▲

第3章

発電事業改革と
発電事業における信託活用

第3章　発電事業改革と発電事業における信託活用

Ⅰ　発電事業改革の概要

1　発電事業をめぐる最近の動向

(1)　東日本大震災後の大局的動静

発電事業改革の概要に関する状況の整理として〔**図表1**〕は、横軸にエネルギー種別および関連事象を並べ、縦軸に東日本大震災発生から現在までを並べたものである。

〔**図表1**〕から需給を大局的にみれば、①原子力の縮小、②火力の拡大、③再生可能エネルギーの台頭、④需要の縮小、とまとめることができる。定

〔**図表1**〕　発電事業改革をめぐる状況の整理

	出来事	節電	原子力	火力	WTI	再生エネルギー	賦課金（年度）
2011年	東日本大震災	夏冬実施					
2012年	緊急設置電源		全基停止		100±10＄	再エネ特措法	0.22円/kWh
2013年		数値目標消滅	新規制基準運用開始	シェールガス対日輸出解禁		利潤配慮期間	0.35円/kWh
2014年							0.75円/kWh
2015年	原油下落 COP21、パリ協定 広域機関発足		再稼働 川内1号機 廃炉 美浜1・2号機 島根1号機 玄海1号機 敦賀1号機				1.58円/kWh
2016年	パリ協定署名、発効	節電要請自体消滅	再稼働 川内2号機 伊方3号機	高度化法成立		改正再エネ特措法成立	2.25円/kWh
2017年			再稼働 高浜3・4号機 廃炉 大飯1・2号機		35±15＄	改正再エネ特措法施行 3315万kW 認定の9割は太陽光	2.64円/kWh

136

量的にみれば、東日本大震災前（2010年）の供給電力の原子力：火力：水力：再生可能エネルギーの比率（％）は、29：62：9：0であったが、2015年時点では1：85：10：5となっている。需要量は、2010年度の約1兆kWhから2015年度には約10％少ない約9000億kWhまで縮小しており、国による節電指令や要請は、2015年をもって終焉している。

　2011年の東日本大震災を契機に一変した事業環境は、2016年を転換点として再び変化したように感じられる。電力小売全面自由化、再生可能エネルギーの固定価格買取制度（以下、「FIT制度」という）に基づく太陽光の運転開始、パリ協定の成立とCO2対応の優先順位再繰上げ、節電要請の終焉といった具合に、東日本大震災直後の一次対応・短期対応が一定の区切りつけたように思われるからである。もっとも、それですべてが完了したわけでは当然なく、2020年の発送電[1]分離、2019年・2020年に開始する各種市場（ベースロード市場、容量市場、非化石価値取引市場）を活用した「市場主義」への移行、長期建設リードタイム型（地熱など）の再生可能エネルギーの稼働が

〔図表２〕　全国の原子力発電所と運転状況

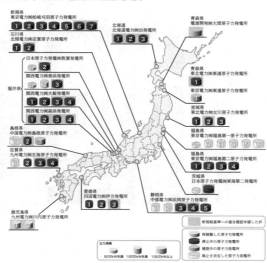

1　詳しくは、資源エネルギー庁「今後の市場整備の方向性について」（平成29年6月）。

第3章　発電事業改革と発電事業における信託活用

控えている。新基準に基づく原子力の技術審査が順次進んでいく。

(2) 原子力離脱と節電強化

〔図表2〕[2]のとおり、日本には全部で54基の原子力発電所があり、東日本大震災前には、電力供給量において約3割を担っていた。ところが、東日本大震災と福島第一原子力発電所の事故は大きな衝撃を社会に与えて被災地域以外の全国にも波及し、全国の原子力発電所は、2012年に泊3号機の停止をもって、そのすべてが安全確認・安全対策のために停止した（〔図表3〕[3]参照）。2013年7月に、安全性の審査に関して、新しい安全基準の運用が開始され、その基準を満たすことが再稼働の要件の一つとなった。2017年11月現在、再稼働した原子力発電所は川内2号機、伊方3号機、高浜3号機、4号機である（2017年12月現在、伊方3号機は運転差止めの仮処分）。

原子力発電所の供給力の減少は同規模の代替供給力の確保および節電を必

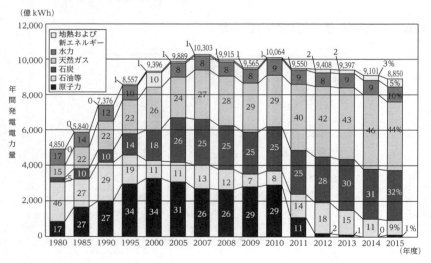

〔図表3〕　電源別発電電力量の実績

2　資源エネルギー庁HP「日本のエネルギー」〈www.enecho.meti.go.jp/about/pamphlet/pdf/energy_in_japan2015.pdf〉13頁。
3　一般社団法人日本原子力文化財団HP『『原子力・エネルギー』図面集2016」〈http://www.ene100.jp/map_title〉1-2-7参照。

I　発電事業改革の概要

要とする事態を招くとともに、最も安い発電原価であったため、小売電気料金の値上げを引き起こした。

需要抑制の動きとしては、たとえば、「でんき予報」と呼ばれる、需要予想と供給力確保見通しが夏場に周知された。2011年夏には電気事業法（27条）における節電義務条項が発動されて需要が押さえ込まれ、その後も2015年まで、節電命令もしくは要請は継続した。供給力回復の動きとしては、設置から運転までのリードタイムが短い緊急設置電源が活用されたり、火力再稼働にあたっての環境影響評価手続が免除された。このような「つなぎ」活動によって、時間が稼がれる間に、原子力安全性確認、再生可能エネルギー運転開始が待たれた。

(3)　小売料金の値上げ

小売電気料金については、たとえば、東日本大震災前の小売電気料金と東日本大震災後（2015年）のそれを比較すると、〔図表4〕[4]のようになり、家庭用で約25％、オフィス・工場等用で約40％上昇している。

原子力停止・火力増加に加えて、再生可能エネルギーが導入され、その開

〔図表4〕　電気料金の推移

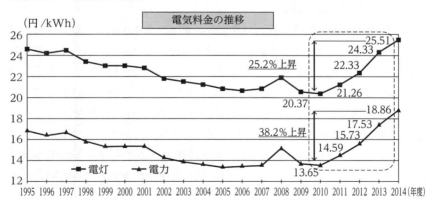

4　資源エネルギー庁HP「『平成26年度エネルギーに関する年次報告』（エネルギー白書2015）PDF版」〈http://www.enecho.meti.go.jp/about/whitepaper/2015pdf/〉第1部第3章第131-2-4。

139

〔図表５〕 米国の原油生産量等の推移

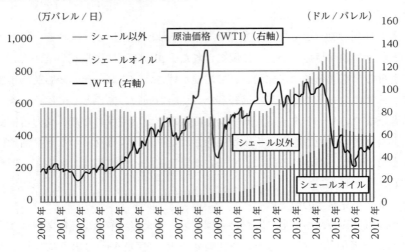

発・普及の原資は再生可能エネルギー発電促進賦課金として需要家（国民）負担とされたため、需要家が負担する電気代には先高感が形成されたのである。

(4) 火力燃料費の低下

ほぼ同時期に、いわゆるシェールガス、シェールオイルの新しい採掘方法が構築されて、北米で採掘が進んだ。日本では、緊急的に手当した天然ガスに続いてシェールガスに注目した議論も進み、北米から日本への輸出が2013年に解禁された。加えて、〔図表５〕[5]にて示すとおり、原油指標として代表的な原油価格（WTI）は、東日本大震災時には100米ドル近辺であったものが、2016年には、40米ドル近辺、最安値では20米ドル近辺にまで下落している。結果論となるが、2017年現在、再生可能エネルギー発電促進賦課金は2.5円/kWh程度であるが、燃料費調整額もほぼ同額であり、打ち消しあう

---

5 資源エネルギー庁HP「『平成28年度エネルギーに関する年次報告』（エネルギー白書2017）PDF版」〈http://www.enecho.meti.go.jp/about/whitepaper/2017pdf/〉第１部第２章第121-1-3。

〔図表６〕 再生可能エネルギー発電設備の導入状況（2016年6月末時点）

再生可能エネルギー発電設備の種類		設備導入量（運転を開始したもの）		認定容量	エネルギーミックス
		固定価格買取制度導入前 平成24年6月末までの累積導入量	固定価格買取制度導入後 平成24年7月～平成28年6月までの導入量	平成24年7月～平成28年6月末までの認定量	2030年度の水準
太陽光（住宅）		約470万kW	413.4万kW	486万kW	6,400万kW
太陽光（非住宅）		約90万kW	2,499.5万kW	7,503万kW	
風力		約260万kW	56.7万kW	288万kW	1,000万kW
地熱		約50万kW	1.0万kW	8万kW	140～155万kW
中小水力	200kW未満	約960万kW	1.2万kW	3万kW	1,084～1,155万kW
	200～1000kW未満		2.0万kW	7万kW	
	1000～3万kW未満		16.1万kW	69万kW	
	合計		19.3万kW	78万kW	
バイオマス	未利用材	約230万kW	21.3万kW	42万kW	602～728万kW
	一般材		17.1万kW	300万kW	
	リサイクル材		0.9万kW	3万kW	
	廃棄物・木質以外		16.0万kW	24万kW	
	メタンガス		2.1万kW	6万kW	
	合計		57.5万kW	376万kW	
合計		約2,060万kW	3,047万kW	8,739万kW	

額になっている。

(5) 再生可能エネルギーの台頭

　太陽光等の自然エネルギーは、新エネルギーと位置づけられて、2003年から電気事業者による新エネルギー等の利用に関する特別措置法（平成14年法律第62号。以下、「RPS法」という）の下で一定の保護が与えられていた。また、グリーンエネルギー証書によるグリーンエネルギー価値の取引も行われていたほか、いわゆる排出権（排出量）価値の取引も行われていた。

　もっとも、2005年に太陽光発電に対する各種助成が打ち切られると、それまで世界一の生産量を有していた同市場は頭打ちとなり、他国がこれを上回ることとなり、梃入れが論じられていた。

　RPS法や、グリーンエネルギー証書制度の概念は、①新エネルギー・グリーンエネルギーで発電された電気は、それ以外との間で環境性における価値の相違があると観念し、②その価値を電気事業者や需要者の間で売買すること、である。これは、新エネルギーやグリーンエネルギーの発電者にとって、通常の売電収入に上乗せして、RPS販売収入、グリーンエネルギー証書販売収入が見込める点において、これらの発電インフラの投資インセン

第3章　発電事業改革と発電事業における信託活用

ティブを強める働きをもった。

　制度分類としては、RPS法はクウォータ制といわれ、新エネルギーあるいは再生可能エネルギーの取引単価を定めず、電気事業者が購入すべき義務量を定める方式である。しかし、ドイツが、2000年代後半に、取引単価を定める方式を採用し、これが奏功して再生可能エネルギーが普及したことから、IEA（国際エネルギー機構）も2008年にFIT制度の有効性を認めるに至った。

　東日本大震災後に成立した、電気事業者による再生可能エネルギー電気の調達に関する特別措置法（平成23年法律第108号。以下、「再エネ特措法」という）の支援度合いは、従来のRPS法などよりもはるかに手厚いものとなったが、まだ供給量全体の1割に達しない（〔**図表6**〕[6]参照）。

(6) パリ協定

　気候変動枠組条約締約国会議（COP：Conference of Parties）の第21回は2015年年末にパリで開催され、温室効果ガス削減の協定は合意、翌2016年に各国の署名批准によりパリ協定が成立し、地球温暖化対策として温室効果ガス削減が国際的に約された。

　地球温暖化問題は、1990年前後からすでに問題提起され、2005年には京都議定書が発効し、2007年にはIPCC第4次評価報告書（人為的な温室効果ガスが温暖化の原因である確率は「90％を超える」と評価された報告書）がまとまるなど一連の動きがあったが、世界二大温室効果ガス排出国たる米中の不参加という課題がパリ協定では克服された（その後、2017年6月に米国は離脱を国連に申し入れており、国連の承認は最短で2019年11月を予定）。

　日本においては、エネルギーの使用の合理化等に関する法律（昭和54年法律第49号。以下、「省エネルギー法」という）において、エネルギー需要家の省エネルギー促進に加えて発電者の最高効率クラス（超々臨界圧プラント。USC：Ultra Super Critical Power Plant）達成義務が課され、エネルギー供給事業者による非化石エネルギー源の利用及び化石エネルギー原料の有効な

6　経済産業省HP「調達価格等算定委員会（第25回）配布資料」〈http://www.meti.go.jp/committee/chotatsu_kakaku/025_haifu.html〉資料1。

142

利用の促進に関する法律（平成21年法律第72号。以下、「高度化法」という）において、小売電気事業者には調達電力の44％を非化石（由来の電力）とする義務が課された。

このような、多元的な関連事項が織り交ざりながら、エネルギー政策やエネルギー投資がやりくりされている。これを、政策の立場から、以下で、より細かくみてみたい。

2　国全体の電源構成

(1)　エネルギー基本計画

原子力や火力、再生可能エネルギーなど、エネルギー種別は多様にあるところ、いかなるエネルギー源を組み合わせるべきか、その最適化を図るための概念をエネルギーベストミックスという。そして、エネルギー政策基本法（平成14年法律第71号）で政府が策定を義務づけられた計画としてエネルギー基本計画があり、各電源の中長期的な位置づけを盛り込み、少なくとも3年ごとに見直すことになっている（同法12条）。計画は閣議決定され、自治体

〔図表7〕　2030年電源構成目標

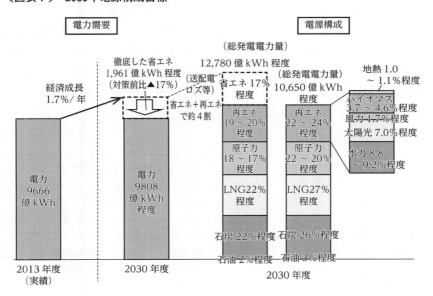

第3章　発電事業改革と発電事業における信託活用

や電力会社などは計画の実現に向けて協力する責務を負っている。東日本大震災前の2010年には、原子力のさらなる活用を計画の中心に据えていたが、2011年の原子力発電所事故により白紙化した。現在の計画は第2次安倍政権下の2014年4月にまとまったものであるが、3年経過した2017年においては、内容を変更していない。

　この基本計画で示された2030年の電源構成が〔**図表7**〕[7]である。

　この目標には、いくつかの課題が内包されていると言われており、その一例としては、原子力が運転開始後40年で終了することを原則としてこれに20年を加えることを例外としているところ、原子力発電の22%〜20%を達成するには、少なからず、例外を許容する必要があることである。

(2)　ミックスさせる際の考慮事項

　エネルギー基本計画を組むときには、いくつかの要件を充足させつつ、計画が整合的である必要がある。いくつかの要件を端的にまとめた表現が3E＋Sであり、energy security、economical efficiency、environmental protection と safety を意味する。「供給安定性」「経済性」「環境性」「安全性」である（エネルギー政策基本法の各条見出しには「安定供給の確保」（2条)、「環境への適合」（3条)、「市場原理の活用」（4条）とある)。

　エネルギー政策基本法は2002年に制定されており、3Eは東日本大震災前から定着していた表現であるが、3要素がお互いに相容れずに3要素を同時に満たすことができず、いわゆるエネルギーのトリレンマと呼ばれていた。たとえば、太陽光は環境性が高いかもしれないが、その発電原価は割高である（経済性が低い）し、天候に左右される（供給安定性が低い）という具合で

7　資源エネルギー庁HP「総合資源エネルギー調査会基本政策分科会長期エネルギー需給見通し小委員会（第8回平成27年4月28日（火))」〈http://www.enecho.meti.go.jp/committee/council/basic_policy_subcommittee/mitoshi/008/〉資料3。

8　国際エネルギー機関が発行した Projected Costs of Generating Electricity においては、（再エネの成長により、一部において在来型化石燃料発電よりも安く発電できるケースが見られ始めたものの）"There is no single technology that can be said to be the cheapest under all circumstances." （どんな状況であっても最安である、という技術を一つに絞ることはできない）と表現する。

144

ある。国土やエネルギー資源、政策、市場の環境により、個別状況が生じ、どの技術が一番安い、最善であるという評価ができない[8]。

エネルギー基本計画における電源構成をみるとき、今一つの注意点は、年間量を示していて、日ごと、時間帯ごと、あるいは瞬時瞬時を表現しているわけではない点である。

基本的に、電気は技術的に貯蔵することができず、これを業界では同時同量と呼んでいる。同量とは、供給量と需要量が同量ということであるから、同時同量とは、その時々、その瞬時瞬時で供給量と需要量が同量である必要があるの意である。そのため、年間単位で帳尻が合っていることと、日単位・時間単位・瞬時単位のどこをとっても定常的に回っていることとは同一ではない。

具体例をみるため、〔図表8〕を用意し、関西電力エリアの夏季における需要曲線をみてみたい。縦軸に需要量・横軸に時間を並べたものである。仮に、日照エネルギーが得られる太陽光を用いたとして、夜間には昼間の3分の2に相当する需要があり、太陽光発電では賄えないことがわかる。これを補うため、個別電源ごとに蓄電池を併設しようとすれば、さらに割高になる。

〔図表8〕 電力需要曲線

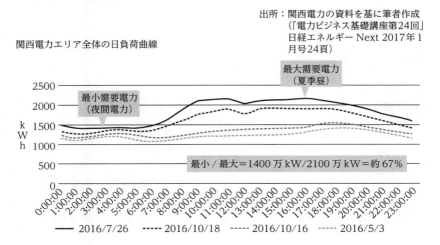

第3章　発電事業改革と発電事業における信託活用

　もし、割高な蓄電池のコストを薄めようとして、蓄電池の回転・設備利用率を極大化しようとすれば、日照日時以外は設備が遊んでしまうので、太陽光以外の電気を貯めることを是とする必要が生じる。こうなると、再エネ特措法との関係で、蓄電池から放電され系統に流れる電気を、FIT料金を適用する電気と適用しない電気を区分管理する方法を講じる必要が生じる。

　また、「個別電源ごとに、蓄電池を併設」については、系統全体で考えると、ある地点では太陽光が得られやすい（晴れ）一方で別地点では太陽光が得られにくい（雨）というように、平滑化・平準化効果が得られるので、蓄電池は（個別電源ごとではなく）系統全体に集約的に設置した方が社会的コストは低減する。

　同時同量を実現するうえでは、３Ｅ＋Ｓだけでは要件は足りず、設備としての出力調整力や、運転員に対する操作性・運用性等の要件も一定程度満たす必要がある。これを可視的にとらえるため、〔図表９〕に出力調整の概念図を付した。

　現時点では、調整役としては揚水式水力や火力がその役を果たしており、蓄電池が、少々、調整役になり始めているという状況である（〔図表10〕[9]〔図表11〕[10]〔図表12〕[11]参照）。水力・火力・蓄電池を保持する者は、調整力は売ることができる。一般送配電事業者が公募している。

　資源エネルギー庁では、各電源の特性と電源構成を〔図表13〕[12]のように、一覧化している。

〔図表９〕　出力調整の概念

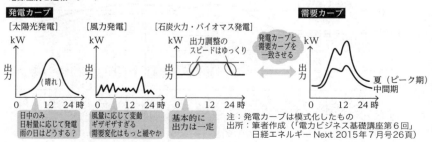

Ⅰ 発電事業改革の概要

〔図表10〕 出力調整の電源構成

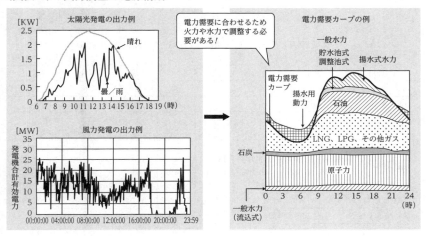

〔図表11〕 水力発電所の出力調整幅・出力変化率・起動時間

	流入式	調整池式	貯水池式	揚水式		
概要	河川の自然流量をそのまま利用する発電方式	1日～1週間程度の負荷の変動に対応できる調整池を有し、ピーク時に発電する方式	季節的な河川の流量変化を大貯水池で調整し発電する方式	上部池と下部池を有し、夜間もしくは休日などのオフピーク時に揚水し、ピーク時に発電する方式		
				発電運転	揚水運転	
					可変速機	定速機
ガバナフリー運転	×	△	○	○	○	×
LFC調整能力	×	△	○	○	○	×
出力調整能力	×	○	○	○	○	×
出力調整幅	—	50程度～100%			70程度～100%	—
出力変化	—	1分程度（出力調整幅内の出力変化）				—
起動／停止	—	3～5分／1～2分			5～10分／1～2分	
主な役割	ベース供給力	ピーク供給力調整力	ピーク供給力調整力	ピーク供給力調整力予備力	揚水動力調整力	揚水動力

147

第3章　発電事業改革と発電事業における信託活用

〔図表12〕　火力発電所の出力調整幅・出力変化率・起動時間

タイプ		汽力発電方式						コンバインド発電方式	
		ドラム（35万kWクラス）			貫流（70万kWクラス）			1100℃級（単軸15万 kWクラス）	1300℃級（単軸35万 kWクラス）
燃料種別		石油	LNG	石炭	石油	LNG	石炭	LNG	LNG
ガバナフリー運転		◎	◎	◎	◎	◎	◎	◎	◎
LFC調整力		◎	◎	◎	◎	◎	◎	◎	◎
出力調整力		○	◎	○	◎	◎	○	単軸△／系列◎	単軸○／系列◎
出力調整幅		30%～100%	20%～100%	30%～100%	15%～100%	15%～100%	30%～100%	単軸80%～100% 系列20%～100%	単軸50%～100% 系列20%～100%
出力変化率		3%／分	3%／分	1%／分	5%／分	5%／分	3%／分	7%／分	10%／分
起動時間（時間）	WSS	20～30時間			30～40時間			12時間	
	DSS	3～5時間			5～10時間		—	1（並列0.5）時間	

〔図表13〕　各電源の特性と電源構成

	石炭	LNG	石油	原子力	再エネ
安定供給	地政学的リスクが化石燃料の中で最も低い（中東依存度0％）貯蔵が容易（国内在庫約30日）	石油に比べて地政学的リスクが相対的に低い（中東依存度30％）貯蔵が難しい（国内在庫14日）	地政学的リスクが大きい（中東依存度83％）可搬性が高く備蓄が豊富（国内在庫約170日）	準国産エネルギー	国産エネルギー
経済効率性	熱量当たりの単価が化石燃料の中で最も安い（発電コスト9.5円／kWhうち燃料費4.3円／kWhうち固定費1.4円／kWh)	燃料価格のうち液化コストや輸送コストが高い（発電コスト10.7円／kWhうち燃料費8.2円／kWhうち固定0.7円／kWh)	燃料価格が高い（発電コスト22.1円／kWhうち燃料費16.6同／kWhうち固定費1.9円／kWh)	運転コストが低廉（発電コスト8.9円～／kWhうち燃料費1.4円／kWhうち固定費3.2円／kWh)	再生可能エネルギーの種類による（発電コスト太陽光30.1～45.8円／kWh風力9.9～17.3円／kWh)
環境適合	温室効果ガスの排出量が多い（排出係数0.82kg-CO_2)	化石燃料の中では温室効果ガスの排出が最少（排出係数0.40kg-CO_2)	温室効果ガスの排出量が石炭に次いで多い（排出係数0.66kg-CO_2)	ゼロエミッション電源	ゼロエミッション電源
運転特性	緩やかな出力変動は可能	電力需要の変動に応じた出力変動が可能	電力需要の変動に応じた出力変動が容易	出力はおおむね一定	自然条件によって出力が大きく変動するものと、出力がおおむね一定のものが存在

148

(3) 各電源の定量的経済性・低 CO_2 性

　各電源の経済性については、発電コスト検証ワーキンググループにおいて示されており（〔**図表14**〕〔**図表15**〕[13]参照）、低 CO_2 性については、たとえば電気事業連合会のウェブサイトにおいて示されている（〔**図表16**〕[14]参照）。

　なお、電源種別ごとの経済性と基本計画の目標を合成すると、2030年時点での発電原価を計算することができる。〔**図表17**〕[15]のとおりとなり、平均発電原価は14.64円/kWh となった。

　また、この感度分析計算を派生させて、「原子力発電量を0kWh として、メガソーラーに原子力発電量の減少分を振り替える」試算は可能であり、17.56円/kWh となる（〔**図表17②**〕参照）。再生可能エネルギーを伸ばしつつコストも抑えたいという観点で、再生可能エネルギー最安値である陸上風力に振り替える計算も可能であり、15.33円/kWh となる（〔**図表17③**〕参照）。14.64円と比較すると、それぞれ約20% と約5%、発電単価が増加する。

9　独立行政法人新エネルギー・産業技術総合開発機構編『NEDO 再生可能エネルギー技術白書［第2版］』5頁。

10　独立行政法人新エネルギー・産業技術総合開発機構編・前掲（注9）13頁。

11　独立行政法人新エネルギー・産業技術総合開発機構編・前掲（注8）14頁。

12　資源エネルギー庁HP「総合資源エネルギー調査会基本政策分科会長期エネルギー需給見通し小委員会（第5回平成27年3月30日(月)）」〈http://www.enecho.meti.go.jp/committee/council/basic_policy_subcommittee/mitoshi/005/〉資料1参照。

13　発電コスト検証ワーキンググループ「長期エネルギー需給見通し小委員会に対する発電コスト等の検証に関する報告」（平成27年5月）12頁・13頁。

14　前掲（注3）2-1-9参照。

15　基本計画における電源構成と、発電コスト検証ワーキンググループの電源区分は、前者が粗く、後者が細かいという点で一致しないため、前者を後者に適合させるために筆者が細分化した。

149

第3章 発電事業改革と発電事業における信託活用

〔図表14〕 電源種別ごとの経済性①──2014年モデルプラント

〔図表15〕 電源種別ごとの経済性②──2030年モデルプラント

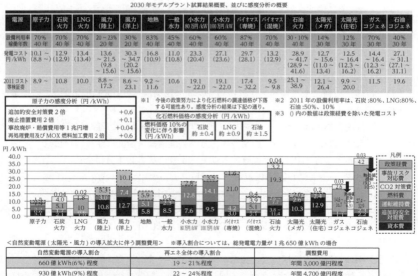

I 発電事業改革の概要

〔図表16〕 電源種別ごとの低 CO_2 性

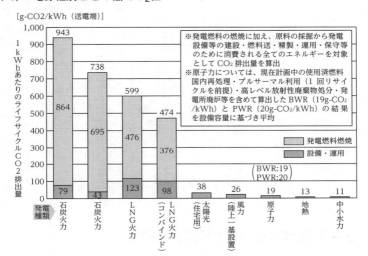

〔図表17〕 基本計画における電源構成と各電源発電原価の合成
①基本計画ベース

種別	目標比率 細分化	2030年コスト (円/kWh)	比率×コスト (円/kWh)	平均との差 (円/kWh)
石油	3.0%	35.30	1.06	−20.66
石炭	26.0%	12.90	3.35	1.74
LNG	27.0%	13.40	3.62	1.24
原子力	21.0%	10.30	2.16	4.34
地熱	1.0%	16.80	0.17	−2.16
バイオマス専焼	1.2%	29.70	0.36	−15.06
バイオマス混焼	3.0%	13.20	0.40	1.44
陸上風力	0.7%	13.60	0.10	1.04
洋上風力	1.0%	21.50	0.22	−6.86
メガ	5.0%	24.20	1.21	−9.56
住宅用	2.0%	29.40	0.59	14.76
一般	6.0%	11.00	0.66	3.64
小水力	3.0%	25.20	0.76	−10.56
	99.9%		14.64	

151

②原子力をメガに振替え

種別	比率	2030年コスト (円/kWh)	比率×コスト (円/kWh)	平均との差 (円/kWh)
石油	3.0%	35.30	1.06	−20.66
石炭	26.0%	12.90	3.35	1.74
LNG	27.0%	13.40	3.62	1.24
原子力	0.0%	10.30	0.00	4.34
地熱	1.0%	16.80	0.17	−2.16
バイオマス専焼	1.2%	29.70	0.36	15.06
バイオマス混焼	3.0%	13.20	0.40	1.44
陸上風力	0.7%	13.60	0.10	1.04
洋上風力	1.0%	21.50	0.22	−6.86
メガ	26.0%	24.20	6.29	−9.56
住宅用	2.0%	29.40	0.59	−14.76
一般	6.0%	11.00	0.66	3.64
小水力	3.0%	25.20	0.76	−10.56
	99.9%		17.56	

③原子力を最安値再エネの陸上風力に振替え

種別	比率	2030年コスト (円/kWh)	比率×コスト (円/kWh)	平均との差 (円/kWh)
石油	3.0%	35.30	1.06	−20.66
石炭	26.0%	12.90	3.35	1.74
LNG	27.0%	13.40	3.62	1.24
原子力	0.0%	10.30	0.00	4.34
地熱	1.0%	16.80	0.17	−2.16
バイオマス専焼	1.2%	29.70	0.36	−15.06
バイオマス混焼	3.0%	13.20	0.40	1.44
陸上風力	21.7%	13.60	2.95	1.04
洋上風力	1.0%	21.50	0.22	−6.86
メガ	5.0%	24.20	1.21	−9.56
住宅用	2.0%	29.40	0.59	−14.76
一般	6.0%	11.00	0.66	3.64
小水力	3.0%	25.20	0.76	−10.56
	99.9%		15.33	

3 発電事業改革としての再エネ特措法

(1) 再生可能エネルギーの育成

東日本大震災後に育成が注力されている再生可能エネルギーについて、法の保護と自立化可能性をみていきたい。

本来、再生可能エネルギーのみに注目することが発電事業改革の概要を網羅しているわけではない。すでに前記2でみたとおり、再生可能エネルギーは2030年で22%～24%を目標としているところである。発電事業とは原子力発電、火力発電、再生可能エネルギー発電のことを指し示し、改革とは、ある立場では、原子力発電の安全性を高めたり、利用者や地元関係者の安心を高めることを含めるだろう。また、別の立場では、電力会社の独占を改め、参入障壁を下げることを意味し、2000年前後の火力自由化や2010年代の再生可能エネルギーの促進を指すだろう。

基本計画を正とすれば、再生可能エネルギーは2030年において22%～24%のインパクトであり、この枠内において新興の再生可能エネルギー育成の制度をみている。

(2) 再エネ特措法の概要

業界では周知のところであるが、基礎的事項をまず叙述することとする。

㋐　再生可能エネルギーの定義

　再生可能エネルギーとは、「太陽光」「風力」「水力」「地熱」「バイオマス」などのことである（再エネ特措法2条4項1号～6号）。

㋑　買取価格・買取期間

　毎年度（必要があるときは半年度）、需要者への負担が過度にならないよう配慮されつつ、発電設備等で区分された買取価格・買取期間（調達価格・調達期間）が決定される（再エネ特措法3条）。この価格・期間を決定するのは、調達価格等算定委員会である（同法4条）。

　入札が適当と認められる場合には、調達価格等算定委員会による審議によって決定する方式によらず、入札により価格を決定する（再エネ特措法5条）。

　FIT料金[16]を、エネルギー源別・年度別に、かつ、実際の価額としてまとめたものが〔**図表18**〕である。平成24年度に開始された後、太陽光のように出力変動が激しい電源に対しては、平成27年度に至って出力変動制御装置の有無により料金に格差を設けたり、陸上と比較して開発費用のかさむ洋上の風力に料金が上乗せされている。

16　資源エネルギー庁「改正FIT法による制度改正について」〈http://www.enecho.meti.
go.jp/category/saving_and_new/saiene/kaitori/dl/FIT_2017/setsumei_shiryou.pdf〉21
頁・22頁。

〔図表18〕 FIT料金（エネルギー源別・年度別）

	平成24年度	平成25年度	平成26年度	平成27年度	平成28年度	平成29年度	平成30年度	平成31年度
事業用太陽光（10kW以上）	40円	36円	32円	29円 27円 ※1 ※1 7/1～（利潤配慮期間終了後）	24円	21円 ※3 ※3 2MW以上は入札（平成29年10月に第1回予定）	今年度では決定せず	今年度では決定せず
住宅用太陽光（10kW未満）	42円	38円	37円	33円 35円 ※2	31円 33円 ※2 ※2 出力制御対応機器設置義務有り	28円 30円 ※2	26円 28円 ※2	24円 26円 ※2
風力	22円（20kW以上）					22円 21円（20kW以上）	20円	19円
風力	55円（20kW未満）					据え置き	今年度では決定せず	今年度では決定せず
風力				36円（洋上風力）		据え置き		
地熱	26（15000kW以上）					据え置き		
地熱	40（15000kW未満）					据え置き		
水力	24円（1000kW以上30000kW未満）					24円 20円（1000kW以上5000kW未満）／27円（1000kW以上5000kW未満）	据え置き	
水力	29円（200kW以上1000kW未満）					据え置き		
水力	34円（200kW未満）					据え置き		
バイオマス	39円（メタン発酵ガス）					据え置き		
バイオマス	32円（間伐材等由来の木質バイオマス）			40円（2000kW未満）［間伐材等由来の木質バイオマス］ 32円（2000kW以上）		据え置き		
バイオマス	24円（一般木質バイオマス・農作物残さ）					24円 21円（20000kW以上）／24円（20000kW未満）	据え置き	
バイオマス	13円（建設資材廃棄物）					据え置き		
バイオマス	17円（一般廃棄物・その他のバイオマス）					据え置き		

	平成24年度	平成25年度	平成26年度	平成27年度	平成28年度	平成29年度	平成30年度	平成31年度
風力（リプレース）						18円（20kW以上）	17円（20kW以上）	16円（20kW以上）
地熱（リプレース）						12円（15000kW以上、地下設備流用型） 20円（15000kW以上、全設備更新型） 19円（15000kW未満、地下設備流用型） 30円（15000kW未満、全設備更新型）		
水力（既設導水路活用型）				14円（1000kW以上30000kW未満）		12円（5000kW以上30000kW未満） 15円（1000kW以上5000kW未満）		
水力（既設導水路活用型）				21円（200kW以上1000kW未満）		21円（200kW以上1000kW未満）		
水力（既設導水路活用型）				25円（200kW未満）		25円（200kW未満）		

(ウ) 買取義務

電気事業者は、前記(イ)の買取価格での買取期間内における発電事業者の申込み（再エネ特措法2条5項に規定する「特定契約」）に応じて、買取りを応諾しなければならない（同法16条1項）。

I 発電事業改革の概要

㈔ 買取量・出力

買取量は、発電した量の全量である。売り手（発電者）に供給義務はないが、買い手に購入義務がある（出なり）。

再生可能エネルギー発電事業者は、出力抑制に服する義務がある。買い手は、FIT 制度開始時点である2012年でその地域の一般電気事業者、その後の平成29年法律第41号による電気事業法改正により、現在ではその地域の一般送配電事業者である。

(3) 優先接続、優先給電

旧制度下の再エネ特措法では、優先接続と称して、再生可能エネルギー発電設備は、電力系統に対して優先的に接続させることが明記されていたが、新制度下では削除されている。電気事業法を筆頭に、どの発電所であっても公平に接続させる（オープンアクセス）とあるので（同法17条4項）、再生可能エネルギー促進の観点からは後退のようでもあるが、再生可能エネルギーの肩をもたなければ元に戻っただけともいえる。この規定削除には、出力調整ができないうえに、設備利用率が低い太陽光発電の接続申込みが急激に増加したために、電力系統の工事や運用が限界を超えた背景があるように思われる。

「優先して接続」という法的保護は、発電設備を設置しても電力系統につながらない（電気を売れない）という心配を払拭したであろう。しかし、実際には、発電所と電力系統を接続させるには、発電事業者は一般送配電事業者に依頼する必要があり、その一般送配電事業者は、電線をつなぐ鉄塔用地や地下埋設用地を地主・地権者と交渉するという具合に、交渉が数珠つなぎになっている。系統連系の時間と費用は蓋を開けないとわからないという側面がある。そのため、接続の法的保護を盾にして一般送配電事業者に早期・安価な接続を求めても、発電事業者の期待に沿わず、紛争が散見された。

たとえ、接続させても、運転を制限する3種類のルールが存在しており、通称「30日制限ルール」「360時間（太陽光）・720時間（風力）ルール」「指定ルール」と呼ばれている。それぞれ、発電事業者が補償を受けることなく、発電を停止しなければならない日数・時間数のことである（再エネ特措法施行規則6条）。そのため、全量を買うという表現を過大にとってはならず、

155

第3章　発電事業改革と発電事業における信託活用

運転制限を受け入れながらということになる。

運転制限（送配電網管理者からの出力抑制）に関しては、電力系統に接続された再生可能エネルギーは、火力より優先して発電させるものとする[17]。

(4)　再生可能エネルギー育成の財源

FIT料金の設定に関しては、「需要者への負担が過重にならないよう」との定めがある（再エネ特措法3条6項）。再生可能エネルギー育成により生じる割高な電気の負担は、需要者に月々の電気料金と共に請求するしくみに組み込まれており、需要者は支払うか否かの選択ができないので、支払負担が過重にならないように配慮するということである。割高とは、再生可能エネルギーという、あえて旧来の割安な電気よりも高い電気で発電することによって生じる追加的費用増加を指している。

割高となる電気を需要者が月々支払うという意味は、高い電気で発電すれば、日本全体として発電原価の高い側に移動するので、巡り巡って末端での電気代も高くなるというような全体的総論的意味も多少は内包するが、ここではもっと直接的であり、〔**図表19**〕にその費用請求を図示する。図の中央から見て、電気事業者は、再エネ発電事業者から電気を買い取るとともに、調達価格等算定委員会にて算定した再生可能エネルギー発電促進賦課金を需要者に請求する。

この再生可能エネルギー発電促進賦課金の算定方法を割り出しながら、このしくみを機能させるために、電気事業者がどのような需給調整（同時同量）を行うかをみてみたい。

再生可能エネルギーを優先的に電気事業者が買い取ったとき、再生可能エネルギーの不稼働に備えて保持するバックアップ電源（単純化して、ここでは火力）での発電は不要となることから、割高な再生可能エネルギーを購入することによる追加的増分費用は、〔FIT料金－火力燃料費（おおむね変動費）〕である。念のために補足すれば、バックアップ電源として火力を保持する以上、固定費はかかったままである。もし、電気事業者に再生可能エネ

17　電力広域的運営推進機関の送配電業務運営指針（平成29年4月1日版）174条。同指針の電気事業法上の位置づけについては、同法28条の45・28条の46。

156

〔図表19〕 FIT料金および再生可能エネルギー発電促進賦課金の請求関係

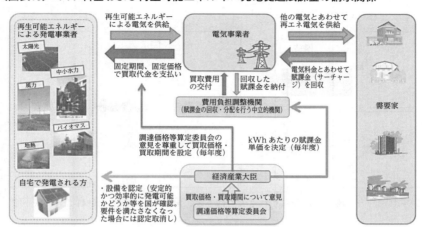

ルギー・火力選択の自由があり、経済性のみを追求すれば火力を選択するところ、法的強制に基づいて再生可能エネルギーを買っているので、その増分費用の累計額を、需要量で除し（いわゆる割り勘と同様）、その割り算の結果で得られる単価が再生可能エネルギー発電促進賦課金として需要者に転嫁される。

なお、再生可能エネルギーが系統に流れ込むことにより弾き出される電源は火力に限らず全電源（の平均・按分）という構図・とらえ方もあるので、ここでのバックアップ電源（火力）とは、模式表現である。また、FIT以外の電源の変動費平均を回避可能費用ととらえることができる。その定義は、全電源可変費平均、火力可変費平均、JEPX市場価格というように変化している。

このような、短期的には割高な電気を選択してまで、長期的な低炭素化を進める大きな理由の一つには、繰り返しとなるが、地球温暖化問題が横たわっており、温暖化を抑制しない限り、仮に経済的にみても、二つの世界大戦で被った正解規模の経済的損害を超えるといわれるためである。

話を細かくして、再生可能エネルギーの天候依存の問題について若干触れたい。確かに、再エネの新規導入は、周波数調整、需給調整を難しくするが、再生可能エネルギー電源（特に太陽光）が発電するか否かは、予測性が

〔図表20〕 再生可能エネルギー優先給電とその他電源（代表格として火力）によるバックアップ

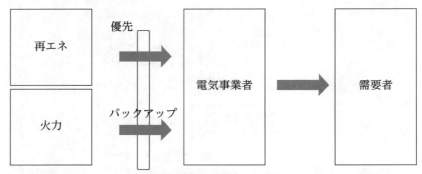

いずれか一方（再エネが発電すれば火力は不要、再エネが発電しなければ火力が不要）

完全にないわけではなく、気象情報や発電実績などの情報・データを分析すれば、一定程度予測できる。

電力広域的運営推進機関内の調整力及び需給バランス評価等に関する委員会事務局では、供給力計上の基準として、いわゆるL5（出力比率）をとっている。L5とは、各月の上位3日の電力需要が発生した日の太陽光出力について、直近20年間分を推計（計60データ）し、このうち、下位5日の平均を供給力としてカウントするものである。

(5) 制度の見直しと再エネ特措法の平成28年改正

2011年に成立した再エネ特措法は、2016年に改正（平成28年法律第59号による改正）がなされている。

(ア) 旧制度から新制度への移行——接続契約および事業計画の提出

FIT設備として認定を受けながら、未稼働のままに年月が経過し、実現性が判断しかねる事業について、実施か放棄かを明らかにするため、接続契約の締結を一般送配電事業者との間で結び、そのうえで、事業計画の提出することとされた。

なお、接続契約とは、発電設備と電力系統設備をつなげる契約であるが、業界では、ここでは工事費負担金契約を含めて接続契約としている。工事費負担金契約とは、その締結後に、個別電源のための系統工事費が個別発電事

業者に発生するものである。一方で、当該契約までの調査や設計などは、一般送配電事業者が負担のうえで、託送料金に織り込まれる。

さらには、接続契約を結んで、事業計画を提出することで、新制度への移行となる。

これらの接続契約締結や事業計画提出を所定期限までに行わない場合には、旧制度に基づく認定は失効する。

(イ) 設備認定から事業認定への移行

旧制度では、設置する設備を対象に認定されていたところ、新制度では事業を対象に認定されることとなった。具体的には、土地使用の権原の証明、保守体制の説明、燃料確保の説明などを内容とする。この認定対象の移行は、参入障壁を高くする結果をもたらす（後記5(3)参照）。

(ウ) 大型太陽光（いわゆるメガソーラー）に関する入札導入とFIT料金の複数年化

〔図表18〕において、平成29年度価格のみならず、平成31年度まで示されているとおり、FIT料金が複数年提示されるようになった。将来3年間のFIT料金が提示されると、発電準備中にあっては、収入予定額が見通しやすくなる結果をもたらしつつ、当局側としては、3年間、状況が変化しても料金を変更できない結果となる。

4　発電事業改革としての省エネルギー法の改正（火力高効率化）

(1)　省エネルギー法の平成25年改正

東日本大震災後の電力需給の逼迫を受けて、2013年には、省エネルギー法の改正（平成25年法律第25号による改正）がなされている。需要サイドでの省エネルギー促進として、エネルギー消費量が多い業務部門・家庭部門において電力消費機器を採用する画面で省エネルギー性能を強化することなどを内容とする一方、この改定では、供給サイドにおいて、火力発電の発電効率（投入燃料量あたりで得られる電力量の比）について規定され、発電事業改革との関係で注目される。

具体的には、2016年に施行された後は、全発電事業者を対象としたうえで、発電事業におけるベンチマーク制度を見直している。大手のみならず

159

第3章　発電事業改革と発電事業における信託活用

「全発電事業者」との改正がなされている理由は、電力制度規制緩和・自由化によって、たとえば小売自由化によって、改正前は大手のみが保有していた発電設備を、改正後は新規参入者が保有する流れにあるからである。

(2)　効率に対する規制

　現行の商用プラントでは、最高効率が石炭・LNG・石油等それぞれで42.0％、50.5％、39.0％であることを踏まえて、火力発電を新たに設置する場合は、それ以上の効率のものを採用するものとしている。いずれの効率も、発電端かつ高位発熱量（HHV）基準とされる。

　また、火力発電設備を運用するにあたっては、効率A指標と効率B指標の二面から規制されることとなった。

　効率Aとは、石炭火力の効率目標達成率を、自社実績÷目標41％によって計算し（目標を超えれば、計算結果は1を超える）、LNGや石油等でも同様に、それぞれ、自社実績÷目標48％、自社実績÷目標39％によって計算し、最後に、自社の石炭：LNG：石油等の比率で乗じたうえで総和を求める。算定式は以下のとおりである。1を超えれば目標達成となる（なお、新設規制にある効率と、運用規制にある効率に差があるが、この差の理由は不明）。この算定式は、既設火力を、最新鋭に置き換えていかないと目標を達成しない、という意味である。

　効率Bとは、自社の石炭：LNG：石油等の発電効率を（26/56）：（27/56）：（3/56）すなわち46％：48％：5％で乗じて総和を求める。この26：27：3は、基本計画で示された2030年時点で目標とする電源構成のうち、石炭・LNG・石油等に相当する部分である。目標値は44.3％であり、この44.3％は、石炭発電効率41％×火力内石炭比率46％＋LNG発電効率48％×火力内LNG比率48％＋石油等効率39％×火力内石油等比率3％に由来する。

効率A式（目標は1）

＝（石炭火力発電効率実績／目標効率41％）×火力のうちの石炭比率

＋（LNG火力発電効率実績／目標効率48％）×火力のうちのLNG比率

＋（石油等火力発電効率実績／目標効率39％）×火力のうちの石油等比率

効率B式（目標は44.3％）

＝石炭火力発電効率実績×基本計画電源構成2030年目標のうち火力内石炭比率

＋LNG火力発電効率実績×基本計画電源構成2030年目標のうち火力内LNG比率

＋石油等火力発電効率実績×基本計画電源構成2030年目標のうち火力内石油等比率

(3) 技術的背景と目標

資源エネルギー庁資料[18]（〔図表21〕〔図表22〕参照）を引用しながら、技術的動向を確認したい。まず、石炭火力発電については、超超臨界圧（USC）が用いられて、世界的にみても世界最高効率クラスとなっており、さらに発電効率と結びつく蒸気条件（温度・圧力）を上げる方法が探索されている。仮に40％の効率が50％となれば、燃料を20％節約でき、結果的にCO_2も20％削減できる計算となる。

〔図表21〕 石炭火力発電の効率向上

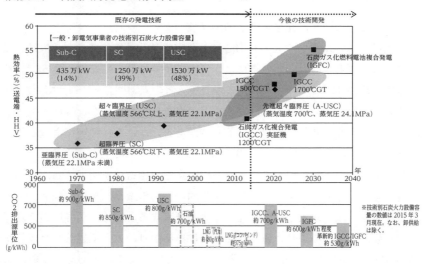

18 前掲（注12）資料３。

〔図表22〕 LNG 火力発電の効率向上

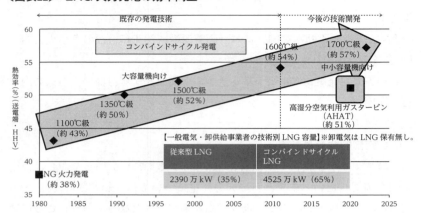

　このような、発電効率の高効率化といった、地道かつ継続的な技術改善に加えて、二酸化炭素の分離・貯蔵の技術や、カーボンフリーとして扱われるバイオマス燃料混焼の技術が開発されつつある。

5　発電事業の計画立案と実施

(1)　出力の決定と充足要件との関連性

　再生可能エネルギーや火力を中心に、発電事業改革をみてきた。仮に、発電事業に参画しようとしたときには、何から手をつけ、何を消し込んでいくと、運転の開始にたどり着くのだろうか。参入者の立場に立って考えてみたい。

　このような、何をどうすれば完成するのかを述べたものを、要件定義書と呼ぶ。どのような要件を充足させる必要があるのか、電源種別によって差異はあるものの、一般化すれば、〔図表23〕のように示すことができる。

　〔図表23〕は、元々、出力を決定する際の意思決定方法を明示するために、筆者が考案・作成したものである。基本的に、発電事業は規模の経済、量産効果が働き、出力が大きいほど発電原価が低減する。極めて単純にいえば、土地が無制限にある限り、資金が無尽蔵にある限り、大きく建設したほうがよい（安くなる）という結論が、誰であっても出てくるのである。なお、再エネ特措法においては、規模に合わせて当局側で買取価格を調整するので、

Ⅰ 発電事業改革の概要

〔図表23〕 発電事業の充足要件

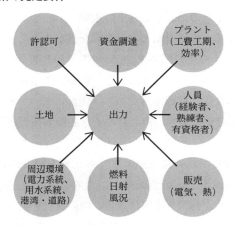

・出所：筆者作成（「電力ビジネス基礎講座第8回」日経エネルギー Next 2015年9月号29頁）

投資利回りの高低に直結しないことがあるが、当局設定の閾値の中にあっては、規模大が有利となろう。

　実際に大規模出力で建設し、運転できるのかを把握するためには、土地の空き面積（平米数）、資金調達余力（金額）などを一通り洗い出して、もっとも制約が厳しいものに合わせて出力を決定する、という整理が必要である。〔図表23〕は、その意思決定方法を表現している。また、量産効果の増加と引き換えに、一つの対象に集中的に経営資源を投下することによる分散効果の低減のトレードオフ関係にも留意する必要がある。

　〔図表23〕で示したとおり、充足すべき各要素の確保可能性について、これを同時期（一定期間）に充足させるためには、これに応じた人手が必要である。たとえば、土地を買う・借りるならば用地交渉係、資金を借りたり共同投資者を集めるならば資金調達係、という具合であり、もし人手が足りなければ、不足分だけ、情報は推測・推定に基づいて決定しなければならない。

　なお、この図の矢印を逆にして、先に、出力を（仮）決定して、後に、「それだけの土地面積を買えるか」「それだけの資金を用意できるか」「それだけの機器を買えるか」という順序で考えることも可能であり、いずれかの要素で不可判定があれば、不可判定となった要素を織り込み直して仮決定した出

163

第3章　発電事業改革と発電事業における信託活用

力を修正するというサイクルを回す。

(2)　リードタイムの把握と工程表の策定

　発電事業者として、投資対象とする事業を選定するために、あるいは選定するために、選定から運転開始まで（つまりリードタイム）はどの程度かかるのか、その把握が事業者としては重要である。この年月が長いほど、事業環境・外部環境の変化にも耐えられるし、内部においても、資金は利益（利息）を産まない期間が長引き、担当者の士気も長期戦覚悟となって挫折しやすくなろう。

　〔図表24〕は、発電設備の運転開始までの工程を概念的に一般化したものである。日照量や風況などの資源量と、土地の物理的遊休具合、権利的明確・単純化具合、地元行政や近隣住民との関心具合を突き合わせながら、有望な候補地を選定しつつ、機器配置できるスペースの有無を確認する。なお、この工程において、その適用を確認すべき法律等としては、電気事業法（全般）、環境影響評価法[19]（または条例）、③環境基本法2条3項が定める典

〔図表24〕　発電事業の着手から完成までの一般的工程

	1年目	2年目	3年目	4年目	5年目	6年目	7年目	8年目	9年目
候補地選定	███	███							
資源量調査	███	███							
初期設計	███	███							
環境影響評価上の現況調査			███	███	███				
環境影響評価上の行政手続			███	███	███				
許認可取得公害防止協定の締結						███			
発電設備設置工事							███	███	
送電設備設置工事							███	███	
運　転									███

19　風力・地熱の場合には1万kW以上が第1種事業、7500kW以上1万kW未満が第2種事業に、バイオマスの場合には15万kW以上が第1種事業、11.25万kW以上15万kW未満が第2種事業に適用となる。

164

Ⅰ　発電事業改革の概要

型7公害を取り締まる諸法（大気汚染防止法、水質汚濁防止法、騒音規制法、悪臭防止法、土壌汚染対策法、工業用水法）のほか、土地計画法、農地法、不動産登記法、工場立地法、国土利用計画法、建築基準法、自然公園法、森林法、温泉法、瀬戸内海環境保全特別措置法、港湾法などがあげられる。

(3)　費用負担の時期と予算表・資金繰り表作成

また、運転開始までの準備期間（リードタイム）にあっては利益を産まない発電事業において、どの時期に、どの資金使途で、どの程度の額を先行拠出しなければならないかの把握が重要である。〔**図表25**〕に（人件費等を加えて）金額情報を書き込むと、予算表や資金繰り表作成の下書きになる。

(4)　環境影響評価手続

文献データと下見で設置可能性があると踏んだ場合、環境影響評価手続（太陽光以外）に入る。この、環境影響評価手続は、大型風力や地熱、火力（バイオマス）の場合には最短3年、通常4年の年月を要するため、工程面で最長となる。

環境影響評価手続の長さは行政（環境省（〔**図表26**〕[20]参照）、経済産業省など）でも短縮方法が研究されているところ、短縮の研究を行った新エネル

〔**図表25**〕　**費用負担の発生時期**

	1年目	2年目	3年目	4年目	5年目	6年目	7年目	8年目	9年目
土地購入または賃貸借	■	■				■			
資源量調査費	■	■							
現況調査費	■	■							
初期設計費	■	■							
設計費	■	■							
行政手続・実施設計費						■			
発電設備発注（工事請負契約）						■			
送電設備設置発注（工事費負担金契約）									

20　環境省HP「環境アセスメントの迅速化・明確化」〈https://www.env.go.jp/council/02policy/y0212-01/mat04_5.pdf〉。

〔図表26〕 環境省による環境影響評価手続の短縮努力

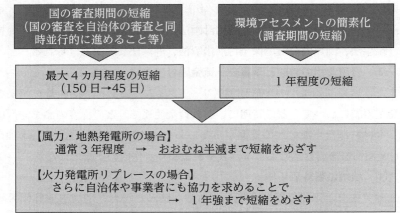

※平成25年4月1日から導入された配慮書手続についても、方法書〜評価書と同様の考え方で最大限短縮努力を行うこととしている。

ギー・産業技術総合開発機構（NEDO）では、〔図表27〕[21]のように、調査対象を広くとり、早めに手続を開始することで、短縮（半減）可能としている。これは、方法書（環境影響評価の方法を書き記したもの）の承認を待たずして、発電事業者が自らの想定で調査を先行させるということであり、後での調査漏れ（データ不足）が生じないよう広めにとる、という考え方である。環境影響評価手続の実際を踏まえると、後で出てくる質問・意見を漏れなく網羅することは極めて難しいことのように思われる。

今一つの考えは、審査対象となる提出書類である方法書・準備書・評価書が、市町村・都道府県・国と順々に回付されて審査されるところ、同時並行にすれば、基本的に所要日数が3分の1になるというものである。

---

21 国立研究開発法人新エネルギー・産業技術総合開発機構HP「前倒環境調査のガイド2017年度中間とりまとめ」〈http://www.nedo.go.jp/library/environmental_overview_guidebook.html〉9頁。

〔図表27〕 環境影響評価手続の短縮

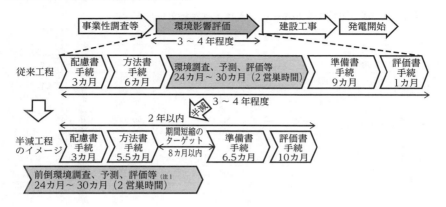

(5) **再エネ特措法の保護とその変化**

再エネ特措法は、再生可能エネルギー電力の買取りを保護し、基準を満たした設備（平成28年改正後は事業）にFITの認定を与えて、電力系統への接続を保護する。この効果は、〔図表28〕の丸で囲んだ事項（許認可、周辺環境、販売）の確実性を上げる効果がある。

ここでは、FIT認定手続を行政手続という観点で許認可に分類している。

〔図表28〕 発電事業の充足要件の確実性

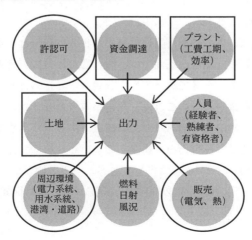

第3章　発電事業改革と発電事業における信託活用

〔図表29〕　**再生可能エネルギーの導入状況**（2016年11月末時点）

| 再生可能エネルギー発電設備の種類 | 設備導入量（運転を開始したもの） | | | | | | | 認定容量 |
| | 固定価格買取制度導入前 | 固定価格買取制度導入後 | | | | | | 固定価格買取制度導入後 |
	平成24年6月末までの累積導入量	平成24年度の導入量（7月～3月末）	平成25年度の導入量	平成26年度の導入量	平成27年度の導入量	平成28年度の導入量（11月まで）	制度開始後合計	平成24年7月～平成28年11月末
太陽光（住宅）	約470万kW	96.9万kW（211,005件）	130.7万kW（288,118件）	82.1万kW（206,921件）	85.4万kW（178,721件）	51.0万kW（103,536件）	446.1万kW（988,301件）	521.6万kW（1,141,119件）
太陽光（非住宅）	約90万kW	70.4万kW（17,407件）	573.5万kW（103,062件）	857.2万kW（154,986件）	830.6万kW（116,700件）	377.4万kW（50,629件）	2709.1万kW（442,784件）	7,567.2万kW（894,804件）
風力	約260万kW	6.3万kW（5件）	4.7万kW（14件）	22.1万kW（26件）	14.8万kW（61件）	12.1万kW（60件）	60.0万kW（166件）	305.6万kW（3,142件）
地熱	約50万kW	0.1万kW（1件）	0万kW（1件）	0.4万kW（9件）	0.5万kW（10件）	0万kW（7件）	1.0万kW（28件）	7.9万kW（92件）
中小水力	約960万kW	0.2万kW（13件）	0.4万kW（27件）	8.3万kW（55件）	7.1万kW（90件）	6.5万kW（70件）	22.5万kW（255件）	79.5万kW（529件）
バイオマス	約230万kW	1.7万kW（9件）	4.9万kW（38件）	15.8万kW（48件）	29.4万kW（56件）	24.2万kW（46件）	76.0万kW（197件）	394.1万kW（465件）
合計	約2,060万kW	175.6万kW（228,440件）	714.2万kW（391,260件）	986.0万kW（362,045件）	967.7万kW（295,638件）	471.3万kW（154,348件）	3314.8万kW（1,431,731件）	8,875.9万kW（2,040,151件）

37.3%

これに加えて、たとえば、「遊休地を持っている」「余剰資金がある」あるいは「自社で設備を製造していて優先的に回せる」などの事情が重なり、〔図表28〕の四角で囲んだ事項（資金調達、プラント、土地）が自らの調整と判断の範囲内にあれば、さらに不確実性は減じ、参入は容易となろう。

　再エネ特措法の平成28年改正前では、設備認定と位置づけて、事業計画のすてが整わないステータスであっても、認定を申し込めば認定を受けられ、買取料金と期間が確定した。これは、発電事業者としては要件充足の変動要素の一つを消し込める点ではありがたい措置であったが、事業計画全体が熟さぬうちに認定を受ける行為をも誘発して、いわゆる権利押えが多発する原因ともなった。〔図表29〕[22]を確認すると、導入済み設備が約33GWである一方で、認定設備は約89GWであり、差分56GWは、運転開始準備中か、実

22　前掲（注16）3頁。

I　発電事業改革の概要

　現しない案件である。この統計結果は、前述の認定失効と共に、導入と認定の乖離幅が減っていくであろう。

△▲園田公彦△▲

第3章　発電事業改革と発電事業における信託活用

Ⅱ　発電事業と FIT 制度

　FIT 制度とは、再生可能エネルギーの導入を拡大し、普及促進するため、再生可能エネルギーである太陽光、風力、水力、地熱、バイオマスで発電した電気を、電力会社に一定価格で、一定期間買い取ることを義務づけ、あわせて、買取費用の回収を図る制度であり、わが国では平成24年7月1日に始まった。以下に、その沿革、しくみ、問題点および法改正について説明する。

1　FIT 制度の沿革

(1)　RPS 制度とその課題

　再生可能エネルギーの買取制度は、そもそも平成15年に開始された RPS（Renewables Portfolio Standard）制度（以下、「RPS 制度」という）にさかのぼる。RPS 制度とは、義務履行者（電力会社）に対して、定められた目標年までに一定割合以上の再生可能エネルギーによる電気（以下、「新エネルギー等電気」という）の導入を義務づける制度である。

　平成9年12月に、気候変動に関する国際連合枠組条約の京都議定書が採択され、地球温暖化対策の計画的な推進が求められる中、新エネルギー等の普及を図るため、平成13年、経済産業省の総合資源エネルギー調査会新エネルギー部会が、平成22年度の再生可能エネルギー導入目標を一次エネルギー供給の約3％とする報告書を発表した。同時に再生可能エネルギー発電普及に関する議論が始められ、イギリス等の RPS 制度を採択した国々と、ドイツの FIT 制度の双方が比較された。FIT 制度は、買取価格を高水準に設定すれば導入効果が大きい反面、財政負担が大きくなること、RPS 制度の買取価格は相対交渉で決まるため、発電事業者のコスト削減インセンティブが働く等の理由から、平成14年6月に、RPS 制度の導入を定める電気事業者による新エネルギー等の利用に関する特別措置法（平成14年法律第62号）が公

170

布され、平成15年から同制度が開始された。

　平成19年6月、ドイツで開催されたG8サミットにおいて、日本を含む参加国は、京都議定書後の長期的な枠組みとして、温室効果ガス排出量を2050年に当時の状況に比して半減することを検討することに合意した。これを受けて、平成20年7月29日、低炭素社会づくり行動計画が閣議決定され、政府は、長期目標として温室効果ガス排出量を2050年までに当時から60%～80%を削減すること、また、太陽光発電世界一の座を奪還することをめざし、導入量を2020年に当時から10倍、2030年には40倍にすることを目標として、導入量の大幅拡大を進める方針が掲げられた[23]。

　そのため、総合資源エネルギー調査会新エネルギー部会において、太陽光発電システムでつくられた余剰電力を、電力会社が今後10年間強制的に買い取るしくみが検討され、平成21年11月1日から、同制度が開始された。買取価格は当初住宅用で48円/kWh（10kW未満）であり、当該買取価格は買取開始の時点の額が10年間固定されるものであるが、買取価格は毎年度見直される。買取りの原資は、太陽光発電促進賦課金（太陽光サーチャージ）という名目で電力需要者全員で負担をすることになった。

　このように、RPS制度に加えて、余剰電力買取りシステムが進行したが、日本のRPS制度は、買取義務の目標量が低すぎて、新エネルギー等電気の余剰および価格低迷を引き起こし、平成22年度の日本の電源構成に占める再生可能エネルギーの導入量は、わずか1.2%（水力発電を除く狭義の再生可能エネルギー）にしかすぎなかった（〔**図表30**〕[24]参照）。つまり、低炭素社会づくり行動計画で掲げた方針を達成するには、ドイツ等のFIT制度を参考に、再生可能エネルギー導入をより強力に推進する必要があった。

23　平成20年7月29日付け閣議決定「低炭素社会づくり行動計画」〈http://www.kantei.go.jp/jp/singi/ondanka/kaisai/080729/honbun.pdf〉。

24　経済産業省資源エネルギー庁新エネルギー対策課「再生可能エネルギーの固定価格買取制度について」（平成24年7月）〈http://www.enecho.meti.go.jp/category/saving_and_new/saiene/kaitori/dl/120522setsumei.pdf〉5頁より抜粋。

〔図表30〕 日本の電源構成に占める再生可能エネルギーの導入量（平成22年度）

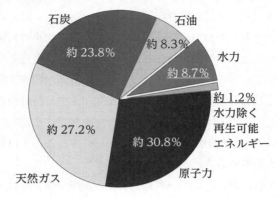

(2) FIT 制度に向けた検討

そこで、経済産業省は、平成21年11月より、再生可能エネルギーの全量買取に関するプロジェクトチームを立ち上げ、有識者および国内事業者等のヒアリング、海外調査、費用試算などを実施し、平成22年7月に「再生可能エネルギーの全量買取制度の導入に当たって」として、以下のような制度の大枠がまとめられた。

まず、基本的な方針としては、全量買取制度の設計にあたっては、再生可能エネルギーの導入拡大、国民負担、系統安定化対策の3要素のバランスをとること、すなわち、国民負担をできる限り抑えつつ、最大限に導入効果を高めることが基本方針とされた（〔図表31〕[25]参照）。

具体的には、第1に、買取対象は、現在実用化されている再生可能エネルギーすべてを原則として対象とし、太陽光発電（発電事業用も含む）、風力発電（小型も含む）、中小水力発電（3万kW以下）、地熱発電、バイオマス発電（紙パルプ等他の用途で利用する事業に著しい影響がないもの）が含まれるとした。

第2に、全量買取りの範囲は、メガソーラー等の発電事業用太陽光発電をはじめとした発電事業用設備については、全量買取りを原則とし、住宅等に

---

25 前掲（注24）6頁より抜粋。

〔図表31〕 平成28年改正前のFIT制度の概要

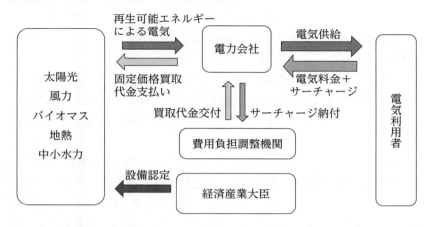

おける小規模な太陽光発電等については、例外的に余剰買取りを原則とするとした。

　第3に、設備については、新たな設備導入を促進するため、新設を対象とすることを原則とするが、既設設備についても、RPS制度下での既設設備の事業継続という観点から、価格等に差をつけて買い取る等の措置を講じるとした。

　第4に、買取価格、買取期間については、標準的な再生可能エネルギー設備の導入が経済的に成り立つ水準、かつ国際的にも遜色ない水準とすることとし、各エネルギー間の競争力によるコスト引下げを目的として、一律の買取価格とする。太陽光発電については、コストの低減が期待されるので、当初は高い買取価格を設定するが、段階的に引き下げる。買取期間は、太陽光発電は10年とするが、それ以外は15年～20年を原則とするとした。

　第5に、再生可能エネルギーの導入量につき地域間の相違が生じ、ひいては賦課金の負担が地域によって異なるおそれがあることから、地域間の負担の公平性を保つため、地域間調整を行うとした。

　第6に、再生可能エネルギーは発電量が自然条件によって増減し、需要と供給のバランスが崩れると、発電所から消費者まで電力を送り届ける送電、変電、配電等の設備全体（電力系統）の電圧、周波数に影響が出て大停電を

第3章　発電事業改革と発電事業における信託活用

もたらす危険性がある。そこで、系統安定化対策が必須であるところ、将来的に蓄電池の設置や太陽光発電等の出力抑制を行うなどの方法を今後検討していくこと、および実際の系統への影響等を見据えつつ、必要に応じて制度自体の見直しも行うこととした。

　本プロジェクトチームの試算では、制度開始後10年目で導入量は3200万～3500万kW程度増加し、買取費用の総額は4600億～6300億円程度であるが、2020年までに再生可能エネルギー関連市場は10兆円規模となることをめざすとした。

　これを基にして、経済産業省はワーキンググループや小委員会を立ち上げて、制度の詳細につき検討を重ねた。平成22年11月、次世代送配電システム制度検討会第2ワーキンググループは、一般電気事業者以外の買取主体、買取契約、買取費用・系統安定化対策費用等につき、「全量買取制度に係る技術課題等について」として検討結果をまとめた。また、総合資源エネルギー調査会新エネルギー部会・電気事業分科会買取制度小委員会は、平成22年12月に、買取対象の再生可能エネルギーの範囲、発電設備の新設・既設、買取費用、RPS制度の廃止等につき、「再生可能エネルギーの全量買取制度における詳細制度設計について」を検討結果として発表した。さらに、次世代送配電システム制度検討会第1ワーキンググループは、平成23年2月、再生可能エネルギーの導入に際する系統ルールの見直し、電源の接続ルール等につき、同ワーキンググループ報告書としてまとめて発表した。

　以上の制度大枠と詳細な制度設計は、電気事業者による再生可能エネルギー電気の調達に関する特別措置法（平成23年法律第108号。以下、「再エネ特措法」という）として、平成23年8月26日に国会で可決されて成立し、平成24年7月1日に施行された。同時に、RPS制度は廃止されたが、既存の認定設備の投資回収を保護するため、当分の間効力を有するとされ、平成29年度から5年間で段階的に廃止されていくことになった。

　その後、再エネ特措法は、主に、①平成26年法律第72号による電気事業法の改正に伴う改正（以下、「平成26年改正」という）、②平成28年法律第59号による改正（以下、「平成28年改正」という）がなされている。平成28年改正による現行法（以下、「現行法」という）は平成28年5月に成立し、平成29年4

174

月1日に施行されている。以下では、平成28年改正前の再エネ特措法（以下、現行法以前の再エネ特措法をまとめて「旧法」という）について詳述し（後記2参照）、平成28年改正の経緯と内容に触れる（後記3参照）。

2　旧法（平成28年改正前再エネ特措法）の内容

　旧法は、FIT制度の目的と意義・内容を定め、かつ買取りの対象となる再生可能エネルギーの種類、買取義務の対象となる再生可能エネルギーを電気に変換する発電設備の認定と条件、買取義務者、買取価格・期間の決定方法、買取費用に関する賦課金の徴収・調整、電力会社による契約等の制度の詳細を規定している。以下、個別に制度の詳細を述べる。

　なお、以下では、旧法に従って再生可能エネルギー発電設備を用いて再生可能エネルギー電気を供給しようとする者を特定供給者といい、当該電気の供給を受ける者を電気事業者（平成26年改正前は、電気事業者とは、一般電気事業者、特定電気事業者および特定規模電気事業者を意味した[26]。旧法2条1項）という。

(1)　対象となる再生可能エネルギー

　旧法の対象となる再生可能エネルギーとは、太陽光、風力、水力、地熱お

26　一般電気事業者、特定電気事業者および特定規模電気事業者の定義は、電気事業法に従う。同法は、平成26年改正前の電気事業法2条1項では、「一般電気事業者」とは、発電・送配電設備を自ら保有し、一般の需要家に電力を供給する東京電力等の電力会社10社を意味した。「特定電気事業者」とは限定された区域に対し、自ら発電・送配電設備を有して、需要家に電力供給を行う事業者をいい、首都圏のJR等に電気を供給する東日本旅客鉄道、六本木ヒルズに電気を供給する六本木エネルギーサービス等がある。「特定規模電気事業者」（PPS：Power Producer and Supplier）とは、特別高圧（50kW以上）の需要家に対して、一般電気事業者が管理する送配電線を通じて小売を行う事業者で、東京ガスやエネット等がこれに該当した。平成26年6月の電気事業法改正は、電気の小売の全面自由化に伴い、従来の電気事業者の定義を発電事業者、送配電事業者および小売電気事業者に変更した。同改正を反映し、かつ後述する買取義務者の再検討も行って、現行法（平成28年改正再エネ特措法）で定める「電気事業者」とは、送配電設備の管理および小売供給を行う一般送配電事業者（電力会社10社）、および特定の地点の需要家に対して自前の送配電設備を管理して供給する登録特定送配電事業者の2類型を意味することになった。

第3章　発電事業改革と発電事業における信託活用

よびバイオマス（動植物に由来する有機物であってエネルギー源として利用することができるものをいう。ただし、原油、石油ガス、可燃性天然ガスおよび石炭並びにこれらから製造される製品は除かれる）の5種のエネルギー源があげられている（旧法2条4項）。さらに、原油、石油ガス、可燃性天然ガスおよび石炭並びにこれらから製造される製品以外のエネルギー源のうち、電気のエネルギー源として永続的に利用することができると認められるものとして政令で定めるもの（同項6号）とするが、現時点で政令に定めはない。

(2)　発電の認定

旧法上で買取義務が生じるのは、発電設備および発電の方法が、同法および経済産業省令（平成28年改正前の電気事業者による再生可能エネルギー電気の調達に関する特別措置法施行規則。以下、「旧施行規則」[27]という）で定める要件を満たし、かつ経済産業大臣が認定した発電に基づくものでなければならない（旧法6条1項）。各エネルギー源の発電設備に共通する基準は、次の①〜⑤のとおりである。

①　調達期間中、点検および保守を行うことを可能とするメンテナンス体制が国内において確保されており、かつ修理が必要な事由が生じてから3カ月以内に修理ができる体制を備えていること（旧施行規則8条1項1号）

②　発電設備を設置する場所および設備の仕様（当該認定設備の内容を特定することのできる記号・番号を証する書類、または設備の設計仕様図等の提出）が決定していること（なお、場所の特定については、農地法その他の関係法令等に基づく許認可を得ていることまでは必要ないが、環境影響評価に係る調査は完了している必要がある。同項2号、パブコメ回答2-17・2-31）

③　電気事業者に供給された再生可能エネルギー電気の量を特定計量機を用いて適正に計量することができる構造になっていること（同項3号）

④　既存の再生可能エネルギー発電設備の重要な部分の変更により、電気の供給量を増加させる場合には、当該増加が確実に見込まれ、かつ増加

27　旧施行規則は、平成28年の再エネ特措法改正に伴い平成29年経済産業省令第13号により改正されている（以下、「現行施行規則」という）。

部分の供給量を的確に計測できる構造であること（同項4号）

⑤　次年度以降の調達価格の算定をするため、当該設備の設置にかかった費用（設備費用、土地代等）の内訳および当該設備の運転にかかる費用の内訳を記録し、毎年1回提出すること（同施行規則12条）

なお、RPS制度で認定された新エネルギー等の電気に係る既存設備は、平成24年11月1日までに、その認定の撤回を申し出た場合、再エネ特措法に基づく設備認定を申請することが可能とされる[28]。

そのほか、各再生可能エネルギー発電には、旧施行規則8条等に詳細な基準が設けられたが、ここでは省略する。

(3)　調達価格および調達期間

調達（買取）価格および調達（買取）期間は、経済産業大臣が、毎年度、当該年度の開始前に定める（旧法3条1項）。経済産業大臣は、調達価格および調達期間を定めようとするときは、調達価格等算定委員会の意見を聴き、その意見を尊重し、かつ、再生可能エネルギーの発電設備に係る所管に応じて農林水産大臣、国土交通大臣または環境大臣と協議するとともに、消費者問題担当大臣の意見を聴かなければならない（同条5項）。

調達価格等算定委員会は5名の委員で構成され、各委員は電気事業、経済等に関して専門的な知識と経験を有する者の中から両議院の同意を得て、経済産業大臣が任命する（旧法31条）。

調達価格は、①効率的に事業が実施された場合に通常要する費用、および②1kWhあたりの単価を算定するために必要な1設備あたりの平均液な発電電力量の見込みを基礎として算定し、③再生可能エネルギー導入の供給の現状、④適正な利潤、⑤これまでの事例における費用を勘案する（旧法3条2項）。

調達価格の適用については、事業計画上、極力早期に確定させたいという利益があるが、他方で有利な調達価格等の適用を受けるため、準備が整ってない段階で調達価格等だけ確定させようとする不正事案のリスクもある。そこで、両者を総合衡量して、以下のように、電気事業者への接続契約申込時

28　前掲（注24）42頁。

第3章　発電事業改革と発電事業における信託活用

〔図表32〕　調達価格等の適用時期

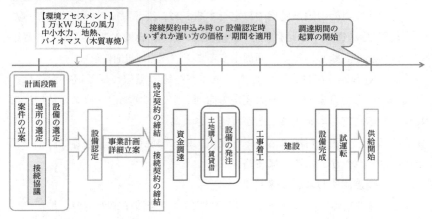

〔図表33〕　調達価格および調達期間（平成24年度）

電源		太陽光		風力		地熱		中小水力		
調達区分		10kW以上 （非住宅）	10kW未満 （住宅）	20kW以上	20kW未満	1.5万kW 以上	1.5万kW 未満	1000kW以上 3万kW未満	200kW以上 1000kW未満	200kW未満
調達価格	税込	42円	42円（※1）	23.1円	57.57円	27.3円	42円	25.2円	30.45円	35.7円
	税抜	40円	42円	22円	55円	26円	40円	24円	29円	34円
IRR（税前）		6 %	3.2%	8 %	1.8%	13%（※2）		7 %	7 %	
調達期間		20年	10年	20年	20年	15年	15年	20年		

電源		バイオマス					
バイオマス区分		ガス化 （下水汚泥）	ガス化 （家畜糞尿）	固形燃料燃焼 （未利用木材）	固形燃料燃焼 （一般木材）	固形燃料燃焼 （一般廃棄物）	固形燃料燃焼 （下水汚泥）	固形燃料燃焼 （リサイクル木材）
調達価格	税込	40.95円	33.6円	25.2円	17.85円			13.65円
	税抜	39円	32円	24円	17円			13円
IRR（税前）		1 %	8 %	4 %	4 %			4 %
調達期間		20年						

※1　10kW未満の太陽光発電につき、家庭用に関するkWあたり3.5万円の補助金（平成24年度）の効果を考慮すると、実質的に48円に相当する。一般消費者には消費税の納税義務がないので、税抜と税込価格を同一としている。

※2　地表調査、調査井の掘削等地点開発に1件あたり約46億円の経費がかかり、事業化に結びつく成功率が低いこと（7％）から、IRRは13％に設定。

178

II 発電事業と FIT 制度

または国の設備認定時のいずれか遅い時点を基準時として、当該年度の調達価格・調達期間を適用することとなった。なお、調達期間の起算時期は、実際に特定契約に基づき、電気の供給が始まった時からである。〔**図表32**〕[29]のように適用されることになった。

なお、平成24年度の調達価格および調達期間は〔**図表33**〕[30]のようになっている。

(4) 特定契約

特定契約とは、認定された再生可能エネルギー発電設備を用いて再生可能エネルギー電気を供給しようとする者（以下、「特定供給者」という）がその認定発電設備によって定める調達期間を超えない範囲の期間にわたり、電気事業者に対して再生可能エネルギー電気を供給することを約し電気事業者が調達価格により再生可能エネルギーを調達することを約する契約をいう。

特定契約は、当初、電気事業者である電力会社等が個別に作成していたものが使われていたが、旧法の規定に反する内容を含むものもあったので、平成24年10月、資源エネルギー庁が特定契約、接続契約のモデル契約書を公表し、以降は当該モデル契約または同契約に準じた契約が締結されるようになった。

電気事業者は、特定供給者より、電気事業者に対して特定契約の申込みがあった場合には、原則としてこれを拒むことはできない（旧法4条1項）。例外的に、拒否できる正当な理由の概略は以下のとおりである（旧施行規則4条1項）。

① 特定契約の内容が、申込みを受けた当該電気事業者の利益を不当に害するものである場合

  ⓐ 虚偽の内容を含む場合

  ⓑ 法令の規定に違反する内容を含む場合

  ⓒ 電気事業者が帰責事由なくして損害賠償義務もしくは違約金の支払義務を負う内容、または特定契約に基づく義務に違反したことにより

---

29 前掲（注24）25頁より抜粋。

30 前掲（注24）12頁・13頁より抜粋。

生じた損害額を超える内容を含む場合

② 当該特定供給者が以下の事由に同意しない場合

ⓐ 毎月、一般送配電事業者が指定する日に、当該一般送配電事業者が、再生可能エネルギー電気の量の検針を行うことおよび当該一般送配電事業者が指定する検針方法

ⓑ 一般送配電事業者等の従業員が、前記ⓐの電気の量を検針する等のため、当該特定供給者の認定発電設備、変電所等に立ち入ることができること

ⓒ 毎月、電気事業者が指定した日に、当該特定供給者の指定した預金または口座に、再生可能エネルギー電気の代金の支払いをすること

ⓓ 毎月、電気事業者が指定する日までに、認定発電設備に係る電気の量の見込みを設定し、供給された電気の量を算定するに必要な情報を、当該電気事業者に提供すること

ⓔ 特定供給者が、暴力団、暴力団員、暴力団員でなくなった日から5年を経過していない者等

ⓕ その他同項2号に該当する事由

(5) **接続契約**

接続契約とは、特定契約の申込みをしようとする特定供給者が、認定発電設備によって発電した電気を供給するため、当該認定発電設備と最寄りの変電所または送配電線を接続するための契約をいう。

電気事業者（特定規模電気事業者を除く）は、特定供給者から接続の申込みがあった場合、原則として、当該接続を拒むことはできない（旧法5条）[31]。例外的に、拒否できる正当な理由の概略は次の①～③のとおりである（旧施行規則6条1項）。

① 当該特定供給者が自らの認定発電設備の所在地、出力その他の当該認定発電設備と被接続先電気工作物とを電気的に接続するにあたり必要不可欠な情報を提供しないこと（同項1号）

② 当該接続契約の内容が、次のいずれかに該当すること（同項2号）

---

31 平成28年改正により、接続義務を負うのは、一般送配電事業者となった。

Ⅱ　発電事業と FIT 制度

ⓐ　虚偽の内容を含む場合

ⓑ　法令の規定に違反する内容を含む場合

ⓒ　接続の請求を受けた一般送配電事業者等（以下、「接続請求電気事業者」という）が帰責事由なくして損害賠償義務もしくは違約金の支払義務を負う内容、または接続契約に基づく義務に違反したことにより生じた損害額を超える内容を含む場合

③　当該特定供給者が以下の事由に同意しない場合

ⓐ　接続請求電気事業者が維持する発電設備（太陽光、風力、原子力および水力発電を除く）の出力の抑制および水力発電の揚水運転、並びに当該上回ることが見込まれる量の電気の取引の申込みを行っても電気の供給量がその需要量を上回ることが見込まれる場合において、当該特定供給者は当該接続請求電気事業者の指示に従って当該認定発電設備の出力の抑制を行うこと、同項3号イの要件に従って当該抑制により生じた損害の補償を求めないことおよび抑制を行うための必要な体制の整備を行うこと

ⓑ　天災事変や人もしくは物が被接続先電気工作物に接触した場合等、同号ロに定める条件が発生した場合には、接続請求電気事業者が、当該特定供給者の認定発電設備の出力の抑制を行うことができること、および当該抑制により生じた損害の補償を求めないこと

ⓒ　被接続先電気工作物の定期的な点検を行う等、同号ハに定める条件が発生した場合において、接続請求電気事業者の指示に従い、当該認定発電設備の出力の抑制を行うことができること、および当該抑制により生じた損害の補償を求めないこと

ⓓ　接続請求電気事業者の従業員が保安のために必要な場合に、当該認定発電設備および変電所等に立ち入ることができること

ⓔ　当該特定供給者が暴力団等に該当しないこと、および暴力団等と関係を有する者でないこと

ⓕ　接続請求電気事業者が、当該接続の請求に応じることにより、被接続先の電気工作物に送電することができる電気の容量を超えた電気の供給を受けることとなることが合理的に見込まれること

181

第3章　発電事業改革と発電事業における信託活用

⑧　その他同条各項に該当する事由

(6)　賦課金

　FIT 制度は、再生可能エネルギーで発電した電気を一定価格で電気事業者が買い取る制度であるが、再生可能エネルギーは化石燃料による電気に比べてコストが高いため、買取費用は電気利用者の全員から賦課金という形で集めることによって、再生可能エネルギーを促進普及させようとするものである。賦課金は、電気の使用量に比例し、電気料金の一部として徴収される。

　再生可能エネルギーの導入は温暖化対策、再生可能エネルギー産業の育成という趣旨からすると、日本全体にとっての関心事であるため、賦課金の地域間格差をなくすため、全国一律の金額にしている。具体的には、電気事業者が電気料金の一部となっている賦課金を利用者から徴収し（旧法11条1項）、それを費用負担調整機関にいったん納付する（以下、「納付金」という）。費用負担調整機関は、徴収した納付金と予算上の措置に係る資金（同法18条）を財源として、電気事業者に交付金として交付する（同法8条）。予算上の措置に係る資金が必要とされた理由は、賦課金に係る減免措置を特例として認めたため（同法17条）、その不足分を補てんする趣旨である。

　納付金の額は、当該電気事業者が各電気利用者に、毎月供給した電気の量に当該年度の納付金単価を乗じた額から消費税、地方消費税分を控除して得た額を合計したものとされる（旧法12条1項、旧施行規則18条1項・17条）。

　交付金の額は、特定契約ごとに、①電気事業者が調達した再生可能エネルギー電気の量に当該特定契約に係る調達価格を乗じて得た額、②特定契約に基づき再生可能エネルギー電気を調達しなかったとしたならば、当該再生可能エネルギー電気の量に相当する量の電気の発電、調達に要することとなる費用（回避可能費用）を控除した額から消費税、地方消費税相当額を控除し、交付金の交付に伴い当該電気事業者が支払うこととなる事業税相当額を加算した金額である（旧法9条、旧施行規則15条）。

　賦課金の減免に係る特例は、電気を大量に消費する事業者の経済的負担を軽減し、国際競争力の強化を図る趣旨であり、減免措置の対象となるためには、旧法17条および旧施行規則21条の要件を満たした事業および事業所とし

182

て、経済産業大臣より認定を受けなければならない。

3 平成28年改正前の FIT 制度の状況と問題点

(1) 平成28年改正前の FIT 制度の状況

平成24年7月に FIT 制度がスタートして、導入量は飛躍的に伸び、平成24年6月末の同制度導入前の累積導入量約2060万 kW に対して、平成28年11月末で認定発電設備の容量は8875.9万 kW に上っている。〔図表34〕[32]のように、再生可能エネルギー設備容量でいうと、RPS 制度が導入された平成15年度から平成21年度までの年平均伸び率は5％、余剰電力買取制度が開始された平成21年度から平成24年度までの平均伸び率は9％に対し、FIT 制度が開始して以来の年平均伸び率は29％にも上る。

(2) 平成28年改正前の FIT 制度の問題点

他方で、当初予想していなかったさまざまな問題も浮かび上がってきた（前掲〔図表29〕参照）。

〔図表34〕 再生可能エネルギー設備容量の推移

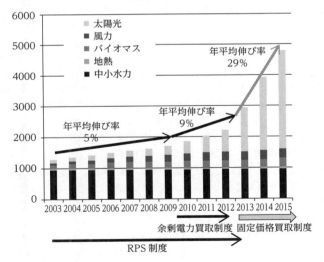

---

32 前掲（注16）2頁より抜粋。

第3章　発電事業改革と発電事業における信託活用

⑦　買取費用（負担額）の増大

まず、平成28年度では、買取費用はすでに2.3兆円、平均的な家庭の負担額は、毎月675円に達しており、国民負担の抑制が急務であることは明らかである。

⑦　太陽光発電への偏り

また、認定量の９割が太陽光であり、太陽光は自然条件よって出力が大きく変動し、かつ調整電源として火力を伴わざるを得ないことからすると、再生可能エネルギーの安定的な供給および積極的な導入推進という面からすれば、太陽光発電に偏りすぎるのは理想的とはいいがたい。平成27年７月に発表された政府の第四次エネルギー基本計画のエネルギーミックス[33]でも、2030年までの太陽光発電量の再生可能エネルギー全体に占める割合は３割超としている。

⑦　未稼働案件の増加

さらに、太陽光案件では、稼働開始を先延ばしにしている未稼働の案件が増加し、平成24年度〜平成25年度認定済み未稼働案件数は34万件であり、全件数117万件の３割超という看過できない状態となっている。この背景には、買取価格は制度開始から漸減していく一方で、太陽光パネルの技術が日

33　エネルギーミックスとは、平成15年から約３年ごとに見直しをしているエネルギー基本計画の第四次計画が、平成26年４月に閣議決定され、それを基にして経済産業省で検討されたもののうち、長期的な電源構成のことである。この閣議決定では、エネルギー政策の基本視点として、安全性（Safety）を前提とし、エネルギーの安定供給（Energy Security）を第一とし、経済効率性の向上（Economic Efficiency）による低コストでのエネルギー供給を実現し、同時に、環境への適合（Environment）を図ることを基本的視点とした。これを受けて、経済産業省は、総合資源エネルギー調査会基本政策分科会長期エネルギー需給見通し小委員会を設置し、検討を行った。平成27年７月に、その結果が「長期エネルギー需給見通し」として発表され、2030年に想定される電力需要を徹底した省エネルギーを推進することで2013年度と同じレベルまで抑えることを前提にして、各電源の割合を次のように定めた。すなわち、再生可能エネルギーは全体の22％〜24％（このうち、水力は8.8％程度、太陽光は7.0％程度、バイオマスは3.7％〜4.6％程度、風力は1.7％程度、地熱は１％〜1.1％程度）、原子力は20％〜22％、LNG火力は27％程度、石炭火力は26％程度、石油火力は３％程度である。

184

進月歩で進歩して発電効率が上がり、パネル価格等の固定費用は年ごとに値下がりしている状況があった。そうすると、太陽光発電事業の収益を最大限にするためには、事業の開始を先延ばしにしてコストを縮減したほうがよいことになる。また、事業の収益性を上げるためには、発電事業用地として相当程度の広さと日照量が必要であるが、日本国内で容易に取得、利用できる土地は限定されている。原野や森林になると所有者が不明であったり、多数に上ったりするため、あるいは森林法、農地法等の規制もあり、規制を遵守しつつ土地またはその利用権を取得するために、相当な手間と時間がかかっていた。

このような未稼働案件の増加は電力会社による接続保留の問題も引き起こした。平成26年9月24日、九州電力が接続申込みへの回答保留を公表し、同月30日、北海道電力、東北電力、四国電力も相次いで接続申込みへの回答保留を公表した。沖縄電力も、接続申込みの接続可能量の上限に達した旨を公表した。このような接続保留の問題も、未稼働の滞留案件の存在が影響している。

㈐　周縁地域住民とのトラブル発生

さらに、太陽光発電や風力発電等の設備の増加に伴い、農地法、森林法、河川法、国土利用計画法、都市計画法、環境影響評価法等の土地利用に関する関係法令、電気事業法、建築基準法等の安全性に関する関係法令を必ずしも遵守せず、発電設備による事故や環境破壊等の問題を引き起こし、周縁地域住民とのトラブルも発生している。

㈑　電力小売全面自由化に伴う買取義務者の再検討

そのほか、平成28年4月より、電力小売が全面自由化するに伴い、買取義務者についても、再検討する必要が出てきていた。

4　現行法（平成28年改正再エネ特措法）の内容

以上のことから、認定済み発電設備の未稼働案件に対処し、かつ将来的に防止するため認定制度を改善し、また、国民負担の抑制が要請される中、より効率的な再生可能エネルギーの導入を検討する必要があることから、買取価格もコスト効率的に見直すことが要請された。

そこで、経済産業省は制度の再検討を開始し、平成28年５月25日、電気事業者による再生可能エネルギー可能エネルギー電気の調達に関する特別措置法等の一部を改正する法律案（平成28年法律第59号）が国会で可決・成立し、平成29年４月に施行された。

(1) 認定済み発電設備の未稼働案件への対応と新認定制度の創設（現行法９条〜15条）

　平成26年度までは、太陽光発電の場合、発電設備につき国の認定を受けて、接続の申込みを行った時点で、買取価格が決定し、系統接続枠を仮押えすることができることになっていた。買取価格は本制度のスタート時から、毎年値下がりしていく一方で、発電設備は技術革新により日進月歩でコストが減少しているので、まず、接続枠の権利のみを押さえて、太陽光発電事業の収益を最大化するために運転開始の先延ばしを試み、または押さえておいた認定を譲渡して利益を取得する案件が少なからずみられるようになってきた。結果として、より低コストで導入可能な後発案件の参入や、太陽光発電以外の再生可能エネルギー発電の接続を阻害するような状況になっているといわれている。

　そこで、このような事態に対処するため、未稼働案件に対して報告徴収、聴聞を行い、①平成24年度および平成25年度に認定を受けた案件で、認定に係る場所と設備の確保ができない場合には、当該認定の取消しを実施し、②平成26年度以降の認定には、認定後一定期間内に場所と設備の確保ができない場合には、認定を失効させる制度を導入し、③平成27年度以降の調達価格の決定時期を後ろ倒しにしてきた。平成27年度までの未稼働案件に関する対処結果は〔**図表35**〕[34]のようになる。

　もっとも、前記のような事後的な対応だけでは限界があり、平成28年改正では、このような未稼働案件を抜本的に防止するため、また、国民負担の抑制が要請される中、より効率的な再生可能エネルギーの導入を確実にするた

34　資源エネルギー庁「固定価格買取制度の手続の流れについて」（平成27年９月）〈http://www.meti.go.jp/committee/sougouenergy/kihonseisaku/saisei_kanou/pdf/002_02_00.pdf〉３頁より転記。

〔図表35〕 未稼働案件に対する報告徴収・聴聞による対応

規模 認定年度	50kW 未満	50～400kW 未満	400kW 以上	未稼働件数／認定件数	未稼働出力／認定出力
H24年度	対応なし 約5.9万件／ 約133.6万 kW	対応なし 約0.05万件／ 約8.1万 kW	聴聞取消し中 約0.1万件／ 約619.9万 kW	約6.1万件（13%） ／約45.4万件	約762万 kW（43%） ／約1,779万 kW
H25年度	対応なし 約29.3万件／ 約1115.5万 kW	対応なし 約0.3万件／ 約61.7万 kW	聴聞取消し中 約0.7万件／ 約2108.3万 kW	約30.2万件（42%） ／約71.9万件	約3,286万 kW（81%） ／約4,069万 kW
H26年度	失効期限なし 約24.0万件／ 約615.0万 kW	失効期限付き 約0.4万件／ 約76.2万 kW	失効期限付き 約0.5万件／ 約1303.0万 kW	約24.8万件（52%） ／約48.0万件	約1,994万 kW（90%） ／約2,207万 kW
H27年度	失効期限なし 約10.3万件／ 約118.5万 kW	失効期限付き 約0.03万件／ 約7.4万 kW	失効期限付き 約0.05万件／ 約94.7万 kW	約10.3万件（98%） ／約10.5万件	約220万 kW（99%） ／約221万 kW

め、認定後についても継続稼働できるように適切な運営を担保する必要があるとして、認定制度が改正された。

　現行法の特徴の一つは、認定後にも認定事業者に有効な規律をかけて、継続的な稼働を担保したことである。すなわち、認定事業者に対し経済産業大臣への定期的な情報提供義務を課し（同法９条３項１号、平成29年改正再エネ特措法施行規則（以下、「現行施行規則」という）５条１項６号・７号）、同大臣は認定事業者に対し指導および助言ができるようにし（現行法12条）、改善命令を出すこと（同法13条）、および認定の取消し（同法15条）もできることとした。

　なお、旧法では、再生可能エネルギーに係る認定発電設備を用いて電気を供給する者を特定供給者と呼んでいたが、現行法では、認定事業者と変更された（同法２条５項）。

　　　⑺　発電設備の認定時期——認定前の接続同意（現行法９条３項２号）

　前記のような未稼働案件が滞留する一つの要因としては、当初の FIT 制度では、前述のように電気事業者に接続義務を課しており、接続義務を果たすためには、特定契約や接続申込みを行う前に国が発電設備を認定する必要があるので、認定後に接続契約を行うしくみになっていた。つまり、発電設備等の準備が整わない事業の初期段階でも、発電設備の認定を受けることができ、その結果、認定済みでも未稼働の案件が増加することになっていた。

187

そこで、未稼働案件の可能性を低くするためには、認定時期を系統接続の契約締結後に移行することで事業実施の可能性が高い案件のみを認定していくことが妥当であると考えられた。

新設された現行法9条3項は認定要件を定めているが、同項2号は認定の要件として、「再生可能エネルギー発電事業が円滑かつ確実に実施されると見込まれるものであること」としている。「円滑かつ確実に実施されると見込まれるもの」とは、具体的には、現行施行規則5条の2第1号によると、「当該認定の申請に係る再生可能エネルギー発電設備を電気事業者が維持し、及び運用する電線路に電気的に接続することについて電気事業者の同意を得ていること」であり、認定時期は系統接続の契約締結後に移行された（〔図表36〕[35]参照）。

(イ) **設置場所所有権等の取得および関係法令の遵守**（現行施行規則5条の2第2号および3号）

さらに、未稼働案件の増加の原因の一つに、前述したように、土地またはその利用権の取得が容易でない状況があることから、「円滑かつ確実に実施されると見込まれる」要件として、現行施行規則5条の2第2号は、「当該認定の申請に係る再生可能エネルギー発電設備を設置する場所について所有権その他の使用の権原を有するか、又はこれを確実に取得することができると認められること」の要件が付け加えられた。

認定の際には、原則として、土地登記簿謄本または賃貸借契約書等の提出

〔図表36〕 認定時期の見直し

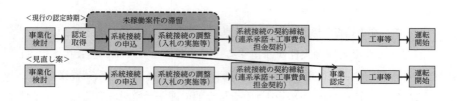

---

35 資源エネルギー庁「再生可能エネルギーの導入促進に係る制度改革について」（平成28年6月）〈http://www.enecho.meti.go.jp/category/saving_and_new/saiene/kaitori/dl/kaisei/0628tokyo.pdf〉7頁より転記。

が必要である。ただし、土地所有者の同意書でも可とされるが、認定日の翌日から起算して180日以内に契約書等の確保を証する書類の提出が求められ、その際に提出できなければ、経済産業大臣は認定を取り消すことができる[36]。

　また、平成28年改正前には、防災上の懸念、環境破壊等について、地域住民とのトラブルが増加している状況があったことから、現行施行規則5条の2第3号では、「当該認定の申請に係る再生可能エネルギー発電事業を円滑かつ確実に実施するために必要な関係法令（条例を含む。）の規定を遵守するものであること」という要件も追加された。

(ウ)　運転開始期限の遵守（現行施行規則5条1項9号）

　また、未稼働案件の防止として、新認定制度では、現行法9条3項1号が「再生可能エネルギーの利用の促進に資するもの」を要件とする。具体的には、10kW 以上の太陽光発電設備では、認定取得から3年以内に再生可能エネルギーの供給を開始する計画である必要があり（現行施行規則5条1項9号）、その期間を超過した場合には原則として、経済産業大臣はその認可を取り消すことができることになった（現行法15条2号）。

(エ)　事業内容の適切性

　さらに、国民負担の抑制が要請される中、より効率的な再生可能エネルギーの導入を掲げる現行法の趣旨からすると、発電事業を安定的に遂行することが必須であり、そのためには適切な発電計画が必要である。そこで、旧法6条2項の要件に加えて、さらに詳細な発電計画の要件を定めた。これらの要件に違反した場合には、経済産業大臣は、認可を取り消すことができる（現行法15条2号）。次の①～③に一部を要約する（現行施行規則5条1項）。

①　発電設備と接続する電線路を維持、運用する電気事業者から出力の抑制その他の協力を求められたときは、これに協力するものであること

②　発電設備の設置場所において事業者名その他の事項を記載した標識を掲げること

③　発電量、当該発電設備の運転に要する費用その他の発電事業の実施に

36　前掲（注16）10頁。

関する情報について経済産業大臣に報告するものであること

(オ)　地域と共生するための関係法令の遵守

前述のように、発電設備の設置の増加に伴い、防災上の懸念、環境破壊等について、地域住民とのトラブルが増加している。そこで、現行法は、認定要件において、①当該認定の申請に係る再生可能エネルギー発電事業を円滑かつ確実に実施するために必要な関係法令（条例を含む）の規定を遵守するものであること（現行施行規則5条の2第3号）、②関係法令に違反するか、または関係省庁や自治体から指導・命令等がなされた事案に関して、経済産業大臣は当該認定事業者に対して、相当の期限を定めて、その改善に必要な措置をとるべきことを命ずることができる（現行法13条）とし、③経済産業大臣が認定を取り消すこともできるとした（同法15条2号）。さらに、認定がなされた場合には、発電事業計画に記載された事項のうち、同法7条で定める情報を公表し、関係省庁、自治体等に提供することにした（同法9条5項、現行施行規則7条）。かかるシステムは平成28年4月1日より運用を開始している。

(2)　コスト効率性的な電源の導入（エネルギーミックス）──価格決定方式の変更

平成27年7月に発表された政府のエネルギー基本計画では、国民負担を抑制しつつ、コスト効率的な再生可能エネルギーの導入をめざすことになった。かかる目的を達成するために、①発電をしようとする発電事業者が1kWhあたりの価格と発電電力量について入札を行う制度、②調達価格の中・長期的な見通しを策定して、発電事業を行おうとする者の予見可能性を高める制度、および③風力・地熱・バイオマス等のリード期間の長いエネルギー源について、導入拡大を図る制度が導入された。

(ア)　入札制度の導入

日本の太陽光発電の買取価格は当初の40円/kWh（10kW以上）から順次引き下げられてきており、平成28年度で24円/kWhである。しかし、〔図表37〕[37]のように、他の主要国と比較して2倍ほど高い。

そこで、市場の適正な価格を反映するべく、現行法では、経済産業大臣は、大規模な事業用発電は入札制度を実施することができることとした（同

Ⅱ　発電事業とFIT制度

〔図表37〕　太陽光発電価格の国際比較

	資本費 （$m/MW）	設備 利用率	運転 維持費 （$/kW/年）	発電 コスト （$/MWh）	FIT価格 （¢/kWh）
ドイツ	1.00	11%	32	106	8.9（入札価格）
フランス	1.39	14%	32	124	10.6（入札価格）
イギリス	1.22	10%	32	141	16.5
スペイン	1.39	16%	32	148	—（FIT廃止）
トルコ	1.99	16%	32	196	13.3
米国	1.69	17%	21	107	—（RPS制度）
ブラジル	2.06	21%	26	111	7.8（入札価格）
豪州	1.36	20%	19	88	—（RPS制度）
インド	1.03	19%	18	96	7.7-9.2
中国	1.38	16%	14	109	14.3-15.8
日本	2.49	14%	67	218	22.5

法４条～８条）。入札手続は、経済産業大臣が、入札制度の対象となる再生可
能エネルギー発電設備の区分等（再生可能エネルギー源の種類、発電設備の出
力量等）を指定したうえで、入札量や参加条件、上限価格等の入札実施方針
を決めることができる。決定にあたっては、調達価格等算定委員会の意見を
踏まえなければならず、決定後、国会に報告する（同法４条２項・４項）。

　平成29年３月30日経済産業省告示63号（入札対象として指定をする再生可能
エネルギー発電設備の区分等における入札の実施に関する指針）によれば、次の
①～の内容が決定されている[38]。

　①　平成29年度に１回および平成30年度に２回、合計３回の入札が予定さ
　　　れている。

　②　入札の対象となる再生可能エネルギー発電設備の区分等は、2000kW
　　　以上の太陽光発電設備が対象である。高圧連携が必要な出力2000kW以

37　前掲（注35）20頁より転記（Bloomberg Energy Finance資料より資源エネルギー
　　庁作成）。

38　前掲（注16）27頁。

第3章　発電事業改革と発電事業における信託活用

上の太陽光発電設備については、大規模事業者間の競争によりコスト低減について大きな効果が期待できるからである。

③　入札量は、3回の入札で合計1GW～1.5GW（100万kW～150万kW）の入札量が予定されており、供給価格上限は21円/kW、調達期間は20年である。

④　供給価格の上限額は、平成29年度については、入札対象でない事業用太陽光発電設備（出力10kW以上2000kWの太陽光）に係る調達価格と同額である（21円/kWh）。

⑤　調達価格の額の決定方法は、落札者が入札した額である。

⑥　調達期間は原則20年間である。ただし、運転開始日が認定を取得した日から起算して3年を経過した場合、当該経過した期間に相当する期間を減じた期間とする。

⑦　入札の実施は、経済産業大臣または経済産業大臣が指定する者（以下、「指定入札機関」という）が行う。煩雑な入札業務を効率的に行うためである。指定入札機関は公募される。

⑧　入札参加資格は、事業計画が新認定基準と同様の基準を満たしていることが要求されるが、送配電事業者から接続の同意を得ていることは入札参加基準から除外されている。

（イ）　価格目標の設定

国民負担の抑制が要請される中、より効率的な再生可能エネルギーの導入を図る現行法の趣旨から、事業者の努力や技術革新によるコスト低減を促すために、経済産業大臣は、電源ごとに中長期的な買取価格の目標（以下、「価格目標」という）を設置し、将来の買取価格は当該価格目標を勘案して決定されることになった（同法3条2項）。具体的には、電源ごとの特性を踏まえて、調達価格等算定委員会の意見を聴いて決定される（同条12項）。

平成29年3月14日に発表された価格目標は〔図表38〕[39]のようになっている。

192

II　発電事業と FIT 制度

〔図表38〕　平成29年度以降の買取価格

電　源	規　模	平成28年度	平成29年度	平成30年度	平成31年度	調達期間
太陽光	2000kW 以上	24円＋税	入札制度			20年間
太陽光	10kW 以上2000kW 未満	24円＋税	21円＋税	―	―	20年間
住宅用太陽光	10kW 未満[40]	25円～31円	25円～30円	25円～28円	24円～26円	10年間
風力（陸上風力）	20kW 以上	22円＋税	21円＋税[41]	20円＋税	19円＋税	20年間
風力（陸上風力リプレース）	20kW 以上	―	18円＋税	17円＋税	16円＋税	20年間
風力	20kW 未満	55円＋税	55円＋税			20年間
風力（洋上風力）	20kW 以上	36円＋税	36円＋税			20年間
地熱	1 万5000kW 以上	26円＋税	26円＋税			15年間
地熱	1 万5000kW 未満	40円＋税	40円＋税			15年間
地熱（全設備更新型リプレース）	1 万5000kW 以上	―	20円＋税			15年間
地熱（全設備更新型リプレース）	1 万5000kW 未満	―	30円＋税			15年間
地熱（地下設備流用型リプレース）	1 万5000kW 以上	―	12円＋税			15年間
地熱（地下設備流用型リプレース）	1 万5000kW 未満	―	19円＋税			15年間
水力	5000kW 以上 3 万 kW 未満	24円＋税	20円＋税[42]			20年間
水力	1000kW 以上5000kW 未満		27円＋税			20年間
水力	200kW 以上1000kW 未満	21円＋税	21円＋税			20年間
水力	200kW 未満	25円＋税	25円＋税			20年間
水力（既設導水路活用型）	5000kW 以上 3 万 kW 未満	14円＋税	12円＋税			20年間
水力（既設導水路活用型）	1000kW 以上5000kW 未満		15円＋税			20年間
水力（既設導水路活用型）	200kW 以上1000kW 未満	21円＋税	21円＋税			20年間
水力（既設導水路活用型）	200kW 未満	25円＋税	25円＋税			20年間
バイオマス（メタン発酵ガス化発電）	―	39円＋税	39円＋税			20年間
バイオマス（間伐材・未利用木材等由来）	2000kW 以上	32円＋税	32円＋税			20年間
バイオマス（間伐材・未利用木材等由来）	2000kW 未満	40円＋税	40円＋税			20年間
バイオマス（一般木質）	2 万 kW 以上	24円＋税	21円＋税[43]			20年間
バイオマス（一般木質）	2 万 kW 未満		24円＋税			20年間
バイオマス（建設資材・リサイクル木材廃棄物）	―	13円＋税	13円＋税			20年間
バイオマス（一般廃棄物その他）	―	17円＋税	17円＋税			20年間

39　経済産業省 HP「再生可能エネルギーの平成29年度の買取価格・賦課金単価等を決定しました」〈http://www.meti.go.jp/press/2016/03/20170314005/20170314005.html〉より抜粋。

第3章　発電事業改革と発電事業における信託活用

㈡　風力・地熱・バイオマスの導入拡大

　風力、地熱、水力、バイオマス等は、発電計画に着手してから発電設備の竣工、電源供給開始までの時間（以下、「リードタイム」という）が比較的長い電源である。たとえば、住宅用太陽光発電のリードタイムは2カ月～3カ月程度、大規模太陽光発電のそれは1年～2年、陸上風力で5年～8年程度、地熱で11年～13年、バイオマスで4年～5年程度、小水力で3年～5年程度といわれている。したがって、事業化決定後も適用される買取価格が未決定のまま、環境アセスメントや地元との調整等の事業の具体化を進めざるを得ず、リスクが高い。

　他方で、地熱、バイオマスは自然条件に左右されず安定的な運用ができるメリットがあり、また、太陽光に比較すると安価である。また、陸上風力は、自然条件に左右されはするが、コストは地熱に次いで安価である。

　そこで、前述したエネルギーミックスを実現するべく、現行法は、開発に一定期間かかる地熱発電や風力発電等にとって、①前述したように、数年先の認定案件の買取価格を決定することとして（同法3条2項）、電力事業者に予見可能性を与えて、開発の促進を図る。また、②地熱等では、通常3年～4年かかるといわれている環境アセスメントを、平成25年6月に閣議決定された日本再興戦略では、当該環境アセスメント期間を半減することを政府目標とし、また、通常、方法書手続が確定した後に行われている現況調査、予測・評価を前倒し、または方法書手続等と並行して進めることを試みている。

⑶　電力自由化と買取義務者の変更

　当初のFIT制度では、旧法上で特定契約の締結義務が原則として課されている電気事業者とは、一般電気事業者、特定電気事業者、特定規模電気事業者であった。平成26年法律第72号による電気事業法の改正により、平成28

40　出力制御対応機器設置義務およびダブル発電か否かで異なる。

41　平成29年9月末まで22円＋税。

42　平成29年9月末まで24円＋税。

43　平成29年9月末まで24円＋税。

194

年４月から電力の小売が全面自由化され、従来の電気事業者は、発電事業者、送配電事業者、小売電気事業者に区分が変更された。従来、特定契約締結義務を負っていたのは、電気の使用者に直接電気を供給する者であったことから、買取義務者は平成28年４月以降の新しい区分では、小売電気事業者として整理することにした。

　しかし、前述のように、平成26年９月、九州電力をはじめとして、北海道電力、東北電力、四国電力も相次いで接続申込みへの回答保留を公表し、沖縄電力は、接続申込みの接続可能量の上限に達した旨を公表した。

　国民負担を最小化しつつ、再生可能エネルギーを最大限に導入するためには、系統の効率的な利用および広域融通の促進が必要であり、そのためには買取義務者は送配電事業者とすべきではないかと考えられるようになった。すなわち、送配電事業者は、受給調整を直接行うため、揚水発電所の活用や広域融通等がやりやすくなる。また、小売電気事業者を買取義務者としていた場合には、発電事業者の発電計画値と発電実績値に差が出た場合、送配電事業者がそのインバランスを調整する役割を果たし、小売電気事業者に不足分等を直接供給する一方で、発電事業者は不足分を小売電気事業者から買い取っていた（FIT インバランス特例制度）。買取義務者を送配電事業者とすれば、そのようなインバランス特例制度は不要になり、出力制御時の業務フロー、権利義務関係は簡素化することができる。

　以上から、現行法では、認定事業者からの買取義務者は送配電事業者となり、買取義務を負う電気事業者の定義も、一般送配電事業者および特定送配電事業者となった（同法２条１項）。

　なお、送配電事業者から小売電気事業者への引渡方法につき、大別して、市場経由の引渡しか、小売への割付けかの２つの方法が精査されたが、現行法では、買取制度の電気を広域的・効率的に使用できるという点から、原則として卸電力取引市場を経由して小売に引き渡すことになった（同法17条１項）。例外的に、電源を特定した供給が必要になる場合、市場が使えない場合等において、再生可能エネルギー電気卸約款に基づく送配電事業者と小売電気事業者者との相対取引を可能としている（同条２項）。

195

(4) 旧法5条接続義務の削除

旧法（平成28年改正前再エネ特措法）5条は、送配電事業者の原則的な接続義務を定めていたが、平成28年改正では全面的に削除された。前述した接続申込みへの回答保留がその背景にあるものと思われる。

経済産業省は、旧法5条の接続義務が削除されても、平成28年4月に施行された平成26年法律第72号による改正電気事業法では、全電源に対してオープンアクセス義務が定められておりで、電気事業法および現行法に基づく省令・運用等で旧法5条と同内容の措置を対応することとしており、電力会社は再生可能エネルギー発電を含むすべての発電事業者に対して接続義務を負うと説明している[44]。

この点については、今後の運用次第で全面的な接続義務がどの程度維持されるのかが試されるところであろう。

(5) 認定の経過措置

現行法施行日の前日である平成29年3月31日までに、すでに接続契約締結済みの場合には、新認定制度による認定を受けたものとみなす（みなし認定。同法附則4条）。同契約を締結していない案件は原則として認定が失効する（同法附則7条）。みなし認定された案件については、新制度での認定を受けたものとみなされた日から6カ月以内に事業計画の提出が必要である（同法附則4条）。

みなし認定案件は、新認定制度で認定を受けたものとみなされることから、新認定要件である適切な保守管理、維持管理を行うこと、送配電事業者が行う出力制御に適切な方法で協力を行うこと、事業者情報に適切な方法で掲示すること、経済産業大臣に発電事業に関する情報を提供すること、関係法令の遵守等の規制が適用される。

△▲宮武雅子△▲

---

44 資源エネルギー庁「FIT 制度見直しの詳細制度設計等について」（平成28年6月）〈http://www.meti.go.jp/committee/sougouenergy/kihonseisaku/saisei_kanou/pdf/009_01_00.pdf〉6頁。

Ⅲ　電力システムへの個人資金の導入

1　検討の意義

　本書の各章においては、電力システム改革を踏まえた発電や送配電事業に関する各種スキームを詳述しているが、スキームの重要な構成要素である投資家については、主に、機関投資家や事業法人が想定されている。

　しかし、電力システム改革を真に国民経済の発展とリンクさせていくためには、事業者のみではない、投資家サイドの多様化、とりわけ、現状は存在感に乏しい個人の資金を引き込んでいくことが重要である。

　電力について、一般の個人が、消費者としてだけでなく、投資家として関与を強めていくことが実現できれば、電力システムに対する国民の納得性の向上や、消費者目線での新たなイノベーションの創出といった効果が期待できる。中でも、再生可能エネルギー分野については、社会貢献投資としての動機も兼ねた個人の長期安定的な資金が確保されることによって、電力施設周辺の地域社会の雇用創出や経済活性化、環境の改善や維持などの幅広い分野への波及効果も期待できる。

　以上を踏まえ、以下では、電力システムへの個人資金の導入について考察する。

2　個人の電力システムへの投資の現状

⑴　電力システムへの投資家としての個人

　現状、個人による電力システムへの投資手段は、大きく分けて、①「発電や小売の電力事業者が発行する株式や債券の購入、②「ソーラーパネル等の発電施設設置による電力会社への固定価格買取請求」、③「太陽光発電施設等のインフラや前記①を投資対象とする投資信託や投資法人等の金融商品の購入」の３種がある（〔図表39〕〔図表40〕[45]参照）。

第3章　発電事業改革と発電事業における信託活用

〔図表39〕　大手電力10社の個人・その他株式所有状況

事業社名	時価総額			左記金額 (億円)
	試算基準日	(億円)	個人・その他株式所有割合	
北海道電力	2018年3月末	1,501	37.1%	557
東北電力	2018年3月末	7,146	33.7%	2,408
北陸電力	2017年3月末	2,272	46.3%	1,052
東京電力ホールディングス	2018年3月末	6,589	40.8%	2,688
中部電力	2018年3月末	11,393	30.8%	3,514
関西電力	2017年9月末	12,419	24.2%	3,006
四国電力	2018年3月末	2,815	35.0%	985
中国電力	2017年3月末	4,571	35.1%	1,605
九州電力	2018年3月末	6,013	30.8%	1,852
沖縄電力	2017年3月末	1,043	43.8%	457
合　計		55,762	32.5%	18,123

〔図表40〕　住宅の太陽光発電の FIT 制度の状況 （2017年9月末時点）

認定量 （※1）	導入量 （※3）	買取電力量	買取金額 （※4）
新規認定分 （※2）	新規認定分 （※2）	制度開始からの累計	制度開始からの累計
533.5万 kW	504.4万 kW	3,125,566万 kWh	13,236億円

※1　2017年4月以降の失効案件分は未反映
※2　「新規認定分」とは、FIT 制度開始後に新たに認定を受けた設備をいう。
※3　「導入」とは、FIT 制度の下で買取りが開始された状態をいう。
※4　電気事業者に支払われる交付金（電気の消費者からの賦課金で賄われるもの）は、買取金額から回避可能費用等を差し引いた金額となる。

　たとえば、①のうち、大手電力10社の株式については、各社の有価証券報告書やホームページによると、株主のうちの「個人・その他」の割合は、おおむね30％～40％前後となっており、各社の時価総額約5.5兆円のうち、約1.8兆円を占めている。②の固定価格買取請求については、経済産業省の公表によると、2017年9月時点の累計の買取金額は、1兆3236億円となっている。

　これらの兆円単位の規模の資金や資産の動きに対し、③の太陽光発電施設

45　資源エネルギー庁 HP「なっとく！再生可能エネルギー」〈http://www.fit.go.jp/statistics/public_sp.html〉各種データの公開より作成（2018年5月アクセス）。

Ⅲ　電力システムへの個人資金の導入

〔図表41〕　東京証券取引所インフラファンド市場上場銘柄

上場日（予定日含む）	銘柄名
	管理会社
2017年10月30日	カナディアン・ソーラー・インフラ投資法人
	カナディアン・ソーラー・アセットマネジメント（株）
2017年3月29日	日本再生可能エネルギーインフラ投資法人
	アールジェイ・インベストメント（株）
2016年12月1日	いちごグリーンインフラ投資法人
	いちご投資顧問（株）
2016年6月2日	タカラレーベン・インフラ投資法人
	タカラアセットマネジメント（株）

への投資を中心とした後述の東京証券取引所の上場インフラファンドについては、銘柄も3社にとどまっており、時価総額は合算でも500億円程度であり、発展途上にある（〔図表41〕[46]参照）。こうした分野へ、より多くの個人の資金を引き込んでいくことによって、電力システム改革を国民経済の発展と結び付けていくことが期待される。

(2)　個人を取り巻く投資環境

わが国の個人の金融資産の内訳は、国際的にみても著しく現預金へ偏重しているが、預金の金利は長期にわたる低金利が続いており、2016年2月から導入されたマイナス金利の影響もあって、個人の金融資産がなかなか増えない構図が定着している。

一方、米国や英国の個人は、金融資産に占める株式や投資信託の構成比が大きく、運用によって着実に資産を増加させている（〔図表42〕[47]〔図表43〕[48]参照）。

わが国は米国や英国と比べて、国民一般の資産運用への意識が低い状況に

46　日本取引所グループHP「インフラファンド」〈http://www.jpx.co.jp/equities/products/infrastructure/〉より作成（2018年5月アクセス）。

47　金融庁「導入直前！『つみたてNISA』の制度説明」（平成29年9月10日）〈https://www.fsa.go.jp/policy/nisa/20170614-2/13.pdf〉1頁より抜粋。

48　前掲（注47）より抜粋。

第3章　発電事業改革と発電事業における信託活用

〔図表42〕　各国の家計金融資産構成比（2016年末）

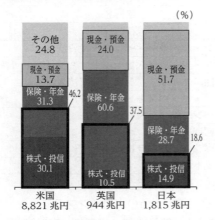

□の部分は間接保有を含む株式・投信投資割合
(注) 16年12月末の為替レートにて換算（1ドル＝116.9円、1ポンド＝144.2円）。

〔図表43〕　各国の家計金融資産推移

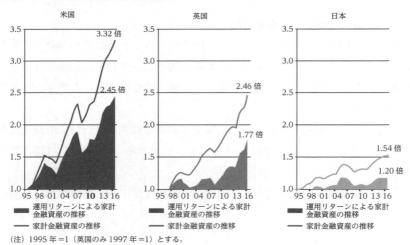

(注) 1995年＝1（英国のみ1997年＝1）とする。

あるが、日本人の平均寿命は伸び続けており、厚生労働省の調査では、2016年の平均寿命は男性80.98歳、女性87.14歳と、いずれも過去最高を記録し、

老後への備えへの不安が高まっている。2060年の平均寿命は、男性84.19年、女性90.93年と、女性は90年を超えることが見込まれており、伸びゆく平均寿命に対応した老後の生活資金の確保は、国民的な大きな課題である。

こうした状況下、金融当局においては、これまで以上に、個人の資産運用を奨励する姿勢が鮮明に打ち出されており、2017年6月9日に閣議決定された未来投資戦略2017においても、「家計の安定的な資産形成の促進と市場環境の整備等」が掲げられ、「つみたてNISAを含むNISA制度全体の更なる普及・促進等、家計に対する実践的な投資教育・情報提供の促進」が明記された（つみたてNISAの対象商品は、パッシブ運用ファンドまたは一定の実績のあるアクティブ運用ファンドに限定）。

以上のように、個人の資産運用の必要性が国民的課題としてとらえられていく中、電力システムへの個人資金の導入も、その一手段として注目が高まっていく可能性がある。

3　個人の電力システムへの投資ニーズ

少し古いデータであるが、一般社団法人信託協会が、個人向けの道路・港湾・鉄道・電力・水道等の公共インフラへの投資商品の利用ニーズを調査した報告書[49]によると（〔図表44〕[50]〔図表45〕[51]〔図表46〕[52]参照）、インフラ投資商品の利用ニーズは、「ぜひ利用したい、利用を検討したい層」が27％を占めており、これら利用ニーズあり先における利用意向の理由としては、「安定した利益が得られそう」と「社会インフラ投資を通じた社会貢献」との回答が5割超であった（複数回答可）。

また、商品性の詳細については、「キャピタルゲイン」をめざす運用よりも、「元本の確保」や「一定の利回り」をめざす運用のほうが圧倒的な支持

49　一般社団法人信託協会「新信託商品受容性把握のための基礎調査　調査結果報告書【インフラ投資信託編】」（2013年8月）〈https://www.shintaku-kyokai.or.jp/archives/042/201711/repot2508-2.pdf〉。

50　前掲（注49）頁。

51　前掲（注49）頁。

52　前掲（注49）頁。

〔図表44〕 インフラ投資に係る信託商品の関心と利用意向

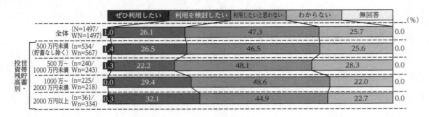

〔図表45〕 インフラ投資に係る信託商品の利用意向・非利用意向の理由

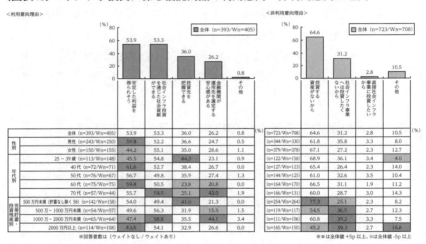

を得ており、運用期間については3年までが約3割、5年までが約4割の回答となった。

　本報告書は、電力システムのみでなく、インフラ全般を対象とした投資商品に係る調査結果であるが、安定インカムをもたらす電力システムへの国民一般の投資ニーズが推察される。

Ⅲ　電力システムへの個人資金の導入

〔図表46〕　インフラ投資に係る信託商品の設計・満期ニーズ

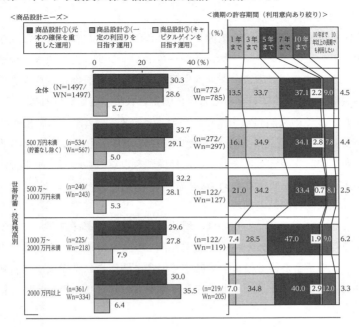

4　個人向け商品の組成

(1)　個人向け商品のマーケット概況

　FIT制度については、安定インカムを確保できる魅力的な新規事業領域として、多くの発電事業者が新規参入を目論んだ結果、許認可ベースでは、約45GW（１MWあたりの事業コストを、３億円とした場合、約13兆円）の市場規模となっている。

　また、2016年５月には、太陽光発電事業（発電設備、不動産等）[53]を裏づけとした上場インフラファンドの第１号案件をタカラレーベンが組成したこと

53　再生可能エネルギー発電設備および再生可能エネルギー発電設備を設置、保守、運用するために必要な不動産、不動産の賃借権または地上権等の特定資産（投資信託及び投資法人に関する法律２条１項）。

により、多くの事業者が同様の投資商品の組成を検討している。

(2) 税務要件上の課題

東京証券取引所の制度的な後押しもあり、前述のとおり、投資法人を活用した第1号の上場インフラファンドが立ち上がったが、投資法人の税務要件を満たすためには、運用資産を「再生可能エネルギー設備もしくは事業者に設備を賃貸するSPCに対する匿名組合出資等」に限定しなければならない。

しかし、多くの大型発電事業は、いわゆるTKGKスキームで構築されており、SPCが直接発電事業を営んでいることから、上記投資法人の活用以外の手法を検討することによって、より広範な投資家ニーズに訴求できる投資商品を組成できる可能性もある。

(3) 個人向け商品の構想

個人を対象とした商品としては、現状の、太陽光発電プロジェクトの太宗を占めるTKGKストラクチャーの資本部分の投資の基礎となる匿名組合出資もしくは事業者が複数投資を実施する場合に活用される投資事業有限責任組合に対するリミテッドパートナーシップを裏づけとした投資商品を組成し

〔図表47〕 組入資産案とメリット・デメリット

資　産	メリット	デメリット
匿名組合出資	有限責任組合への投資ストラクチャーと比較し、関係当事者が少数ですむことより、間接コストを抑えた組成を図ることが可能である。少数のプロジェクト等への投資を招聘する場合には適切なストラクチャーである。	投資家のリスクをミニマイズさせるためには、より分散した複数資産に投資を行うことが肝要ではあるが、本スキームの場合、匿名組合出資の分割対応等を考慮すると、多数の対象資産への投資を図ることは難しいと思われる。
投資事業有限責任組合に対するリミテッドパートナーシップ	多数のプロジェクトに投資を行う投資事業有限責任組合に投資をすることにより、より広範なプロジェクトへの分散投資が可能となる。	中間体として投資事業有限責任組合の運営コストが別途かかることより、匿名組合出資ストラクチャーと比較した場合、外部コストが増加する（＝顧客リターンの低下）。

Ⅲ　電力システムへの個人資金の導入

ていくことが、具体的な検討の選択肢となる（〔**図表47**〕参照）。

　なお、多数の個人を対象とした商品を組成する場合には、源泉分離課税であることが重要な要素となる。また、再生エネルギーファンドはおおむね20年程度の期間となるが、信託協会の調査にもあるとおり、個人で10年超の投資を好む層はわずかであることから、期間の工夫も必要となるであろう。

△▲田村直史△▲

第3章　発電事業改革と発電事業における信託活用

Ⅳ　発電事業のマネタイゼーションと自己信託

1　検討にあたって

　ここでは、発電・送電事業における資金調達を長期安定的なスキームで実現するための方策を検討する。かかる資金調達スキームの実現には、資金を投下する投資家の保護と償還原資の確保が最重要であるとの認識に立ち、当該償還原資の基となるキャッシュフローの源泉は何か、そのキャッシュフローを長期的に安定確保するために、事業の安定と投資家以外の関係者からの独立をいかに図るかを整理する。

　以下では、まず、これまでに組成された再生可能エネルギーにかかわる資金調達スキーム（FIT 制度を前提にした調達スキーム）を眺め、その特徴や背景にある考え方を探る。次に、発電・送電事業に係る長期安定的な調達スキームに求められる要件を検討し、財産（発電・送電事業に係るシステム）が経済インフラという公器として独立し、関係者のクレジットイベントから隔離（倒産隔離）されること、事業運営者（オペレーター）について万一クレジットイベントが生じた場合に備え、オペレーターを交代させるしくみが存在すること、社債権者との調整などにより調達スキームについて清算シナリオが柔軟に回避できることなどの必要条件を洗い出す。またあわせて、資金を投下する投資家への償還原資に関連して、そもそもキャッシュフローを創出する能力の源泉は何であるかを可及的に明らかにし、エネルギーの資金化（Monetization）の実体論を考える。

　以上を基にして、こうした要請に応える有力なアプローチとして、財産の独立性が確保でき、組成の柔軟性をも兼ね備えた信託、とりわけ自己信託について考察する。

206

2 再生可能エネルギー案件の資金調達事例

(1) 発電事業の信託を用いた資金調達スキーム

はじめに、これまでに組成された再生可能エネルギー案件について、しくみや特徴をみてみよう（〔図表48〕[54]参照）。資金調達スキームの償還原資であるキャッシュフローの前提となるのが、FIT（Feed-in Tariff）と呼ばれる固定価格買取制度である。これは、電力需給契約上で定額（平成29年度からは21円/kwh）[55]が20年間（再エネ特措法4条）維持される制度であり、キャッ

〔図表48〕 発電事業の信託スキームの一例

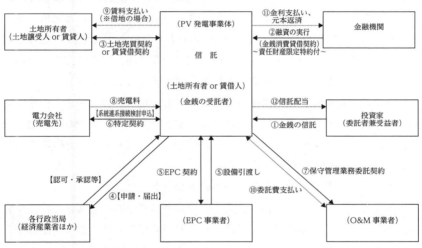

---

54 杉谷孝治「地域づくりにおける再生可能エネルギーと信託」信託フォーラム2号85頁。図表中、PVとはPhotovoltaic（太陽光発電）、EPCとはEngineering（設計）、Procurement（調達）、Construction（建設）、O&MとはOperation（運用）、Maintenance（保守）、系統連系とは太陽光発電システムで発電した電力を電力会社に売電するために、同システムを電力会社の系統（電力網）に接続することである（これにより、潮流（電力会社から発電事業体に電気が供給されること）および逆潮流（発電事業体から電力会社に電力を送り込むこと）が可能となる）。

55 太陽光を電源とする10kW以上の施設に適用される買取価格は、平成24年度に40円であったが、平成29年度には21円と約半額まで切り下げられ、年率で約10%減の推移となっている。

第3章　発電事業改革と発電事業における信託活用

シュフローが長期的に安定し投資家の償還原資の見込みが立てやすい。もっとも、この場合においても、長期にわたる発電・送電に係る期中運営に関連して生じるさまざまなリスクファクター（たとえば、運営に従事する関係者の信用リスクとか事故に起因する不法行為責任など）や風水害などによる大規模損傷などの想定外の設備修繕などの費用について十分な予測と準備が必要である。こうした固定価格が20年間維持するしくみは、期中オペレーションに係るモニタリング計数の月次報告義務などとともに、借主の誓約条項の１つとなっているのが通常である（誓約条項については後述する）。

　なお、投資家への償還原資が将来に生じるキャッシュフローを引当てになされることから、当該キャッシュフローを割引現在価値に引き直したうえで、当該現在価値で一括売却するということも可能である。たとえば、メガソーラー事業であれば、FIT でキャッシュインフローが将来にわたって固定されたメガソーラースキームを、その割引現在価値で早期に売却したいというニーズを、信託のしくみなどを使って実現することができる。

　信託会社や信託銀行は、倒産隔離機能とともに税法上のパススルー機能を有する信託という器を提供するにとどまらず、ソーラーシステム運営上の技術面、運営面での専門性（アセットマネージャーとしての役割）を提供するなど、役割は広範囲で柔軟性を有する。

(2)　発電事業の二層構造スキームのメリット

　一般に発電・送電事業のように大規模な資金調達を要する案件では、多数の機関投資家から資金の投下を受けるしくみが必要であり、こうしたしくみはファンドとか集団投資スキームと呼ばれる（以下では概括的に「ファンドスキーム」という）。かかるファンドスキームには二層構造と呼ばれるスキームが利用されることが多い。これは、資金調達の機能と電力事業（または電力事業への投資）の機能とを別々の法人格または信託などの器に帰属させるもので一種の役割分担の発想である。たとえば、信託を主体とする二層構造スキームでは、信託が資金調達のパートを担当し、その調達資金を、発電事業を営む別の信託または一般社団法人に融資する。この資金調達のパートを担う信託は「親ファンド」と呼ばれ多数の投資家からの資金の受け口となる。親ファンドが「合同運用指定金銭信託」で資金を調達し、これを発電事業体

208

IV　発電事業のマネタイゼーションと自己信託

である別の信託（子ファンド）に金銭信託し、子ファンドが「単独運用指定
金銭信託」の受託者として運用するなどがその一例である。子ファンドは、
太陽光発電事業主体として発電事業を営み、電力会社に送電した対価（売電
料）を償還原資として親ファンドに引き渡す。地元参加型の小規模な再エネ
市民ファンドの場合には「合同運用指定金外信」[56]という信託の類型が使わ
れることもある。これは信託財産（ここでは投資家から拠出された金銭）を合
同運用し、信託終了時には、信託財産を金銭に換価せずに投資家に交付する
もので、地域住民が中心になって運営する地産地消型の小規模発電システム
の調達方式に馴染みやすい。

(3)　発電事業の GK-TK スキーム

二層構造スキームは、上記のほか、信託の代わりに合同会社を利用するス
キームも存在する（GK-TK スキーム。〔図表49〕[57]参照）。この場合は、投資家
は、親ファンドに相当する合同会社（GK と称されることが多い。匿名組合の
営業者）に匿名組合契約（商法535条〜542条）に基づき金銭を出資し、当該親
ファンドが別の匿名組合の組合員として子ファンドの合同会社の匿名組合出
資持分に再出資し、子ファンドが発電事業を営む。一の親ファンドの配下で
複数の子ファンドを設けることも可能であり、この場合は、運用リスクの分
散（特に地域的分散）が可能となるほか、各子ファンドで発生する損益を親
ファンドレベルで通算することで、投資家への利益配当に係る税負担を軽減

56　この信託は、信託財産（ここでは投資家から拠出された金銭）を合同運用し、信託終
了時には、信託財産を金銭に換価しないで交付する。これは信託終了時に信託財産を金
銭に換価して交付する金銭信託とは区別され、「金外信」（金銭信託以外の金銭の信託）
と呼ばれる。

57　PM とは Project Manager、AM とは Asset Manager、保険とは建設工事保険、火
災保険、利益保険、第三者賠償責任保険など、保証とは太陽光パネルの品質・材料限定
保証、Pmax（最大出力値）限定保証など、PPA とは Power Purchase Agreement
（電力購入契約）、消費税ローンとは借入人が受け取る消費税還付金を返済原資とする
ローン（期間は 3 年程度）、TK とは匿名組合（商法535条〜542条。TK 出資 1 号と TK
出資 2 号はパリパス（弁済が同順位））である。本スキームの期間は20年（再生可能エ
ネルギーの買取期間に対応）であり、資産の換価価値（清算価値）ではなく、事業価値
を念頭においたスキームである。

209

〔図表49〕 GK-TK スキーム

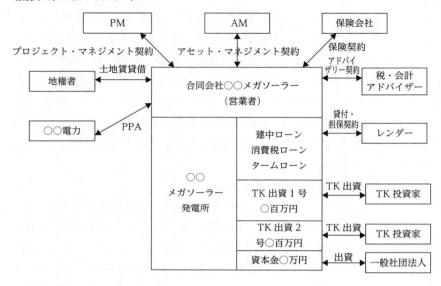

できるメリットも存在すると考えられる。

　子ファンドでは、PM（Project Manager）と呼ばれる案件のアレンジャー兼期中管理者が発電事業を営む。具体的な役割は、①土地の検分、地権者との交渉、②発電装置の選定、③系統接続に関する検討、④建中のモニタリング、⑤官庁対応として設備認定手続（経済産業省）、⑥自治体対応などである。

　(4)　シニアローンの役割

　なお、子ファンドの資金調達方法としては、上記の匿名組合による資金調達のほか、ローン（シニアローン）が併用されることがある（前掲〔図表49〕参照）。長期の資金提供とプロジェクトファイナンスの信用リスク分析に長けた金融機関が子ファンドにローンを実行し、建設中のリスクをカバーしたり（建中ローンの場合）、設備の稼働状況やキャッシュフローの状況などをモニタリングしたりすることによってスキームの安定化を担い、スキーム維持のための共益的な役割を果たす。ここでシニアローンと匿名組合出資持分との関係が問題となるが、このようなケースの場合、匿名組合出資持分は、

ローンとの関係では劣後（履行期が到来しているローンの弁済に劣後）する。また、匿名組合契約は、ローンなどの優先債務が完済されるまでは終了しない建て付けとなっている。いずれもローンが有する上記の共益的性格を考慮したものと考えられる。

(5) 金融商品取引法上の位置づけ

このようなファンドスキームは、金融商品取引法でいうところの集団投資スキームに該当するため、金融商品取引法のいわゆるファンド規制に服する。すなわちここで発行される匿名組合出資持分は自己募集の対象となる有価証券に該当し、当該匿名組合出資持分の募集または私募（匿名組合出資持分の取得申込みの勧誘をいう）は、金融商品取引業（第二種金融商品取引業）に該当する（同法2条8項7号ヘ）ため、当該匿名組合出資持分の発行者（ここでは合同会社を指す）は、原則として、第二種金融商品取引業の登録を受けることが必要となる（同法29条）。また、かかる匿名組合契約に基づき出資を受けた金銭その他の財産を、当該匿名組合の営業者（ここも合同会社を指す）が、「主として[58]有価証券またはデリバティブ取引に係る権利に対する投資として」運用する行為は、投資運用業に該当する（同法2条8項15号ハ）ため、この合同会社は、投資運用業の登録も要する（同法33条の2）。もっとも、この点については、一定の要件を満たすことで登録に代えて届出で足りるとする特例（いわゆる適格機関投資家等特例業務。自己募集について同法63条1項1号、自己運用について同項2号）が設けられており（同法63条2項）、当該特例に基づく組成がなされるのが通例である。この特例要件を充足するために、適格機関投資家以外の者への譲渡制限が付される（金融商品取引法施行令17条の12第3項1号）など、一定の制約が設けられる。

投資期間中に営業者が万一倒産した場合、匿名組合に係る債権は、約定劣後破産債権（破産法99条1項）または約定劣後再生債権（民事再生法35条4項）となる。約定劣後破産債権とは、破産債権者と破産者の間において、破産手

58　ファンドの運用財産の50％超を意味する（平成19年7月31日付け金融庁「コメントの概要及びコメントに対する金融庁の考え方」〈http://www.fsa.go.jp/news/19/syouken/20070731-7/00.pdf〉79頁 No.190。

第3章　発電事業改革と発電事業における信託活用

続開始前に、当該債務者について破産手続が開始されたとすれば、当該破産手続におけるその配当の順位が劣後的破産債権に後れる旨の合意がされた債権をいう[59]。約定劣後再生債権についても実質的に同じである。

(6)　匿名組合性の否認リスクとは

ここで、匿名組合出資者は、実際は案件関係者であることが多く、このため、匿名組合性の否認リスクという特有の論点を有する。かかるファイナンススキームでは、期中において重要資産の売却などの重要事項については、投資家である匿名組合員の意向を無視することはできず、当該重要事項の決定に際して何らかの確認または協議を要することがあることから、匿名組合性を維持する必要があるとはいえ、かかる重要事項については、匿名組合員に諮問するという規定がおかれる。こうした事情からも匿名組合性の否認リスクは残っている。仮に匿名組合性が否認されると、民法上の任意組合に該当するとされ、そうなると、財産は営業者の帰属（商法536条1項）ではなく、全組合員の共有財産（民法668条。潜在的持分を有するにすぎない合有と解されている）だったということになり、セキュリティ・パッケージ[60]の前提が崩れるおそれが指摘されている。

なお、前述のとおり匿名組合出資（子ファンドが親ファンドを相手として匿名組合契約を締結すること）は、金融商品取引法上は有価証券（集団投資ス

59　伊藤眞『破産法・民事再生法〔第3版〕』（有斐閣、平成26年）282頁。破産手続開始前の当事者間の合意の効力を破産手続上で尊重しようとする趣旨である（23頁）。

60　セキュリティ・パッケージとは、担保権の設定やコベナンツ管理など、償還原資を確保するための保全行動を全般的に指していう。電力事業に関するファイナンススキームの場合、債権者のために、発・送電設備や運営機器など事業に不可欠な財産について各種担保権を設定する。たとえば遠隔操作装置などの機器については、全般的に、留置権・先取特権（民事・商事とも）の放棄および同時履行の抗弁権の放棄がなされる。一連のセキュリティ・パッケージは、アレンジャーが構築し、その対象範囲は広い。典型的には、①社員持分質権、②債権質権、③契約上の地位譲渡予約（すべての契約について、ローンを担保するために地位の譲渡、担保権の設定についてあらかじめ承諾）、④契約上の債権について劣後特約、⑤保険金請求権質権設定、⑥TK出資持分質権、⑦集合動産譲渡担保、⑧工場財団抵当権（地上権＋発電設備に係る動産）などの手段による保全がなされる。

212

キーム持分とかファンド持分と呼ばれる）に該当し、匿名組合の営業者である合同会社が、当該持分の発行者として取得申込みの勧誘を行う場合には、自己募集に該当し、原則として第二種金融商品取引業の登録が必要となる。SPCについてかかる登録を行うことは煩瑣であるため、通常は簡便法として、合同会社はかかる有価証券の自己募集（私募）は全く行わず[61]、第二種金融商品取引業である金融機関に当該取得勧誘を委託する。この場合、当該金融機関は匿名組合の私募取扱業者として機能する。

(7) もう1つの調達手段── PPP/PFI

(ア) 金銭債権の流動化と事業の流動化

　発電・送電事業に係る設備群を稼働させてキャッシュフローを生成するという観点で眺めると、インフラのファイナンススキームはプロジェクトファイナンスの色彩が強いことが特徴点として浮かび上がる。償還原資の確保のためには、キャッシュフローの確保が必要であるがそのためには、発電・送電設備を適切な稼働状態に維持したうえで事業を継続し、そのサービスの対価（ここでは売電の対価）が継続的に発生することが必要である。この点、通常の金銭債権の流動化案件、たとえば住宅ローンを引当てにした流動化案件では、すでに住宅ローンという金銭債権は発生しており、その回収を行うことに焦点があるのとは異なる。発生した金銭債権を回収するのみといってもさほど簡単ではなく、たとえば期中において回収担当する者が倒産した場合にはコミングリングリスクという債権の回収に特有の深刻な論点[62]に対処する必要があり、一定の信用補完を講じることが求められる。ただ、事業を引当てに資金調達をする場合は、債権の回収に特有の論点に加え、そもそもかかる金銭債権をいかに継続安定的に発生させることができるか、またかかる将来債権を引当てにしたスキームの信用補完その他のしくみについていかに潜在的投資家に説明責任を尽くせるかがポイントとなる。

(イ) 電力設備のPPP/PFI

　この点で、ここ数年で存在感を高めているのがPPP/PFI（Public Private

61　このようにすれば自己募集を行っているとは認められず、したがって第二種金融商品取引業の登録は不要である（前掲（注58）58頁）。

〔図表50〕 PPP/PFI の概念

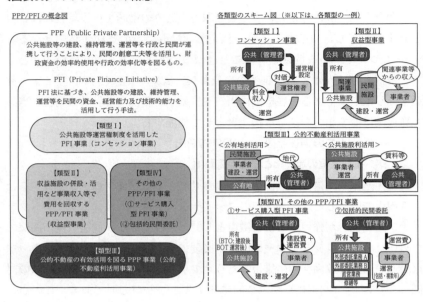

Partnership/Private Finance Initiative) という手法である（〔図表50〕[63]参照）。もっとも、国内では、上下水道での PPP/PFI の取組みはあるが、電力供給での取組みは小水力発電（群馬県東吾妻町の箱島湧水発電 PFI 株式会社。170kW）の例など限定的である。

(ウ) 海外の PPP/PFI 事例

一方、海外ではより大規模な電力設備を対象にした組成例がそれなりに存在し、大型のものとしてはチリの砂漠に広大な設備（700ha。東京ドーム約150個分[64]）を設置し、110MW の再生エネルギーを発電しているケースがある（Cerro Dominador Solar Power Plant[65]）。ちなみにこれは「太陽光」とはいわず「太陽熱」発電といわれる方式である。多数の反射板（太陽の動きを自動的に追跡する）をおいて集光器に熱エネルギーを集め、これを基に蒸気タービンで発電する（夜間は溶融塩（molten salt）による蓄熱効果を利用して蒸気タービンを稼働させるハイブリッド方式を採用）。USD 1.4 Billion ともいわれるコストは、ドイツ復興金融公庫（KfW：Kreditanstat fur

Ⅳ　発電事業のマネタイゼーションと自己信託

Wiederaufbau）、米州開発銀行（IADB：Inter-American Development Bank）などが長期のローンを実行している。

イスラエルの Negev Solar は、ネゲブ砂漠100ha に同様の太陽熱発電施設を導入するもので（121MW、資金調達は約 USD 773 million）、ヨーロッパ投資銀行（EIB：European Investment Bank）が USD 167 Million をローンで出資している。

海外民間投資公社（OPIC：Overseas Private Investment Corporation。米国の政府系ファンド）と国際金融公社（IFC：Overseas Private Investment Corporation。世界銀行グループのファンド）が出資するジャマイカの風力発電プロジェクト（36MW、資金調達は約 USD 90 million、うちシニアローン USD 52.7 million、メザニンローン USD 10.0 million、エクイティ USD 26.9 million）[66]は、ジャマイカの公共サービス機関との間で20年間にわたる売電

62　このようなスキームでは、信託の受託者は通常、裏付資産（金銭債権）からの元利金を回収する事務を委託者（オリジネータ）に委任する。これは、当該回収を、当該金銭債権を組成し管理してきた委託者に任せるのが通常最も合理的であるためであり、これをサービシング業務と呼び、受任者はサービサーと呼ぶ。サービサーは、回収元利金相当額の金銭を信託に給付する義務を負うが、仮にこのサービサーが破綻した場合、信託に回金されていない未交付の回収金（オリジネータの下で保有されている回収金）に関しては、所有と占有が一致する金銭の性質上（最判昭和39・1・24判時365号26頁）、受託者は当該未交付の回収金の実質的な所有者であるにもかかわらず、オリジネータに回収金引渡請求権を有する立場にすぎないという帰結になる。ここで破産手続が開始された場合には、当該回収金引渡請求権は破産債権の限度でしか満足を得られず、また、会社更生法が適用された場合には、当該回収金引渡請求権は更生債権として扱われることから、上記の信託スキームは、このままではオリジネータの信用力に牽連する（「ウィーク（weak）リンク」という）ことになる。回収金が、オリジネータの懐で他の資金・回収金と混蔵されてしまう状態を指して、コミングリングリスク（commingling risk）と呼ぶ。

63　内閣府民間資金等活用事業推進室「PFI の現状について」（平成29年6月）〈www8.cao.go.jp/pfi/pfi_jouhou/pfi_genjou/pdf/pfi_genjyou.pdf〉7頁。

64　東京ドームは約4.7ha。1 ha ＝ 1 万㎡。

65　Power Technology「Cerro Dominador Solar Power Plant, Atacama Desert」〈http://www.power-technology.com/projects/cerro-dominador-solar-power-plant-atacama-desert/〉。

215

第3章　発電事業改革と発電事業における信託活用

契約を締結し、収入を確保している。

(8)　小　括

　いずれにしても電力のファイナンススキームは、発電・送電事業が生み出すキャッシュフローを前提として構築されており、その意味では清算価値ではなく事業価値を念頭においている。太陽光発電に限ったものではないが、土地は地方の遊休地・休耕地・斜面である場合が多いなど、更地としてのバリューは相対的に低く、太陽光パネルも、技術革新とともに小型化・大容量化が進み、陳腐化しやすい。またセカンダリー市場も不在であることから、かかる不動産・設備の処分価値にはみるものは少なく、むしろこれらを利用して事業を継続させるためのストラクチャーの構築、たとえば、設備更新、オペレーターの信用力からの隔離、モニタリング、異例事態が発生した場合における協議・議決方法の規定など、事業継続（事業価値保全）のためのしくみの構築と、それを用いたキャッシュフローの創出がポイントである。

　また、前記(7)(ウ)でみたとおり、公的な国際金融機関が資金調達の一翼を担うことで資金調達を大型・安定化させている面があり、長期信用銀行、年金のほか、かかる政府系の資金運用機関を投資家として呼び込むことができるかが、この種のファイナンススキーム成功の鍵となる。この点、日本のスキームが特殊という指摘を受けた話は聞かない。もっとも、間接金融が充実している日本では銀行が資金の出し手となることが多く、このため相対的に投資期間の短い債券の発行が多くなる傾向にあり、機関投資家（年金、生保、財団などは、投資期間として長期から超長期を希望する先が多い）のニーズに合わせる工夫が必要である。この点については、超長期にリスクマネーが提供できる公的金融機関や前述のような長期資金の出し手にとって投資しやすい長期債の組成が望まれる。

66　OPIC「BMR Today Inaugurates Jamaica's Largest Private Sector Wind Farm」〈https://www.opic.gov/press-releases/2016/bmr-today-inaugurates-jamaica% E2% 80% 99s-largest-private-sector-wind-farm〉。

3　公共インフラファイナンス──長期安定維持のための要件とは

　以下では、長期的な資金調達スキームとして信託の活用を検討する。前記2までの議論で、資金調達スキームの安定性を確保するためのポイント──逆にいえばスキームを不安定化させるリスクファクターに対する信用補完の要件──がいくつか明らかになったと考えられる。その1つは、キャッシュフローを創出する資産を長期安定的に確保することである。この点はさらに、当該資産を活用する（機能どおりに作動させる）ために設備を維持することと、他の関係者からの権利行使（典型的には差押えなどの保全処分）を回避するための手立てを講じておくことに分けることができ、広義の担保化ともいえる。もう1つは、その資産を稼働させてキャッシュフローを創出するための継続的なオペレーション体制の確保であり、当初のオペレーターに信用事由が生じた場合でも代替のオペレーターが後継するなど、事業が中断しないしくみが講じられていることである。

　こうした要請に効率的に応える有力手段が信託である。

(1)　従来的調達手法から信託を用いた証券化まで

　本題に入る前に、他者からの権利行使の回避という視点から、以下で想定する事業の流動化・証券化取引の、従来的な借入れとの違いを概観してみよう。

　従来的な資金調達方法として真っ先に思い浮かぶのは金融機関からの借入れであろう。この場合、金融機関は、当該事業（またはそれを営む企業）に無担保または担保付で与信を行う。ただし、当該借入れのためには、貸し手において借り手の信用力（担保付与信の場合には、担保処分によるリカバリー勘案後の信用力）が十分であるとの結論に至らなければ与信されない。一方、貸し手の側では与信力、つまり与信審査をパスする企業に対し与信を実行する能力を有していることが必要で、多額の負債や不良債権で貸し手サイドのバランスシートが劣化しているような場合には、借り手の資金ニーズに対応できないケースが生じうる。この意味で金融機関からの借入は、借り手サイドから見ても貸し手サイドから見ても属人的な信用力に左右される性質を有

第3章　発電事業改革と発電事業における信託活用

する。

　資金調達の別法として、自らが保有する資産（または対象とする事業を営むために必要な資産群）を売却することで資金（売却代金）を取得する方法が考えられる。資金調達の手段として、市場性の乏しい資産を売却する方法を特に「流動化」と呼ぶことにしよう。流動化による場合、自ら保有する資産を売却するにすぎないので、与信を受ける場合のように貸し手の与信力に依存せざるを得ないといった状況からは一応脱却できる。しかし、資産を売却する以上、その買手（譲受人）を見つけて売却代金について折り合いをつけなければならないという、取引特有の煩雑さが伴う。国債など市場性のある資産を売却する場合は別として、土地や発電・送電設備群など個別性の強い資産について譲受人を自力で見つけることはそう簡単ではないであろう。また、資産に時価が存在する場合はまだしも、太陽パネルを設置している斜面のように時価が存在しない資産の場合には、対価について譲受人と値決めする必要がある。

⑵　発電・送電事業の証券化の発想

　このように、資産の単純な売却は、取引の個別性が大きく機動的な資金調達手段として定型化することが難しい。ここに信託を介在させ、財産を受益権化する意義が存在する[67]。個別性の強い資産そのものを取引の相手方（譲受人）に直に移転・支配させるという発想に代えて、当該資産の価値権[68]に対する対価の請求権に転換したうえで取引するという発想で、「財産権の債権化」と呼んでもよいであろう。さらに流動化スキームにおいて、出口で有価証券を発行すれば、投資が小口分散化されて市場性も高まることで資本市

67　ここでは日本で比較的多用されている信託スキームを念頭において整理する。この場合、資産を保有する企業は、委託者として当該資産を信託設定し、信託設定された資産（信託財産）の当初の受益者となる。なお、前述のとおり、信託を使用せず、特定目的会社（TMK）、合同会社（GK）、ケイマン SPC 等を譲受人をとする真正売買方式も存在する。この場合は、当該 TMK、GK、ケイマン SPC 等が社債を発行し、資産の買入代金を調達する。

68　不動産の場合は、当該物の利用権に対する対価の請求権に転換されるので、物権の債権化と呼ぶことができよう。

場から不特定多数の資金を集めることが容易となる（いわば「債権の動産化」）。これが「証券化」と呼ばれる技法である。信託スキームは、「証券化」と呼ばれる技法により、主として受益権を投資家に販売することで資金調達を達成するしくみである。

(3)　**投資家視点に立った金融商品であること**

証券化の発想が活かされるためには、さらに投資家からみた場合の投資の魅力も備えていなければならない。これまでのスキームは、（FIT 制度の恩恵が色濃く反映しているとはいえ）内部収益率（IRR）は10％前後と高く、かかる安定収益率を理由に金融機関としても与信の判断が容易である。もう１つの魅力は投資の分散効果が期待できる点である。すなわち、電力供給は景気動向に強く影響されるものではないため、βリスク（スキームのパフォーマンスがマーケットの景況にどの程度左右されるかを表す指標）が相対的に小さい。また、エネルギー関連投資はインフレとの相関が高く、インフレヘッジに有効である一方、一般的な株式・債券投資とは負の相関を示す傾向にあり、機関投資家の視点からすると分散投資に資する。このほかにも、税引き後[69]の投資収益率が投資条件に適合しているなど、投資家のニーズに適合させた組成が必要である。

4　自己信託──安定性と柔軟性

以上で整理された、ファイナンススキームを長期安定維持するための要件を踏まえ、かかる要件を満たす自己信託のスキームについて機能面を中心に概観してみよう。

69　本件のような信託は、法人税法12条１項本文（「信託の受益者（受益者としての権利を現に有する者に限る。）は当該信託の信託財産に属する資産及び負債を有するものとみなし、かつ、当該信託財産に帰せられる収益及び費用は、当該受益者の収益及び費用とみなして、この法律の規定を適用する」）に基づき、受益者に課税され、本文信託と呼ばれる（所得税法13条１項本文も同旨。金子宏『租税法［第22版］』（弘文堂、平成29年）175頁。

第3章　発電事業改革と発電事業における信託活用

⑴　自己信託の効用とは

㋐　自己信託の視点

自己信託（信託法[70]3条3号）は、平成20年10月に適用が開始された[71]。ここでは自己信託を活用した事業の信託について整理し、あたかも特定の事業を裏付資産とするかにみえる信託スキームについて考察する。事業の信託の主な視点としては、①将来の事業継続性と予測可能性の確保、②不法行為リスクに係る債務その他の債務引受時において想定外だった債務への対応、③資金調達スキームとしての合理性と継続性の維持（倒産隔離の視点）、④委託者の固有財産に対する既存債権者（事業の信託前に債権者となった者に限る。たとえば、既存レンダーや物件の賃貸人などが想定されるが、このほかにも、不法行為の債権者、事前協議を要する労働組合など多岐にわたる）との利害調整等があげられる。

㋑　許認可の視点

自己信託について筆者が着目するもう1つの特徴は、自己信託による場合、委託者＝受託者なので、許認可の変更手続（現許認可の返納、新許認可の申請・取得）が発生しないことである。これはインフラファイナンスを構築するに際して期中に無許可の期間が生じない点で大きなメリットといえる。

特に電力事業は許認可の必要な事業である。一般送・配電事業者に該当する場合は許可が必要となる（電気事業法3条）。そこでスキームの組成に際して、また、期中において許認可手続ができるだけ生じないようなつくりが望まれる[72]ところ、自己信託を利用した事業信託では、許認可の対象法人が委託者兼受託者で不変というメリットを享受できる。

70　ここでは、平成19年9月に施行された信託法（平成18年法律第108号）を「信託法」と呼び、改正前の信託法（大正11年法律第62号）を「旧信託法」と呼ぶこととする。

71　信託法附則2項。

72　スキームの期中で許認可を更新する必要が生じた場合、その取得にはある程度の時間を要すると見込まれるが、かかる許認可の手続が生じてしまうと、信託スキームにおけるタイムリーペイメントの要請を満たすことが難しくなる。

(2) 自己信託における事業のバランスシート序論

㋐ バランスシートを議論する意義

旧信託法では信託財産を財産権に限定していたが、現信託法は積極財産でさえあれば信託財産となりうることとなり、金銭債権、将来債権の流動化はもちろん、事業の証券化も容易になったと考えられる。また、信託法では、第三者（たとえば信託会社等）が、かかる裏付資産を委託者から信託財産として受託する際、当該信託の信託行為の定めに基づき、委託者の負担する債務を、民法の一般原則に従った債務引受けの方法により受託者が引き受けることができる[73]旨、条文上明らかとなった（信託法21条1項3号等）。

一般に、事業の遂行に際しては、資産（積極財産）と負債（消極財産）を統合管理する必要があるところ、ある特定の事業に関し委託者が有する積極財産を信託財産として受託し、同時に消極財産を受託者が債務引受け[74]すれば、あたかも資産と負債の集合体である「当該事業自体を信託したのと同様の状態を作出することが可能となる」[75]。これがいわゆる「事業の信託」と呼ばれるものである。

なお、事業の信託スキームを、自己信託を活用して組成する場合、委託者と受託者とは同一法人（発電会社または送電会社）であるため、当該事業について委託者が負担する債務を受託者（＝委託者）が債務引受けするという行為を観念することはできないと考えられる。つまり、自己信託を利用する事業証券化において、関連する消極財産を信託スキームに引き込むためには、信託行為で「信託前に生じた委託者に対する債権であって、当該債権に係る債務を信託財産責任負担債務とする旨」（信託法21条1項3号）を定める方法

73　具体的には、「信託前に生じた委託者に対する債権であって、当該債権に係る債務を信託財産責任負担債務とする旨」（信託法21条1項3号）を信託行為で規定する。これにより、関連する負債（消極財産）は受託者が債務引受けし、信託財産責任負担債務とする。

74　信託法においても、信託の対象となる財産は積極財産に限られ、消極財産自体は信託財産に含まれるものではない（寺本昌広『逐条解説新しい信託法〔補訂版〕』（商事法務、平成20年）88頁注2参照）。

75　寺本・前掲（注74）84頁参照。

第3章　発電事業改革と発電事業における信託活用

により、債務引受けと類似する効果を実現することになると考えられる。いずれにしても、前述のとおり、事業の信託スキームは、正確には信託設定と債務引受け（または債務引受けと類似する信託行為）とで構成されるが、以下では便宜上、単に「事業の信託」ということにする。

　自己信託を用いて事業の証券化を行う場合の特徴は、スキームに係る負債（受益権やABLなど）の償還原資を、将来の売電収入（または電力事業に関する将来の事業価値）で確保するという点で収益弁済型のスキームである点があげられる。キャッシュフローの予測と安定がスキームの長期的な安定性に直結する点は前述のとおりである。

　　(イ)　バランスシートの構造

　整理に先立ち、事業証券化の信託スキームにおける負債構造を概観する。発電・送電事業を念頭においた信託スキームの財産状況をイメージすると、〔図表51〕のようである。

　すなわち、事業証券化の信託スキームの場合、資産サイドには当該事業の積極財産（現金準備勘定等の信用補完措置に係る勘定項目を含む）が計上される。

〔図表51〕　信託財産の状況（バランスシートのイメージ）

資　産	負　債	
〔事業に係る積極財産〕	〔事業に係る消極財産〕	〔信託スキームに係る負債〕
売電債権（既発生債権） 売電債権（将来債権） 土地（発電施設） 建物（発電施設）	信託財産責任負担債務 （信託法第21条1項3号 等）	優先受益権 シニアローン
土地（送電施設） 建物（送電施設） その他関連器械備品 各種賃借権	信託後に生じる消極財産 （信託法第21条1項5号 等）　　　　　　セラー受益権	メザニン受益権 メザニンローン
その他（貯蔵品等） 現金準備勘定 エスクロー勘定		劣後受益権

222

これに見合う負債サイドは、大別すると①信託スキームに係る負債（資金調達を行う部分）および②当該事業に係る消極財産とに大別される。以下で議論する負債構造のうち、信託財産限定責任負担債務は①に係る負債の議論であり、信託財産責任負担債務は②に係る負債についての議論と位置づけることができる。以下、資産（信託財産）、負債の順にみていく。

(3) 自己信託の資産構造をみる──信託財産の内容

(ア) 「電気が使用できること」とは

信託財産は何かを問う前に、キャッシュフローの源泉は何かを問う必要がある。電力会社からの請求書をみると、それは電気が使用できること（電気使用量）に対する対価であると表示されているが、それでは「電気が使用できること」とは具体的にはどういうことであろうか。

電力先物の市場[76]が存在することから、電力も上水やガスと同様、取引の客体となりうる点は疑いがない。しかし、電力は上水やガスに比べると使用の態様（消費のされ方）と供給のされ方が全く異なる。上水やガスの場合は、その上水を使って料理をしたり、そのガスを燃焼させて湯を沸かしたりといった使われ方をし、まさに配管を通して消費者に届けられる上水やガスそのものが消費され、消費者はその消費量に応じて水道料やガス料金がチャージされるというごく単純な取引構造となっている。

ところが、電力の場合、配線を通して消費者に届けられるのはあえていえば電子であるが、消費者は電子を消費しているわけではない。電流が流れていること自体は現象にすぎず、実際その流速は水道やガスの流速に比べ想像以上に遅い[77]。この点が、消費の客体が直接流れてくる上水やガスとの大きな違いである。

配線中の電子の流れを「電流」ということにする[78]。電流が電燈の中を流れると電燈が点灯しその電燈の両端で電圧が降下する（オームの法則）。電流が流れ続ける（電気が使用できる）ためにはこの電圧降下を回復させる電源（起電力）が必要であり、これが発電である。このようにみると、発電・送

76　経済産業省 HP「電力先物市場協議会の報告書を取りまとめました」〈http://www.meti.go.jp/press/2015/07/20150706002/20150706002.html〉。

第3章　発電事業改革と発電事業における信託活用

電事業は、電流の通り道としての送電網を整備したうえで、発電により上記の電圧降下を維持することといえそう[79]であり、発電・送電事業者におけるこうした作為義務の継続的な履践が「電気が使用できること」の内容であると考えられる。電気料金は、発電会社における電圧をかけ続けるという役務に対する対価および送電網を維持することに対する対価、などのとらえ方がわかりよい。そして、単純化の嫌いはあるが、受給一致の原則（定常状態では、電圧降下と起電力は等しくなければならない）や、貯蔵の困難性（電圧降下の維持のために電流は流れ続けなければならない）も上記のような考え方で一応説明できそうである。このように考えると、結局、発電・送電事業は、それぞれを分離独立して議論することにはあまり意味はなく、両者が一体となって発電・送電の各オペレーションを安定稼働させることに意味があるととらえられる。ここから発電・送電事業の一体的信託という発想が出てくる。

　以上から、信託財産の対象となる客体は、発電設備、送電設備といった個々の設備または機材ではなく、発電・送電に係る連繋した設備群、並びにそれを運営する人的管理態勢、売掛債権（売電債権など）を含む有機的な統合体（システム）を対象とし、さらに作為義務の内容として電位差を継続安

77　断面積1㎟の銅線内を1Aの電流が流れるときの電子の平均移動速度をオームの法則などを用いて計算すると、時速約27㎝と計算され（電子論的アプローチ）、想像以上に遅い（砂川重信『電磁気学』（培風館、平成元年）71頁）。さらに、ここで扱う発電事業は一般には交流閉回路を前提とする。この場合、オームの法則は、「閉回路内の起電力の代数和は電圧降下の代数和に等しい」というキルヒホッフの法則に、電圧降下をもたらす抵抗はインピーダンスという物理量に、それぞれ一般化される。電子論的アプローチでは、交流起電力の変化に伴い、電子はその場で振動するイメージに近い。

78　講学上は、金属導線中で正電荷が流れることを電流といい、単位A（アンペア＝導線の断面を毎秒通過する電荷量）で表す。電流の方向は当該正電荷が流れる方向と定義されているが、実際には金属導線中を流れるのは負の電荷をもつ電子であるため、電流の方向は実体としての電子の流れとは逆方向になる点に留意されたい。

79　電燈が点灯する際の電圧降下という現象は、電源が原子力発電でも太陽光発電でも変わらない。したがって、たとえば原子力発電を排除して太陽光発電からの電力だけを使用したいという要望は、送電網から原子力発電を完全に分離しない限り、実現できない。

定的に維持し続ける（電力が不足する場合には急場を凌ぐために他の電力システ
ム系から工面することを含む）体制と考えられる。この考え方は、事業を証券
化する場合にとどまらず、当該事業体に係る持分（株主議決権）の信託化の
ケースや、小規模アセットのスキーム（たとえば地域分散された地産地消型の
屋根借り太陽光発電事業などのスキーム）などにもあてはまる基本的視点とい
える。

(イ)　信託財産の範囲はどこか

　以上から、本件の事業証券化の自己信託の信託財産は、電力システムとし
ての発電・送電設備に係る土地・建物、各種の賃借権（もしあれば）および
売電債権の三種類に大別されると考えられる。平成17年制定の会社法で規定
される会社分割では、事業自体ではなく「事業に関して有する権利義務の全
部又は一部」（同法757条）が会社分割の対象とされ、いわゆる有機的一体
性[80]等は不要となった[81]とされる。この点を踏まえ、自己信託の設定に際し
ても、信託の対象を発電・送電事業に関して有する権利義務の一部、すなわ
ち、効果的な発電・送電事業運営に必要となる有形資産（土地・建物および
各種設備）および売電債権ととらえて整理することでよいと考えられる。以
下、順に概観する。

(ウ)　発電・送電設備に係る土地・建物を信託設定する

　委託者たる発電・送電事業者が発電・送電設備に係る土地・建物を所有し
ている場合は、当該所有権を自己信託の信託財産として確保することが適当
と考えられる。自己信託は「譲渡」行為を伴わないため、自己信託された土
地・建物については、従来の典型的不動産証券化で見られるようなセール・
アンド・リースバックのような法律関係は生じない[82]。また、自己信託によ
り委託者および受託者（同一法人）の間で当該土地・建物について賃貸借契

80　事業は、「一定の営業目的のため組織化され、有機的一体として機能する財産」（最判
　　昭和40・9・22民集19巻6号1600頁参照）と理解される。なお、神田秀樹『会社法〔第
　　20版〕』（弘文堂、平成30年）348頁以下参照。
81　神田・前掲（注80）378頁以下参照。
82　なお念のため、本件のような自己信託では、委託者が受託者（＝委託者）から事業そ
　　のものをリースバックするという法律関係（会社法467条1項4号参照）も生じない。

第3章　発電事業改革と発電事業における信託活用

約を新たに締結することもしないため、自己信託・アンド・リースバックという法律関係も生じないであろう。委託者は、自己信託以降も、従前どおり当該土地・建物を使用し、発電・送電事業を遂行する（ただし、当該土地・建物の使用や発電・送電設備に係る事業の遂行に際しては、以降、自己信託の受託者としての責務を負う）こととなる。

なお、土地・建物の自己信託については、受託者が単独で信託による権利の変更の登記を申請し、信託の公示（信託法14条）を具備することが必要であり（不動産登記法97条・98条3項）、これにより受託者としての分別管理義務が果たされることになる（信託法34条1項1号）。

㋑　各種の賃借権も対象にする

委託者たる発電・送電事業者は、発電・送電関連機材などの物件をリースしている場合があり、また、場合によっては発電・送電設備に係る土地・建物の全部または一部を賃借している場合もありうる。発電・送電事業の証券化に際しては、当該事業の遂行に必要となるこれらの賃借権[83]についても、自己信託により信託財産とする必要があると考えられる。この場合には、自己信託は、会社分割と異なり包括的な承継ではないことなどを勘案すると、物件のレッサーや土地・建物の賃貸人（地権者等）には、あらかじめ本件事業証券化にかかる自己信託について事前説明のうえ、承諾を得る[84]ことが妥当なケースがあると思われる。

一般論としては、発電・送電事業の土地・建物に係る賃借権を自己信託した後も、引き続き委託者たる発電・送電事業者が従前どおり当該土地・建物を使用・収益するので、「第三者に賃借物の使用又は収益をさせたとき」（民法612条2項）には該当せず、したがって、自己信託という信託行為のみによっては、当該賃借権の無断譲渡および転貸に類似するような法律問題は生じない（よって、上記のような事前説明も本来要しない）ものと思われる。もっとも、当該信託スキームの期中に委託者に信用イベントが生じた場合におけ

83　敷金返還請求権など、賃貸借契約に付随する債権も自己信託の対象になると考えられる。

84　この承諾は、事前でも事後でもよいとされる。

る信託スキーム上のメインシナリオが、当該発電・送電事業の他の発電・送電事業者への承継（オペレーターチェンジ）を想定している場合には、その段階で賃借権の譲渡が発生しうるため、メインシナリオを踏まえた説明を事前に行うことには一定の合理性が認められるとともに、公共インフラとしてのアカウンタビリティにも資する。

　なお、物件をリースしている場合、リース契約の約定いかんによってはレッサーの合意が適時に得られない場合も想定され、その場合は当該物件を残存価格で買い取るなどの調整が必要となる可能性がある。この場合において、買取りに必要な資金が委託者の手許にないときは、信託スキームにおいて調達額に加算する必要があろう。

㋔ 将来債権を確保する

　売電債権は、債務者が電力会社であり、買取制限といった事情を別にすると、債務者の信用力は相応に高い。また、自己信託の設定時点において既発生の売電債権（すでに売電行為が完了したものに係る売電債権）のほか、自己信託の設定時点以降において将来発生する売電債権も含まれる。将来発生する売電債権に関しては具体的に先々何年分の将来債権を含める必要があるかが検討のポイントとなるが、これは事業証券化によって調達したい資金の額と先行きの収益見込み（電力需要）によって決まるものと考えられる。

　将来債権の「自己信託」については、その有効性が問題視された前例は存在しない。一方、将来債権の「譲渡」に関しては、先々何年分の将来債権の譲渡が有効なのかをめぐって争われた事案が存在する。その判例[85]は、「将来の一定期間内に発生し、又は弁済期が到来すべき幾つかの債権を譲渡の目的とする場合には、適宜の方法により右期間の始期と終期を明確にするなどして譲渡の目的とされる債権が特定されるべき」としたうえで、8年超の将来債権をあらかじめ譲渡することを有効としている。

　自己信託は「譲渡」行為ではないため、この判例がそのままあてはまるものではないと考えられる。しかし、自己信託も「物権の得喪及び変更」（民法177条）でいう「変更」の一種と考えられ、この結果、自己信託によって

85　最判平成11・1・29民集53巻1号151頁。

第3章　発電事業改革と発電事業における信託活用

「第三者にも対抗可能な法律効果が発生し」、「対抗問題が生じ」る、と考えられている[86]ことも勘案すると、先々何年分の将来債権を自己信託の対象とできるかについては、この判例を意識しつつ検討する必要があるように思われる。この点、売電債権は、一般的な経済活動に不可欠な要素であり、発電・送電事業が継続する限り、「債権発生の可能性の程度」（同判例中、理由三（一））は非常に高いと考えることができる。また、その債務者も売電の相手方である電力会社または非常に分散された最終消費者で回収可能性は高いことから、将来において発生した債権について債務者の不履行による回収不能（または遅延）は、一定の信用補完を講じることによって合理的に吸収することができると考えられる。よって、私見ながら、かかる売電債権については、8年を超える期間に係る将来債権を対象とした場合であっても自己信託は有効であると考えられる。

　なお、自己信託は譲渡行為ではないため、売電債権の自己信託について、動産及び債権の譲渡の対抗要件に関する民法の特例等に関する法律に基づき第三者対抗要件を具備すること（登記原因を信託とする債権譲渡登記）はできない[87]。

(4)　自己信託の負債構造をみる

(ア)　信託財産限定責任負担債務とは

　ファイナンススキームの投資家は、本件が事業収益のみからなる投資スキームと理解して資金を拠出する。この場合、償還原資はあらかじめ目論見書で記載された財産から創出されるキャッシュフローのみを引当てにしている「信託財産限定責任負担債務」（信託法154条）と呼ぶことができる種類の

86　浅田隆ほか「（座談会）銀行から見た新たな信託法制」金法1810号41頁。

87　動産及び債権の譲渡の対抗要件に関する民法の特例等に関する法律上の債権譲渡登記には、そもそも信託の登記という類型は存在しない。ただし、従前同様、登記原因欄に信託と記載することは可能である。しかし、この記載が信託法14条に規定する対抗要件（信託の公示）となるわけではない。債権は、「登記又は登録をしなければ権利の得喪及び変更を第三者に対抗することができない財産」（同条）には該当しないためである。債権は、信託の公示なしに、信託財産であることを善意の第三者にも対抗しうるものと解され、信託法もこの見解に拠っている（寺本・前掲（注74）71頁注2）。

負債である。優先受益権等の受益債権については、法律上当然に信託財産に属する財産のみをもってその履行の責任を負うこととなり（同法21条2項1号）、信託勘定借入れ（ABL：Asset Backed Loan）についても、従来の流動化・証券化案件と同様、「信託財産に属する財産のみをもってその履行の責任を負う旨の合意」（同項4号。いわゆる責任財産限定特約）が付され、責任範囲が信託財産に限定される。受益証券発行信託（有価証券化）は、SPC法における特定目的信託の制度によらず、信託法に準拠して資産の流動化を目的とする信託を設定して受益権に対する投資を募る場合等において、流通性を強化する目的で発行される[88]。また、信託社債は、信託受益権は投資対象外だが社債であれば投資可能という投資家向けの金融商品で、信託の受託者が信託財産のために発行する社債[89]である（会社法施行規則2条3項17号）。

(イ) 負債構造のポイント──信託財産責任負担債務とは

自己信託を利用する事業証券化では、「信託前に生じた委託者に対する債権であって、当該債権に係る債務を信託財産責任負担債務とする旨」（信託法21条1項3号）を信託行為で定める方法により、事業に係る消極財産（事業の負債）を信託スキームに引き込むことになると考えられる。ここでは、事業に係る消極財産を、信託財産責任負担債務の観点から整理する。このように、負債の種類によっては責任財産の範囲に差異が生じうるため留意が必要である（当該差異につき〔**図表52**〕参照）。なお、責任財産の限定に関しては、前記(ア)のように責任財産限定特約を個別的に締結する方法のほか、信託法は、限定責任信託の制度（同法216条以下）を導入し、受託者の個人的責任を定型的に遮断し責任財産を信託財産に限定する機能も提供している。今後、当該制度の利用について検討が活発化すると思われるが、ここでは①信託財産限定責任負担債務と②信託財産責任負担債務が混在するケースを前提とし、以下では②を対象に検討する。

88　寺本・前掲（注74）386頁。
89　責任財産は発行者である受託者の固有財産を引当てにすることも可能であるが、信託財産に限定するのが通常である。なお、販売は証券会社が行う。

第3章　発電事業改革と発電事業における信託活用

〔図表52〕　債務の名称と責任の範囲

債務の名称等（信託法上の関係条文）	責任の範囲	受託者の固有財産	信託財産
固有財産等責任負担債務（22条かっこ書）	固有財産または他の信託の信託財産に属する財産のみをもって履行する責任を負う	○	×
信託財産責任負担債務（2条9項・21条1項・50条1項〔代位〕）	ある債務があって、それが信託財産に属する財産をもって履行する責任を負う	○	○
すべての受益債権（2条7項・21条2項1号・100条〔物的有限責任〕）	信託財産に属する財産のみをもって履行する責任を負う	×	○
信託財産限定責任負担債務（154条かっこ書）	ある信託財産責任負担債務があって、それが信託財産に属する財産のみをもって履行する責任を負う	×	○
責任財産限定特約（21条2項4号・22条3項）	ある信託財産責任負担債務があって、それが信託債権であって、信託財産に属する財産のみをもって履行する責任を負う旨の合意がある場合に責任を負う	×	○
信託清算時の残余財産の給付に係る債権（183条5項・100条）	信託財産に属する財産のみをもって履行する責任を負う	×	○
限定責任信託（2条12項・216条1項）	すべての信託財産責任負担債務が、信託財産に属する財産のみをもって履行する責任を負う	×	○
21条2項3号に係る信託債権（21条2項3号）	信託財産に属する財産のみをもって履行する責任を負う	×	○
上記以外のもの（信託の原則）	受託者の個人的無限責任	○	○

〔図表53〕　不法行為と責任財産

不法行為の類型（民法）	受託者の帰責性	信託財産責任負担の根拠条文（信託法）	不法行為の損害賠償に係る責任財産の範囲	
			受託者の固有財産	信託財産
一般の不法行為（709条）	あり	受託者が信託事務を処理するについてした不法行為によって生じた権利（21条1項8号）	○（217条1項かっこ書）	○
使用者責任（報償責任。715条）	あり			○
土地工作物等の占有者責任（危険責任。717条）	あり			○
土地工作物等の所有者責任（報償責任。717条ただし書）	なし（無過失責任）	信託事務の処理について生じた権利（21条1項9号）	×（217条1項）	○

230

（ウ）　偶発債務をどう抑えるか

　事業の証券化では、信託スキームにおいて生身の事業（ここでは発電・送電事業）を遂行する。このため、当該事業の遂行の際に発生しうる事故に係る予測しがたい不法行為リスク（不法行為に関連する法的責任）を信託スキームから完全に排除することはできないと考えられる（〔**図表53**〕参照）。

　さらに、自己信託の設定前に生じた不法行為責任を、自己信託を設定することで遮断する（信託スキームに責任が及ばないようにする）ことや、不法行為の損害賠償の債権者（発電・送電事業に起因して生じた事故の被害者など）に対して、責任財産の限定[90]やノン・ペティションの合意を取得することも、通常できないと考えられる。このため、自己信託の設定後に証券化された事業に伴い生じた不法行為責任はもとより、自己信託の設定前の事業運営に伴い生じた不法行為責任への対応をどう整理するかという論点が浮上するように思われる。また、不法行為責任は、不法行為の損害賠償について履行を強制される時期および金額を予測することが難しい。このため、自己信託のスキームにおいて不法行為リスクに対する信用補完をいかに講じるかという論点も浮上する。

　まず、信託スキームの期中において生じうる不法行為は、明文規定により信託財産責任負担債務となる（帰責事由の存することが責任発生事由とされ、または、帰責事由の存しないことが免責要件とされている不法行為の場合は信託法21条1項8号、それ以外は同項9号で規律されると考えられる）[91]ため、この部分についてはエスクロー勘定等での信用補完がポイントになると考えられ

90　ここでの「責任財産の限定」は、不法行為の責任財産を自己信託の受託者（＝自己信託の委託者）の固有財産に限定するという意味で用いている。自己信託の受託者自身が不法行為の要件を充足している以上、受託者がその固有財産をもって不法行為責任を負うことについて異論はないであろう（寺本・前掲（注74）86頁参照）。しかし、事業証券化の自己信託では、重要な財産の大半が信託財産として設定されるため、不法行為の責任の引当を受託者の固有財産に限定してしまうと、救済に必要な財産が十分確保できず、債権者（不法行為の被害者）にとって甚だ不合理な結果となることが容易に予想される。救済を実質的なものとする観点から、信託財産への追求の途が確保されなければならないという論点が浮上すると考えられる。

91　寺本・前掲（注74）86頁以下参照。

第3章　発電事業改革と発電事業における信託活用

〔図表54〕　信託財産責任負担債務と責任財産

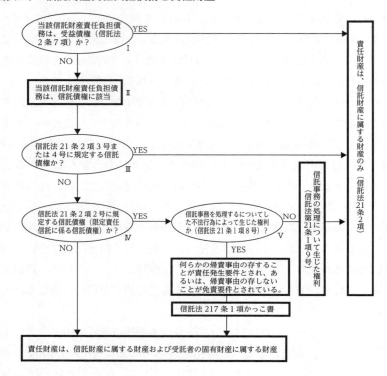

る。

信託財産責任負担債務と引当てとなる責任財産との関係を整理すると、〔図表54〕のようである。

〔図表54〕に即して自己信託の設定後に生じた不法行為責任をみると、不法行為に関連して発生する損害賠償債務はⅠの受益債権（信託法2条7項）

92　〔図表54〕においてⅠの分岐を設けたのは、信託債権責任負担債務のうち、受益債権を除いたものを「信託債権」として定義（信託法21条2項2号）していることを意識したものである。

93　限定責任信託については、現在も実務面でのフィージビリティスタディーが継続中である。事業証券化のスキームでの使用例は本書執筆段階では確認できていない。

Ⅳ　発電事業のマネタイゼーションと自己信託

でないことは明らか[92]なので、Ⅱにいう信託債権に該当する。Ⅲは、当該信託債権が法定の責任財産限定信託債権（同法21条2項3号）または特約により責任財産限定がなされた信託債権（同項4号）に該当するか否かを確認するステップであるが、一般に不法行為に係る信託債権は、責任を意図的に限定するといった発想とは相容れないため、いずれにも該当せず次のⅣに進む。

　Ⅳは限定責任信託[93]を用いるか否かによる分岐である。これを利用しない場合には、信託財産に属する財産および受託者の固有財産に属する財産がともに当該信託債権の責任財産となる。一方、限定責任信託を用いた場合、不法行為の要件として何らかの帰責事由の存することが責任発生要件とされ、または帰責事由の存しないことが免責要件とされているような場合には、信託財産に属する財産および受託者の固有財産に属する財産がともに当該信託債権の責任財産となる。たとえば、自己信託の設定後に生じた不法行為責任として発電設備における事故を原因とする場合を考えると、Ⅴにおいて、何らかの帰責事由の存することが責任発生要件とされる不法行為に分類されるので、限定責任信託という制度によった場合であっても、信託財産および受託者の固有財産に属する財産がともに当該信託債権の責任財産になると考えられる。一方、不法行為責任の類型が発電・送電設備等土地の工作物の所有者であることにより負担する民法717条1項ただし書に規定するような二次的な責任である場合には、これに係る債権は「信託事務の処理について生じた権利」（信託法21条1項9号）に該当し、信託財産のみが引当てになる[94]と考えられる。

　自己信託の設定前に生じた不法行為責任についてもほぼ同様の流れになると考えられる。自己信託の設定前に生じた不法行為責任に関して留意が必要

94　責任財産が信託財産に限定されてしまう点、救済のあり方として不十分ではないかとの疑問が生じうるかもしれないが、「もともと第二次的な所有者に対する責任というのは、それがいわば物自体から生ずる責任だというようにもともとの責任の性質として考えられるわけでございますので、それは、物が信託をされて、その物として存在している限りにおいて、その物の範囲で責任を負うというのは全くおかしいことではない」と説明されている（平成18年11月10日付け第165回臨時国会衆議院法務委員会9号審議録）。

233

第3章　発電事業改革と発電事業における信託活用

なのは、信託法が「信託財産に属する財産について信託前の原因によって生じた権利」（同法21条1項2号）が信託財産責任負担債務となるとも規定している点である。当該規定により、たとえば信託スキームの組成前に生じた過去の発電・送電事業に係る事故などで、信託スキームの組成時には存在が認識できなかったものの、信託スキームの期中において委託者の不法行為責任が明らかとなったものについては、同号の文言（「信託前の原因によって生じた権利」）が柔軟に解釈されることで信託財産責任負担債務とされる可能性があるのではないかと懸念される。いずれにしても、信託財産責任負担債務として位置づけられた場合には、自己信託の設定後に生じた不法行為責任とほぼ同様に処理されることになり、信託財産が責任財産の対象となる余地がある。こうした懸念を踏まえ、信託スキームの組成に際しては、十分な悉皆的調査によって自己信託の設定前に生じた不法行為責任の特定と処理を行うとともに、スキームサイドでもエスクロー勘定を厚めに設定し、当該勘定からの委託者への期中の資金還流を不法行為責任の発現状況を基にコントロールするなどの信用補完を講じる必要があると考えられる。

5　倒産隔離のしくみを考える

　申立権者である委託者、受託者および受益者について、申立権の不行使に関する特約（ノン・ペティション条項）を締結することで申立権の行使自体を回避することが適当と考えられる。当該特約は、いわゆる不起訴の合意に準じるものとしてその効力を認めることができるものと考えられている。以下、主体別に概観する。

(1)　受託者の倒産事由からの隔離

　信託法は、信託の終了事由の一つとして、いわゆる双方未履行双務契約の解除の規定による信託契約の解除を定める（同法163条8号）。そして信託契約が解除された場合、将来に向かって信託の終了の効果が発生し、信託の清算の手続（同法175条）に移行する[95]。前述のとおり、自己信託はいわば単独行為に準ずるものととらえることができる点で「契約」ではないと考えられ

95　寺本・前掲（注74）364頁注11・359頁注1・360頁注2。

234

るため、いわゆる双方未履行双務契約に関する上記規定の適用は、自己信託では勘案する必要がないようにも思われる。しかし、信託財産が独立性（同法25条）を有する点を踏まえると、自己信託の委託者（＝受託者）に信用事由が発生した場合には、その時点で固有財産と信託財産との間で財産の帰属をめぐり一種の緊張関係が発現しうるようにも思われ、双方未履行双務「契約」性が直ちに浮上するものではないとは理解できるものの、「契約」的な法律関係が争点となるように思われる。こうした観点から、自己信託の終了に関しては、双方未履行双務契約性についても若干の配慮が必要かもしれない。具体的には、双方未履行双務契約性を回避するために、自己信託に係る委託者（＝受託者）の権利・義務については極力これを残さないつくりとし（同法145条1項参照）、仮に当該権利・義務を残す場合には、委託者（＝受託者）に信用事由が発生したことを解除条件として当該権利・義務が消滅するようなつくりにしておくことが無難と思われる。

(2) **受益者の倒産事由からの隔離**

自己信託の受託者の破産手続と自己信託に係る任務の終了については、区別して整理することがポイントである。一般に、ノン・ペティション条項の手当て等により信託自体が終了しないつくりに仕立てたとしても、自己信託の受託者としての任務が終了しないかどうかは、別問題として検討する必要がある。本設例では、それなりに規模の大きい発電・送電設備で再生シナリオ（委託者たる発電・送電事業者が万一経営破綻した場合には、民事再生手続が適用されるというシナリオ）がメインシナリオとして描けるような発電・送電事業者を念頭においている。このような再生シナリオの場合、受託者の任務は終了しないことにして（信託法56条5項）、信託スキームを続行させることができる。こうした前提を踏まえ、設例のような信託スキームでは、事業の継続性についてモニタリングを徹底するとともに、必要に応じてアドバイザリーの介入やオペレーターチェンジの手続を前倒しで起動できるように手当てし、再生シナリオの維持に努める必要がある。また、委託者たる発電・送電事業者が不芳事業を兼業しているような場合には、不芳事業の収益を補う公的保証[96]がある場合は格別、自己信託の期中における受託者破産の蓋然性を可及的に小さくする観点から、信託スキームを構築する段階で当該不芳な

235

第3章　発電事業改革と発電事業における信託活用

ノンコア事業を売却するか清算することが望ましい。

(3)　委託者の倒産事由からの隔離

旧信託法の下では、受益者側（ここでは、劣後受益権を保有する委託者を念頭においている）の事情によって信託が終了してしまう可能性（いわゆる旧信託法58条[97]リスク）が指摘されていた。そこで、同条の解除命令による終了リスクを回避する目的で、技巧的ではあるが名目的な受益権を組成し、それを、劣後受益権を保有する委託者とは別の第三者（たとえば受益権保有目的のSPC等）にわざわざ保有させることで受益者を複数化し、旧信託法58条に該当しない状態をつくるなどの手立てがなされていた。信託法改正の議論の中でかかる旧信託法58条リスクが広く認識された結果、信託法では、旧信託法58条の「受益者又ハ利害関係人」を改め、申立権者を「委託者、受託者又は受益者」（信託法165条1項）に限定するとともに、申立ての要件を明確化することにより、解除命令による終了リスクの回避を図っている。具体的には、裁判所による解除命令の要件を、「信託行為の当時予見することのできなかった特別の事情により、信託を終了することが信託の目的及び信託財産の状況その他の事情に照らして受益者の利益に適合するに至ったことが明らかであるとき」（同項）と規定し、これによりたとえばABLレンダーのような利害関係人が存在する場合には、信託の解除は大抵の場合その利害関係人に大きな不利益を生じさせる[98]ので、「信託の目的及び信託財産の状況その他の事情に照らして受益者の利益に適合するに至ったことが明らか」という要件には該当しないという解釈が容易になったと考えられる。これに対応して、自己信託の設定に際しては、公正証書において委託者（オリジネータ）の倒産は「信託行為の当時予見することのできなかった特別の事情」には該当しない旨の確認的規定を設けるとともに、信託目的を規定する際も、「本

96　かかる公的保証は、公的インフラを維持継続させるために必要なケースがある。

97　旧信託法58条（「受益者カ信託利益ノ全部ヲ享受スル場合ニ於テ信託財産ヲ以テスルニ非サレハ其ノ債務ヲ完済スルコト能ハサルトキ其ノ他已ムコトヲ得サル事由アルトキハ裁判所ハ受益者又ハ利害関係人ノ請求ニ因リ信託ノ解除ヲ命スルコトヲ得」）。

98　寺本・前掲（注74）368頁注2。

236

〔図表55〕 信託の終了事由とその歯止め

信託の主な終了事由（信託法163条）	自己信託を終了させないためのスキーム上での対応
受託者が欠けた場合であって、新受託者が就任しない状態が1年継続（3号）	受託者の任務を終了させない（信託法56条2項5号・7号）
信託の終了を命ずる裁判（6号）	申立権者からのノン・ペティション（信託法165条）
信託財産についての破産手続開始の決定（7号）	申立権者からのノン・ペティション（破産法244条の4）
双方未履行双務契約の解除の規定による信託契約の解除（8号）	委託者の権利・義務を排除（信託法145条1項）

自己信託は、委託者の信用事由により影響を受けない、証券化された事業からのキャッシュフローを引当てにした資金調達を目的とする」旨を明確に規定することが適当と思われる。

(4) **信託財産の債務超過をどう考えるか**

　信託法の施行に伴う関係法律の整備等に関する法律68条は、破産法を改正し[99]、これにより信託法に基づき組成される信託財産について破産手続が認められることになった[100]。破産法では、破産手続開始の申立権者として信託債権者または受益者のほか受託者も含まれることから（同法244条の4）、信託財産の倒産隔離の観点から、これらの申立権者につき、信託財産に対する破産手続開始申立権放棄の規定（いわゆるノン・ペティション条項。〔**図表55**〕参照）を設ける必要があると考えられる。

　ところで、信託財産がどのような状態に陥った場合をもって債務超過と解するのかについては、市場関係者の間でもさまざまな議論がある。たとえば、従来の不動産証券化案件においても、期中のキャッシュフローが一時的に細り、経常的な支出を下回るような事態は生じうるところで、これもみよ

99　以下では、信託法の施行に伴う関係法律の整備等に関する法律（平成18年法律第109号）によって改正されたものを単に「破産法」という。

100　伊藤・前掲（注59）96頁。なお、破産者は信託財産そのものである（98頁）。

第3章　発電事業改革と発電事業における信託活用

うによっては債務超過といえなくもない。もっとも、通常の証券化実務では、こうした事態をもって直ちに早期償還や清算手続に入るといったつくりにはしない。なぜならば、信託スキームの期中においてかかる債務超過的な状態が発現した場合でも、それが一過性のもので、しくみ上の手当て[101]によりスキームの続行に何ら支障がないと認められるのであれば、当該スキームをそのまま続行することが、当事者の当初のアレンジメントの合理的意思であり信託目的にもかなうためである。ノン・ペティション条項は、こうした場面において不用意な倒産手続開始の申立てを回避することを意図したものである。もちろん、信託財産に対する破産手続開始の申立てを義務づける強行規定が法令上存在する[102]が、ノン・ペティション条項は、上記のとおり信託スキームのアレンジメントや信託目的に反する倒産手続開始の申立てを回避することを意図したものにすぎず、かかる強行法規を破ることは全く意図していない。この意味で、法令等に反しない限りにおいて、ノン・ペティション条項を設けることには一定の合理性を認めることができると考えられる。

(5) 不法行為責任への配慮

なお、自己信託後に生じた原因に基づく不法行為、典型的な例として発電・送電事業に起因する不法行為は、受託者が信託事務を処理するについて生じた不法行為であり、その債権者は、受託者が信託事務を処理するについてした不法行為によって生じた権利（信託法21条1項8号）の権利者として、信託債権（同条2項2号参照）を有する。したがって、当該不法行為の債権

101　しくみ上の手当てとしては、①本文に掲げたノン・ペティション条項をおいて、関係者が不用意な倒産手続を申し立てることを回避する、②信託スキームに係る債務の現在化について制限規定を設ける（たとえば、ⓐ ABL の利払いは繰延べ可能なつくりにしておき利払いの不履行が直ちにデフォルトに該当することのない扱いとする、ⓑ履行期が未到来の受益債権については現在化させない扱いとするなど）、③事業運営のモニタリングを強化する、④状況によってはオペレーターチェンジの準備段階に入る、などが考えられる。

102　清算中の信託財産について信託法179条参照。当該規定は、債権者の公平を確保するという公益目的を有するため強行法規と考えられる。

IV　発電事業のマネタイゼーションと自己信託

者は信託財産の破産手続開始の申立てをすることができる（破産法244条の４第１項[103]）。当然ながら、この者からノン・ペティションを取得することは難しいため、この点からもエスクロー勘定やモニタリングなどによる信用補完を講じておく必要があろう。

6　期中オペレーションの安定稼働のしくみ

(1)　期中モニタリングを充実させる

期中のモニタリングもセキュリティ・パッケージを構成する重要な保全行動の一つである。重要モニター指標として誓約条項（後述）で多用されるのは、DSCR[104]であり、たとえば DSCR ＝1.15など一定の値をローン契約中で設定しておき、これを下回ると匿名組合員への利益配当を制限するなどの規定がおかれる。また、DE レシオ（Debt Equity Ratio）は、一定値以下に維持されることが貸付けの前提条件となることが多い。電力需給契約上で売電価格の下限が定められることも一般的であり、これが維持できないときは期限の利益を喪失させるつくりとしていることが多い。

(2)　オペレーターの交代手続（オペレーターチェンジ）を準備する

発電・送電事業の安定維持のために、当該事業に係る設備、機材が使用可能な状態（物理的に運転可能な状態であるのみならず、使用差止処分や差押え等の法的負担が顕現化していないことが必要）にあることは必要条件にすぎない。これを実際に稼働させて電力を供給する（電位差を維持し続ける）ための事業運営体制（事業に必要な許認可の維持と人員配置）が不可欠である。このうち、許認可は、前述のとおり自己信託により維持が容易であると考えられる。一方、事業のオペレーターが期中において仮に倒産した場合の事業継続をどう確保するかについては、いわゆるオペレーター交代の問題として重

103　信託法の施行に伴う関係法律の整備等に関する法律（平成18年法律第109号）により改正された破産法は、「信託財産については、信託債権……を有する者……も、破産手続開始の申立てをすることができる」と規定する（同法244条の４第１項）。

104　Debt Service Coverage Ratio。〔元利金返済前キャッシュフロー÷返済元利金〕で求まる財務指標。

239

要である。

当初オペレーターは、自己信託に際して設備・機材を信託財産として設定する。委託者は当初オペレーターとして、保有する許認可の下で自己信託の目的に沿って当該設備・機材を運用する。仮に、期中において当初オペレーターが倒産した場合でも、この当初オペレーターは、自己信託の受託者として信託目的を遂行する義務を負うことに変わりはなく、つまりこの場合は当該信託目的の範囲内で許認可が維持され運営が継続するものと考えられる。

これとは異なり、当初オペレーターが倒産した段階で、本件事業をバックアップオペレーター（発電・送電事業者のほか、発電事業者、送電事業者を個別に選定する方法も考えうる）に完全に交代させる場合には、許認可の承継の可否が問題となるが、事業の賃貸の手法や事業の経営の委任の手法などの活用により[105]、許認可に異動が生じないよう手当てすることも選択肢として考えられる。

なお、前述のとおり、自己信託という信託行為のみによっては、当該賃借権の無断譲渡および転貸に類似するような法律問題は生じない。もっとも、当該信託スキームの期中に委託者に信用イベントが生じた場合における信託スキーム上のメインシナリオが、当該発電・送電事業の他の発電・送電事業者への承継（オペレーターチェンジ）を想定している場合には、その段階で賃借権の譲渡が発生しうるため、投資家はじめ案件関係者にメインシナリオを踏まえた説明を事前に行うことには一定の合理性が認められる。

(3) 適切妥当な誓約条項を規定する

契約で規定される表明・保証（Representation & Warranties）条項は、当該契約に関連する現在または過去の事実関係および法律関係を明示し、その内容に相違ないことを保証する規定であるのに対し、誓約（Covenants）条項は、信託スキームを期中安定稼動させるために必要な一定の作為（たとえば、DSCR などの財務関連指標について一定の水準を求める財務制限条項など）または不作為義務（たとえば、裏付資産を構成する重要な財産について、関係者

105　神田・前掲（注80）352頁参照。かかる取引には、株主総会の特別決議を要する（会社法467条1項4号・309条2項11号）。

の同意なく譲渡その他の処分を禁止する担保制限条項など）を規定するもので、いわば信託スキームに関係する将来の安定性を確保するための役割を担うものととらえることができる。

　案件の個別事情に即して、期中にモニタリングすべき指標とその指標が維持すべき水準（ターゲットレンジ）を誓約条項（上記の財務制限条項などはこの例）として明示的に定めれば、期中のパフォーマンスについての関係者の意識が高まり、当該案件の運営が相対的に安定するとともに、ターゲットレンジ未達の場合における早期償還モードへの移行など、有事への即応性を高める契約上の根拠ともなるものと理解される。

　誓約の規定としてよくみられるのは、①債務負担行為（少額のものは除かれる）の禁止と②財産処分行為（不要不急の資産の処分は除かれる）の禁止である。いずれも、関係者の事前承認を条件に妥当な範囲で例外的扱いが認められるケースがある。たとえば予定外の出費に対応するための借入れなどは①に対する例外である。このほか、③発電・送電事業と関連するものの、全く異なるビジネスリスクを内包する事業の新規採択等の行為も、新たな事業リスクを生じさせることとなるので、誓約規定の中で原則として禁止されることが多いであろう。一方、財務制限条項関係では、DSCR、インタレスト・カバレッジ・レシオ[106]などについて、指標の算定式と達成すべきターゲットレンジとが定められる。これらの指標は、各案件の委託者となる発電・送電事業者の過去の収益状況や特殊要因等を踏まえパフォーマンスの捕捉に適するものを合理的に選択するとともに、妥当なターゲットレンジを設定する。またこれに対応して、劣後受益権への配当の留保や早期償還モードへの移行など、ターゲットレンジに未達の場合の保全策として具体的なアクションプランがセットで規定される[107]。

　なお、これらの財務制限条項等の誓約規定については、時に大手投資家な

106　Interest Coverage Ratio。〔発電・送電事業に係る利益÷支払利息〕で求まる財務指標。

107　もっとも、当該アクションプランを実際に起動させるか否かについては裁量の余地があり、最終的には受益権者その他の関係者が協議のうえ決定するのが通例である。

第3章　発電事業改革と発電事業における信託活用

ど資金の出し手による債権保全という名目での実質的事業支配につながらないか、という疑問が呈される。この疑問の背景には、発電・送電事業の公共インフラとしての基盤が、こうした誓約によってなし崩し的に資金の出し手によって侵害されるとの危機感があるようである。確かに発電・送電事業は公共インフラとして中立的な運営が望ましく、資金の出し手としても私企業に支配されることは望ましくはない。しかし、発電・送電事業者も事業経営に際して資金調達（借入れ等）を行った場合、約定どおりに返済しなければならない点は一般事業法人と変わるところがない。資金の貸し手からすると、与信期間において借入人たる発電・送電事業者の当該返済能力を随時モニタリングし、必要に応じて保全策を講じることは、回収・債権管理行為の自然な姿であって、およそ発電・送電事業者の経営の支配と呼ばれるべき行為ではないと考えられる。上記の誓約条項は、こうしたモニタリングや保全策を効果的に行うための工夫と捉えることができ、むしろ規定された誓約条項を通じて関係者の認識共有と対話を促進する点に意義があり、発電・送電事業者の支配（社員総会における議決権の取得や役員として経営に参画すること）を目的とするものではない。

(4)　受託者の権能や費用償還請求権はできるだけ抑制する

　旧信託法の下では、受託者は、受益権者から費用の補償を受ける権利を有するとされていた（旧信託法36条2項・3項）が、本設例のような信託スキームにおける受益権者は、一般投資家である場合が多く、その者に費用の補償について無限責任を負わせることは、金融商品としての魅力や競争力の低下につながるとの指摘がなされていた。

　信託法はこうした議論を踏まえ、受託者は、個別に受益者と合意した場合に限り、費用等の償還または費用の前払いを受けることができるとした（信託法48条5項）。自己信託を用いた事業証券化の場合も、費用に関しては、あらかじめ想定した費用項目[108]があらかじめ想定されたキャッシュフローの中で勘案されるので、受益権者からの費用補償というカードを受託者にもたせる理由は乏しいと考えられる。そこで、本件自己信託スキームにおいても信託法の上記考え方に即し、かかるカードについて放棄させることで問題はないと考えられる。同様に、受託者は、信託財産から費用等の償還または費

242

IV 発電事業のマネタイゼーションと自己信託

用の前払いを受けることができる場合には、一定の条件の下で信託財産に属する財産を処分することができる（同法49条2項）とあるが、自己信託を用いた事業証券化の場合、信託財産に属する財産の処分に関しては、投資家の利益を最大化することを念頭にアドバイザーをはじめとするスキームの関係者がコントロールすることを予定しているので、受託者が同条で規定される処分権能をことさら保持する必要性は乏しいと考えられる。よって、これについても信託行為の定めの中で排除しておくことが適当であろう。

　なお、受託者は、信託財産から費用等の償還または費用の前払いを受けるのに信託財産が不足している場合には、一定の条件の下で信託を終了させることができる（信託法52条）。この点、自己信託を用いた事業証券化のケースでは、信託スキームの終了に関する事項は投資家の利益を中心に調整されることを予定しているので、受託者が同条で規定される終了の権能を一元的に保持すると、信託スキームの想定に反しかえって弊害が大きいように思われる。したがって、これについても信託行為の定めの中で排除しておくことが適当と考えられる。

　以上のほかにも、受託者の一般的な権能は、原則これを排除しておくことが望ましいと考えられる。たとえば、信託法では受託者の任務の終了および辞任を信託行為で定めることができるとしているが（同法56条1項7号・57条1項ただし書）、自己信託を用いた事業証券化の期中において受託者が任意で任務を終了または辞任できる余地を残すことは、信託スキームの運営が投資家の利益を中心に調整されることを予定している点と相容れないばかりか、当該受託者（＝委託者）の終了または辞任が信託財産の帰属関係の移転をも伴う場合には、委託者が信託財産を実質的に支配しているようにみえる懸念（言い換えれば、当該信託スキームが担保的金融取引にすぎないとみられる懸念）が生じうるため、こうした受託者寄りの任意規定については、排除し

108　逆に、あらかじめ想定された費用以外の費用が発生した場合、当該予定外の費用は、ウォーターフォール上劣後化させることが必要であろう。ウォーターフォールを規定する際は、この点に留意して別段の定めをおく必要がある（信託法48条1項ただし書参照）。

243

ておくことが適当と考えられる。

7　自己信託の意義と留意点

　自己信託は、裏づけとなる事業資産について倒産隔離の効果が得られる点、従来の信託と同様であるが、さらに発電・送電事業のような許認可事業を許認可に係る異動を伴わずに証券化することが可能である点に長期安定資金を調達する手段としての大きな意義があると考えられる。しかも、主たるキャッシュフローの源泉たる売電債権が、発電・送電事業の事業基盤とともに信託されることで、事業の運営状況が可視化され、将来発生する売電債権（将来債権）を含むパフォーマンスの安定化が期待できるなどのメリットが考えられる。自己信託は、このほかにも、従来的な事業譲渡による方法などとは異なり、経営ノウハウや社外秘情報の遺漏リスクや譲渡に伴う売却損の発生リスクがない点、および不動産取得税の負担がない点でも魅力的である。

　一方で、自己信託を用いた事業証券化は、最終的には資本市場から資金調達する手段として機能する以上、市場参加者とりわけ投資家の信託スキームに対する信任を裏切ることがあってはならない。前述の表明・保証や誓約はかかる信任を担保する効果的な手段であるが、最終的にはやはり案件関係者の節度ある取組みに負うところが大きい。

△▲宮澤秀臣△▲

V 発電事業への信託の活用

　ここでは、社会インフラとしての発電事業に求められるものと、信託がもつその機能や特徴を検討しつつ、その関係性から発電事業への信託の活用について考察したい（なお、発電事業の法的な検討および信託の概要については、それぞれ第1章Ⅰ・Ⅲ参照）。

　また、本章Ⅳ2(1)において信託スキームを紹介しているところ、以下で述べる信託スキームも同様のスキームを前提に検討するものとする。

1 社会インフラとして求められるもの

　平成28年4月に小売全面自由化が実施される以前は、一般電気事業者が発電から送配電および小売まで一貫運営する垂直一貫体制の下で発電事業を担ってきた。

　今般の小売全面自由化に際し、発電事業においても多様な事業者が参入を図り、特に再エネ特措法の施行に伴い、再生可能エネルギーによる発電事業への参入事業者が増加した。

　今般の小売全面自由化以前は、一般電気事業者が電気事業法の規制の下、社会インフラとして求められる要件を満たし、また設備の管理・運営に係るさまざまな義務を履行してきた。この社会インフラとしての要件の充足と義務の履行は、小売全面自由化後も引き続き必要なものとされている。

　それでは、これら社会インフラとして求められる要件と義務の概要について考察していきたい[109]。

109　以下の再エネ特措法に関する内容は、資源エネルギー庁「改正 FIT 法に関する直前説明会（平成29年2・3月）」〈www.enecho.meti.go.jp/category/saving_and_new/saiene/.../fit_2017setsumei.pdf〉から抜粋している。

第3章　発電事業改革と発電事業における信託活用

(1)　一定以上の技術面・機能面を有する設備

　発電事業に供される設備等の技術的基準や機能は、電気事業法、再エネ特措法およびこれらの関連法令等で定められている。電気事業法に基づく技術基準適合義務等および条例を遵守して適切な設計・施工を行わなければならない。

　再エネ特措法においては、設備認定制度を設け、各再生可能エネルギーによる発電設備の一定以上の技術や機能を担保するしくみとしている。また、平成29年4月から施行された平成28年改正再エネ特措法においては、設備だけではなく、地域住民との適切なコミュニケーションを図ることを推奨事項として定め、騒音や電波障害・太陽光における反射光対策、柵塀等の設置による近隣住民の安全上の措置、自然環境保全の措置を図る等発電所全体の設置水準も義務づけている。

　さらに、発電所の設置場所や設置する際の行為についても法令遵守が義務づけられている。たとえば、林地開発や大規模開発による発電所設置の場合や、農地や公園指定されている場所、河川およびその近隣地域、飛行場や航空機の発進路・到着路近隣等での発電所設置の場合、これらを規制する関連法令や各自治体が定める条例等の遵守が義務づけられる。

　このように発電設備のみならず、発電所設置や開発に関するものを含めた発電所全体としてすべての関連法令を遵守した資産であること、一定以上の技術面・機能面を有する資産であることが社会インフラとして求められるものの一つとなる。

(2)　安定した運営・管理

　社会インフラは、社会全体が利用者であり、その利用や存続が特定の企業や個人の信用力に極端に左右されるものであってはならないものである。そのため、インフラ関連に従事する企業は法律等（たとえば電気事業者においては電気事業法等）で厳しく規制されている。これにより安定した運営・管理がなされる土台を確保しているのである。

　また、再生可能エネルギーによる発電事業においては、平成28年改正再エネ特措法が、①未稼働案件の排除と新たな未稼働案件の発生を防止するしくみ、②適切な事業実施を確保するしくみ、③大規模太陽光発電の入札制度、

Ⅴ　発電事業への信託の活用

④中長期的な買取価格目標の設定、⑤地熱・風力・水力等の電源の導入拡大を後押しするため複数年買取価格をあらかじめ提示、⑥国際競争力維持・強化、省エネ努力の確認等による減免率の見直し、⑦ FIT 電気の買取義務者を小売事業者から送配電事業者に変更、⑧電力の広域融通により導入拡大の観点より施行された。

　特に前記②の適切な事業実施を確保するしくみとして、認定制度が設備認定から事業計画認定へと変わり、発電設備設置から運営管理および事業終了まで発電事業全体を認定する制度へと移行した。これは、再生可能エネルギーによる発電も社会インフラとしての発電事業であり、一般電気事業者以外の事業者においても適切で安定した運営・管理を行うよう義務があるからである。

　それでは平成28年改正再エネ特措法における運営・管理における事業計画策定ガイドラインについてみていきたい。

　ガイドライン記載事項の具体例として、まず、遵守事項のうち、①再エネ特措法独自の基準として、ⓐ自治体に対して計画を説明し適用される関係法令・条例の確認を行う、ⓑ発電事業者名、保守管理責任者名、連絡先等の情報を記載した標識を掲示する、ⓒ柵塀の設置等により第三者が立入ることができないような措置を講じる、ⓓ保守点検および維持管理計画を策定し、これに則り保守点検・維持管理を実施する、②関係法令に依拠する基準として、ⓐ電気事業法の規定に基づく技術水準適合義務等の関係法令および条例を遵守して適切な設計・施工を行う、ⓑ電気事業法に基づき保安規定を策定し、選任した電気主任技術者を含めた体制とする、ⓒ廃棄物処理法等の関係法令を遵守し、事業終了後可能な限り速やかに発電設備を処分する、③推奨事項として、①説明会の開催など地域住民との適切なコミュニケーションを図る、②発電設備の稼働音等が地域住民や周辺環境に影響を与えないように適切な措置を講ずる、③民間団体が作成したガイドラインを参考に保守点検および維持管理を実施する、④ FIT の調達期間終了後も設備更新することで事業を継続する、という事項があげられている。

　これらをみるとわかるように、これらすべてを実施して初めて安定した運営・管理がなされているといえるものばかりである。前記の事項が認定基準

247

第3章　発電事業改革と発電事業における信託活用

とされていることからも安定した運営・管理が、社会インフラとして求められるものの一つであるといえる。

(3)　発電事業の関与者のニーズ

発電事業において、発電事業者以外に、建設および設備設置工事やメンテナンスを行うEPC事業者やO&M事業者、資金供与する融資金融機関、投資を行うエクイティ投資家などの関与者が存在する。これら関与者のニーズも社会インフラとして求められるものの一つとなる。

すなわち、①EPC事業者やO&M事業者のニーズとしては、ⓐ発電設備の設計方針や管理方針の意思疎通、ⓑ地域住民、行政当局等との信頼関係の保持、ⓒ資金計画、キャッシュマネジメントの適切な遂行、②投資家のニーズとしては、ⓐ事業運営（計画段階から調査、行政対応、契約対応、建中管理、完成後の運営・メンテナンス等）の適切な遂行、ⓑ投資事業の果実の取込み、ⓒ事業継続性の確保、ⓓ投資効率向上のため投資家に影響のない方法（ノンリコースローン、プロジェクトファイナンス等）での資金調達、③融資金融機関のニーズとしては、ノンリコースローン等の融資形態であることから、ⓐ投資家、発電事業者、その他関与者からの倒産隔離、ⓑ事業継続性の確保、ⓒステップ・イン時の対応方法の確保（アセットマネージャー機能の提供）がある。

(4)　小　括

前記(1)(2)の社会インフラとして発電事業に求められるもの、(3)の関与者のニーズの重複等を整理してまとめると、次の①〜④のようになるのではないか。

① 　アセットマネージャー機能[110]（前記(1)、(2)、(3)①ⓐⓑ、②ⓐ、③ⓒに対応）

② 　倒産隔離（前記(3)②ⓒⓓ、③ⓐⓑに対応）

③ 　金融に精通した事務管理（前記(3)①ⓒ、②ⓓに対応）

110　アセットマネージャー機能とは、発電設備の計画段階から、設置・検査、管理・運営、修繕・保守、終了時の対応まで含めた発電事業の事業者として発揮する機能のことを意味する。

248

④　パススルー税制（前記(3)②ⓑに対応）

次に、この４つの項目が信託との関係性ではどのようにとらえられるのか
を考察していきたい。

2　信託の特徴・機能

信託には、受託者による管理・運用機能、倒産隔離機能、受託者による
チェック機能が含まれている（第1章Ⅲ参照）。

受託者による管理・運用機能とは、信託法および信託業法その他関連法令
において忠実義務、善管注意義務、その他の義務を課された受託者が、信託
目的（ここでは発電事業の実施）を達成するために、その専門性を発揮し適切
な信託財産の管理・運営を行うことをいう。

倒産隔離機能とは、信託財産が受託者等の倒産等の影響を受けないことを
いう。

受託者によるチェック機能とは、受託者が委託者や受益者、その他信託関
係人と信託財産との関係取引等を、信託目的や信託契約および信託財産と第
三者との契約との関係においてチェックすることをいう。

これらの３つの機能が、前述した社会インフラとしての電気事業に求めら
れる項目との間で関連性が認められてくる。これらをまとめると次の①～③
のようになる。

①　アセットマネージャー機能＝受託者による管理・運用機能

②　倒産隔離＝倒産隔離機能

③　金融に精通した事務管理＝受託者によるチェック機能

このように社会インフラとしての発電事業に求められるもの、必要とされ
るものが、信託の機能を利用して提供されることがわかる。このことから、
発電事業において求められるもの、必要とされるものは、信託機能を活用す
ることにより対応できると考えられる。

それでは、次に、実際の発電事業信託の事例についてみていくことにす
る。

249

第3章　発電事業改革と発電事業における信託活用

3　信託を活用した再生可能エネルギーによる発電事業

ここでは、信託を活用した太陽光発電事業の事例について考察する。

まず、前掲〔**図表48**〕を参照願いたい（○数字の若い順に取引が進んでいく）。

(1)　本スキームにおける受託者の主な管理・運営業務

受託者はまず委託者と信託契約を締結し、委託者からの信託金を受領する。その後、受託者は、各行政当局と許認可や再エネ特措法上の認定の取得、地権者との交渉による土地の賃貸借または土地の購入、電力会社との契約、金融機関からの借入れ、EPC 契約の締結・工事発注、メンテナンス契約締結、所轄官公署への報告等を行う。

これらを時間軸で表すと、本スキームにおける受託者の主な管理・運営業務は、次の①～③のようになる。

① 設備完成前

ⓐ 法律に基づく大臣認定申請作業

ⓑ 電力会社との連係系統協議

ⓒ 各種届出等（電力会社との契約による各種書類の作成・提出、公的機関への減免措置関連書類の作成・提出等）

ⓓ 借入れ関係事務（書類調製、資料提出、契約調印等）

ⓔ 設備発注、請負契約締結

ⓕ 工事進捗管理（進捗状況を随時報告、イレギュラー・事故等発生時は各受益者へ報告し、EPC 事業者との対応策の説明・承認の取得等を行う）

ⓖ 土地所有者との売買（賃貸借）条件の交渉および契約締結

② 設備完成後

ⓐ 発電量・売電量等の予実管理

ⓑ イレギュラー時の対応（EPC 事業者・O&M 事業者との連携により実施）

・予実の乖離が一定以上続く場合の原因究明、対応策の作成・実施、結果報告

・保険事故、メーカー補償、工事ミス等の場合の保証・補塡・保険の請求

250

・再発防止策の策定・実施

　ⓒ　修繕工事進捗管理（進捗状況を随時受益者へ報告する）

　ⓓ　定期点検、部品交換等

　ⓔ　発電量・売電量等の予実管理（業務受任者との連携により実施）

③　決算業務

　ⓐ　信託決算書類の作成、受益者への交付

　　　・信託財産状況報告書（法定書類）（信託勘定全体の決算書類）

　ⓑ　資金管理

　　　・売上金の受領および預金運用

　　　・税金・経費・保険料等の支払い

　　　・借入金の返済、利払い

　ⓒ　銀行対応

　　　・金銭消費貸借契約およびその付属契約による融資条件管理

　　　・各種報告書の作成、提出

　ⓓ　信託決算に基づく資金の交付

　ⓔ　残高証明の発行

　受託者は、信託契約の定め・委託者の指図を基に委託者と協議しつつ、融資がある場合は融資契約の制限や条件を考慮し、太陽光発電事業者としてEPC 事業者・O&M 事業者との契約、設備認定・事業計画認定申請や各所管の経済産業局保安監督部との協議、保安体制関連事項その他開発関連等各行政当局の許認可取得、電力会社との連系協議・契約、地権者との交渉・契約、金融機関との交渉・借入れを一括して行う。その結果、信託財産の中に太陽光発電事業を遂行するために必要なすべての資産・権利・契約・義務が存在することになる。

⑵　本スキームの特徴

　ここで信託を活用したことによる本スキームの特徴を説明する。

　まず、法的（契約的）な関係をみると契約主体は受託者であるため受託者が発電事業者となる。

　次に、発電事業の意思決定はどのようになっているかというと、信託契約での定めや委託者の指図により受託者が業務を実施するので、実態上は委託

者の事業といえる。

さらに、本スキームのように委託者と受益者が同一（自益信託）である場合、信託財産にあるすべての資産・権利・契約・義務が、会計上・税務上委託者（受益者）が有するものとして処理される。したがって、委託者側からみると、法令上・契約上は受託者の発電事業であるが、実態上（会計・税務を含めて）委託者の発電事業として認識することができる。この委託者のメリットは大きく、次の①～③の効果がある。

① 発電事業のすべてを受託者が行うため、委託者は事業運営のための人材確保が不要で事業管理の義務も法令上課されない（受託者による管理・運用機能の発揮）

② 委託者において発電事業遂行に必要なノウハウを有していなくても、受託者がその内部人材として電気主任技術者、建築士、電気工事士等を有していること、必要に応じ受託者が外部専門機関からの助言等を受けることにより適切な管理運営が可能である（受託者による管理・運用機能の発揮）

③ 委託者にとって、発電事業のリソースやノウハウを保有していなくても会計上・税務上発電事業を行っているのと同様の効果が得られる

一方、本スキームを融資金融機関からの目線で考察するとこれもまたメリットは大きく、次の①～④の効果がある。

① 設備完成前、設備完成後の双方において受託者の善管注意義務により、各許認可、設備設置工事、管理・運営の各段階において適切・適法な行為や管理が担保させる（受託者によるチェック機能の発揮）

② 委託者へのファイナンスにおいては、委託者の事業遂行能力のみを評価するが、本スキームでは受託者のチェックにより、より多面的に本スキームの事業遂行能力を評価できる

③ 金融の専門家でもある受託者が、本スキームにおけるキャッシュマネジメントや融資条件の管理を行うため、委託者のコミングルリスクや条件管理ミスを回避できる（受託者による管理・運用機能の発揮）

④ 委託者が倒産等によりデオフォルトとした場合や、融資の期限の利益喪失事由等に抵触した場合でも信託財産内の太陽光発電事業を遂行するた

めに必要なすべての資産・権利・契約・義務は何らの影響も受けず太陽光発電事業は継続される。この場合、委託者の指図が成されなくなるので、受託者が善管注意義務等により発電事業を運営していく。実務上は受益権の担保権者の地位や融資契約の条件により融資金融機関の承諾を得ながら発電事業を運営していく。これにより、融資金融機関は委託者の信用力よりも本スキームの発電事業の信用力に依拠して融資をすることができる。また、受託者がデフォルトした場合も信託法25条の規定により受託者の破産財団等に属さず後任受託者に引き継がれ、事業が継続される（信託の倒産隔離機能の発揮）

(3) 再生可能エネルギーによる発電事業における本スキームの有用性

　以上、実際の信託を活用した本スキームを考察してきたが、信託のもつ受託者による管理・運用機能、受託者によるチェック機能、倒産隔離機能が有効に作用することで、社会インフラとして求める発電事業水準の維持・確保を含め、発電事業関係者に大きなメリットをもたらすことがわかるのではないか。

　一般電気事業者以外の参入が増加している再生可能エネルギーによる発電事業においては、第三者としての受託者のチェックが再生可能エネルギー発電事業の普及・拡大に大きく貢献できるのではと考える。再エネ特措法改正における遵守事項としてあげられているものの１つに「地域住民とのコミュニケーション」があるが、このような事業期間中に常時適時適切に、また環境変化や事業状況の変化の際など常時その義務を果たしていく必要がある遵守事項に対しては、特に受託者による管理・運用機能、受託者によるチェック機能が有効であり、その専門性の発揮が再生可能エネルギー発電事業の普及・拡大の中でに大きく求めれてくるものと考える。

4　発電事業における信託活用の今後の進展

(1) さらなる専門性の発揮──限定責任信託の活用

　前記３のスキームの改良スキームとして、限定責任信託を活用することも考えられる。限定責任信託は、当該信託の信託財産が負担する債務を当該信託財産のみをもって引当てとする信託である。この限定責任信託を活用し

て、多様なリスクを軽減するしくみを構築することで、さらに発電事業の関係者のリスクを軽減し、発電事業の拡大に寄与するものと期待される。

　事業リスクの軽減も含めてスキームを構築することで、さらなる信託活用の領域が拡大していくものと思われる。

(2)　公的な器としての進展──民事信託等の活用

　現在、再生可能エネルギーによる発電事業は、分散型発電として地域社会や地域に根ざした NPO 法人などがその担い手として浮上してきている。これらの担い手は地域の発展を目的としている一方、一部に事業遂行の能力やファイナンスの面で実現化に厳しい担い手も存在する。これを解決する手段として、前記3のスキームを活用することも考えられるが、地域の多様な専門人材を受託者とする民事信託により解決することも検討できると思われる。民事信託は、地域社会主導での信託活用が期待できる要素が十分にあり、今後の進展が期待されるスキームである。

　さらに、東京証券取引所で新たに開設されたインフラ市場も注目される。インフラ市場における対象資産として発電設備を信託財産とする信託受益権もあげられており、資本市場での認知度の高まりとともに、信託の活用のフィールドが拡がっていくものと思われる。

　限定責任信託、民事信託等の活用も含め、公的な器としての信託が、発電事業への活用の拡大と進展につながっていくことを期待したい。

△▲杉谷孝治△▲

第4章

送配電事業改革と
送配電事業における信託活用

第4章　送配電事業改革と送配電事業における信託活用

Ⅰ　送配電事業改革の概要

　電気は、貯蔵が困難であり、送配電網全体での需要量と供給量を常に一致させることが必要という特性を有する。需給のバランスが崩れた場合には、周波数の変動により、最悪の場合には停電に至ることもある。このため、電気の需要量と供給量の管理、すなわち送配電網全体での需給管理は、電気の安定供給を図るうえで極めて公益性の高い事業である。また、送配電のネットワーク設備の建設・保守については、規模の経済性が認められることから、二重投資や過剰投資の防止を図ることが望ましい。

　このような観点から、平成28年4月に小売全面自由化が実施される以前は、一般電気事業者が、発電から送配電および小売に至るまで一貫運営する垂直一貫体制の下、送配電事業を担ってきた。

　今般の小売全面自由化の実施に伴い事業類型の見直しが行われ、一般電気事業者制度は廃止された。従来、一般電気事業者が担ってきた送配電事業は「一般送配電事業」と整理されたが、電気の安定供給を確保する観点から送配電網全体での需給管理を適切に行う必要性や二重投資や過剰投資を防止する必要性は、小売全面自由化前と変わるものではない。

　このため、小売全面自由化の実施後も、一般送配電事業は、引き続き、経済産業大臣の許可制とされ、電圧および周波数維持義務等の行為規制が課されることとなった。

　送配電事業は、引き続き許可制による地域独占等の制度が残されることとなったが、多様な事業者の参入を促し、事業者間の実質的な競争を促進させるためには、送配電事業の運営における中立性をより一層確保することで、公平で中立的な電力市場を整備することが必要となった。

　このような考えの下、平成27年法律第47号による改正電気事業法（以下、「平成27年改正電気事業法」という）によって、一般送配電事業を営む主体と小売電気事業または発電事業を営む主体が別の主体であることを求める措置

256

である法的分離を実現するための所要の規定が整備されるとともに、一般送配電事業の運営における中立性の一層の確保を図るため、行為規制として、一般送配電事業者の取締役等の兼職規制などに係る規定が設けられることとなった。法的分離は、平成27年改正電気事業法が施行される平成32年4月1日までに実施されることになる。

△▲島田雄介△▲

第4章　送配電事業改革と送配電事業における信託活用

Ⅱ　送配電事業の中立性の確保

1　従来の中立性確保策

　平成26年法律第72号による改正電気事業法（以下、「平成26年改正電気事業法」という）による小売全面自由化以前は、平成26年改正前電気事業法の下、平成15年法律第92号による改正（第2章Ⅱ5(3)参照）の際に導入された、送配電部門の業務に関する会計整理を義務づける会計分離や、情報の目的外利用や差別的取扱いを禁止する行為規制によって、一般電気事業者による垂直一貫体制下における送配電部門の中立性確保が図られてきた。その概要は、次の①～③である。

　①　会計分離（平成26年改正前電気事業法24条の5）　　一般電気事業者の送配電部門に係る業務により生じた利益が、他の部門で使われていないことを監視するため、送配電部門の業務に係る収支計算書等の作成および公表を義務づけるもの

　②　情報の目的外利用の禁止（同法24条の6第1項1号）　　一般電気事業者の送配電部門が、託送供給の業務を行うことに関して知り得た情報を、当該業務の本来の目的以外の目的のために利用しまたは提供することを禁止するもの

　③　差別的取扱いの禁止（同項2号）　　一般電気事業者の送配電部門の託送供給の業務において、特定の電気事業者に対して、不当に差別的な取扱いをすることを禁止するもの

　なお、前記②③については、公正取引委員会・経済産業省「適正な電力取引についての指針」（平成29年2月6日）の中で、「公正かつ有効な競争の観点から望ましい行為」と「公正かつ有効な競争の観点から問題となる行為」が例示されている。一般電気事業者は、同指針等に沿って、託送供給関連業務を行う従業員による発電部門、営業部門の兼務を禁止する社内規程を整備

258

するなどの対応を行ってきた。

　しかし、事業者からは、送配電部門の中立性に疑義があるとの指摘が寄せられるなど、送配電部門の中立性の確保が、電力市場の競争活性化のために重要な要素であると認識されていた。

2　平成27年改正電気事業法による中立性確保策

(1)　中立性確保の方式──会計分離、法的分離、所有権分離、機能分離

　前記1のとおり、送配電部門の中立性確保策として、会計分離や情報の目的外利用の禁止などの行為規制が導入されていたが、電力市場の競争活性化のために、さらなる中立性確保策を講じることが検討された。

　送配電部門の中立性確保策は、従前採用されていた会計分離のほか、送配電部門を別会社化する法的分離、送配電部門を別会社化するとともに発電・小売会社との資本関係も解消し完全に送配電部門を切り離す所有権分離、送配電部門のうち運用・指令の機能だけを別組織に分離する機能分離の、おおむね4つの方式に分類される（〔図表56〕[1]参照）。

　従前の会計分離に替わる小売全面自由化後の適切な中立性確保策としてど

〔図表56〕　中立性確保の方式

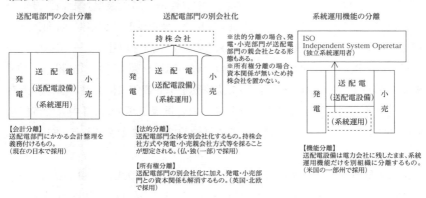

1　総合資源エネルギー調査会総合部会電力システム改革専門委員会「電力システム改革専門委員会報告書」（平成25年2月）〈http://www.enecho.meti.go.jp/category/electricity_and_gas/electric/system_reform001/〉から筆者作成。

第4章　送配電事業改革と送配電事業における信託活用

の方式が適切か、各方式についてさまざまな側面からの評価が行われた。

　まず、所有権分離であるが、資本関係まで解消する措置であるため、中立性を確保する方法として最もわかりやすい形態と評価できる。しかし、資本関係の解消を義務づけると、①企業グループとしての経営が困難となることで安定供給確保のための資金調達に支障が生じるおそれや、②株式価値の毀損などの損害が発生し、電力会社の財産権に対する侵害となるおそれなどの問題が生じうることが懸念された。このため、所有権分離は、送配電部門の中立性確保策が十分効果を発揮しなかった場合の将来的検討課題とされ、小売全面自由化後にまず導入される中立性確保策としては採用されなかった。

　法的分離と機能分離のいずれの方式を採用するかについては、欧州では主に法的分離が採用され、米国の一部の州では機能分離が採用されていることからもわかるように、必ずしも優劣が一義的に明確になるものではない。送配電部門の独立性の明確さ、送配電業務の分断による安定供給への影響や制度移行に伴うコストと期間など、さまざまな観点から比較が行われた結果、送配電部門の一層の中立化を進めるにあたり、送配電部門の独立性の明確さ等の観点を踏まえ、法的分離の方式を採用することとされた[2]。

　そして、「電力システムに関する改革方針」（平成25年4月2日閣議決定）において、「法的分離による送配電部門の中立性の一層の確保」という方針が示され、平成25年法律第74号（電気事業法の一部を改正する法律）附則11条1項2号において、「平成30年から平成32年までの間を目途に、……送配電等業務……の運営における中立性……の一層の確保を図るための措置……を実施するものとし、このために必要な法律案を平成27年に開会される国会の常会に提出することを目指す」旨が規定され、同条2項では、「中立性確保措置を法的分離……によって実施することを前提として進める」旨が規定された。

　上記の経緯を経て、平成27年法律第47号によると改正電気事業法（以下、「平成27年改正電気事業法」という）において、送配電部門の法的分離を実現するための所要の規定が整備された。具体的には、兼業規制として、「一般

2　中立性確保の方式の検討の詳細については、前掲（注1）報告書参照。

〔図表57〕　法的分離における持株会社方式と発電・小売親会社方式

①持株会社方式
持株会社の下に発電会社、送配電会社及び小売会社を設置

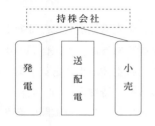

②発電・小売親会社方式
発電会社、小売会社の下に送配電会社を設置

送配電事業者は、小売電気事業又は発電事業（小売電気事業の用に供するための電気を発電するものに限る。……）を営んではならない」と規定されている[3]（同法22条の2第1項）。

　なお、法的分離の方式としては、主として、①持株会社方式と、②発電・小売親会社方式が考えられる（〔図表57〕[4]参照。送配電親会社方式（送配電事業者の下に発電・小売会社を設置）も概念上は考えうる形態であるが、送配電事業者が配当という形で直接発電・小売会社の収益を得る形となるため、前記①②と比較して送配電事業者の中立性を害するおそれが高く、より厳しい規制が必要と考えられると整理されている[5]）。

---

[3]　兼業規制の例外として、経済産業大臣の認可を受けた場合には兼業が可能となる旨も規定されている（平成27年改正電気事業法22条の2第1項ただし書）。この点、沖縄地域は本土から独立した単独かつ小規模な電力系統であるため、需給調整で生じるリスクを電気の広域融通を通じて低減させることが不可能であり、発電機の脱落が電力系統に与える影響が非常に大きいなど、沖縄地域における系統運用の特殊性等を踏まえ、沖縄地域の法的分離は将来的な検討課題と整理され（総合資源エネルギー調査会基本政策分科会電力システム改革小委員会制度設計ワーキンググループ（第4回）資料5－5参照）、今後、電力・ガス取引監視等委員会制度設計専門会合（第30回）において、送配電部門を別会社化しないことを認めることが適当などの見解が示されている（資料9参照）。

[4]　総合資源エネルギー調査会基本政策分科会電力システム改革小委員会制度設計ワーキンググループ（第8回）資料5－4から筆者作成。

法的分離が主に採用されている欧州でも両方式が採用されており、ドイツのEnBWグループが①持株会社方式、フランスのEDFグループが②発電・小売親会社方式を採用した事例がある。

(2)　行為規制

法的分離は、一般送配電事業を営む主体と、小売電気事業または発電事業を営む主体が別の主体であることを求める措置であるが、両主体間の資本関係は許容する。このため、一般送配電事業を営む主体が小売電気事業または発電事業を営む主体と親子会社関係となる場合や、持株会社の子会社となる形でいわゆるグループ会社を構成する場合などにおいて、資本関係を有する小売電気事業または発電事業を営む主体を優遇するなど、一般送配電事業の運営における中立性が害される可能性が懸念される。

このような可能性を内在する法的分離の下で送配電部門の中立性を確保するためには、分離された各事業者の行為を規制することをもって対応することが必要となる。そこで、平成25年法律第74号附則11条3項1号において、中立性確保措置を法的分離によって実施する場合には、「送配電等業務を営む者の役員の兼職に関する規制その他の送配電等業務の運営における中立性の一層の確保を図るために法的分離と併せて講ずることが必要な規制措置」すなわち「行為規制」を講ずることが規定された。

そして、平成27年改正電気事業法によって、行為規制として従来から規定されていた情報の目的外利用の禁止や差別的取扱いの禁止等に加え、一般送配電事業者の取締役等の兼職規制などに係る規定が新たに設けられることとなった。新たに設けられる行為規制の内容は、①一般送配電事業者における取締役会・監査役等の機関設置の義務、②一般送配電事業者の取締役等の兼職の制限、③一般送配電事業者の人事管理に関する制限、④一般送配電事業者の禁止行為、⑤特定関係事業者の人事管理に関する制限、⑥特定関係事業者の禁止行為、⑦一般送配電事業者における適正な競争関係確保のための体制整備義務である。

以下、新たに設けられることとなった行為規制の内容について詳述する[6]。

㋐　一般送配電事業者における取締役会・監査役等の機関設置の義務

平成27年改正前電気事業法上、一般送配電事業者の機関設計に対する規制

Ⅱ　送配電事業の中立性の確保

は存在せず、法制度上は自由な機関設計が許容されていたが、送配電事業の中立性の一層の確保を図る観点から、一般送配電事業者は株式会社であり、かつ、一定の機関を設置することが義務づけられることとなった。

　具体的には、一般送配電事業者は、株式会社であって、取締役会および監査役、監査等委員会または指名委員会等を置くものでなければならないと規定されている（平成27年改正電気事業法6条の2）。

　取締役会を設置する株式会社は、取締役を3人以上置かなければならず（会社法331条5項）、その業務執行の決定等は、すべての取締役によって構成される取締役会において、その過半数をもって行われ（同法369条1項・362条2項）、重要な業務執行の決定は取締役に委ねることができないなど（同条4項）、一般的に取締役相互での監視機能が働きやすい会社形態といえる。また、監査役は、取締役の職務の執行を監査する機関であるため（同法381条1項）、適法な業務執行の確保に資する機関である。

　このように、取締役会および監査役が置かれる株式会社の形態をとることは、業務執行の適正性の確保に資するものであることから、このような規制が設けられることになったと考えられる[7]。

　なお、資本関係を許容する法的分離においては、一般送配電事業者に対し、株主となった小売電気事業または発電事業を営む主体からの影響力の行使が懸念されることから、送配電投資計画の決定等一般送配電事業者の中立性を不当に損なうおそれのある事項については、定款によっても株主総会決議事項にできないようにする必要があるのではないかとの考えが示されてい

5　前掲（注4）資料参照。

6　なお、電力・ガス取引監視等委員会制度設計専門会合において、行為規制の運用の詳細を定めることとされている経済産業省令および運用のあり方について検討が行われ、平成30年6月に「一般送配電事業者及び送電事業者の法的分離にあわせて導入する行為規制の詳細について」が取りまとめられた（以下、「取りまとめ」という）。同年9月から10月にかけて、取りまとめに沿った経済産業省令の改正案（以下、「省令改正案」という）のパブリックコメントも実施されている（なお、第4章Ⅰ・Ⅱ・Ⅲは、同年10月時点での記載であることにご留意いただきたい）。

7　監査役のほか、監査役と同様の役割・権限を担う「監査等委員会又は指名委員会等」（会社法399条の2第3項等・404条2項等）が併記されている。

263

〔図表58〕 一般送配電事業者の取締役等の兼職の制限

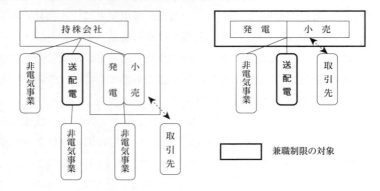

る[8]。

(イ) **一般送配電事業者の取締役等の兼職の制限**

　一般送配電事業者の取締役または執行役が、その特定関係事業者（一般送配電事業者の子会社、親会社もしくは当該一般送配電事業者以外の当該親会社の子会社等に該当する小売電気事業者もしくは発電事業者または当該小売電気事業者もしくは発電事業者の経営を実質的に支配していると認められる者として経済産業省令で定める要件に該当する者をいう）の取締役、執行役その他業務を執行する役員[9]（以下、「取締役等」という）または使用人その他の従業者（以下、単に「従業者」という）を、一般送配電事業者の従業者が特定関係事業者の取締役等を、それぞれ兼ねることが禁止された（平成27年改正電気事業法22条の3第1項本文。〔図表58〕[10]参照）。

8　前掲（注4）資料参照。なお、同資料では、一般送配電事業者の中立性を不当に損なうおそれのある事項について、「具体的な判断基準等の詳細ルールについては、ガイドライン等において規定する予定」との記載がされている。
9　一般送配電事業者は株式会社であることが義務づけられているが、特定関係事業者は株式会社以外の形態もとりうることから、取締役、執行役だけでなく、「その他業務を執行する役員」も規定されている。
10　総合資源エネルギー調査会基本政策分科会電力システム改革小委員会制度設計ワーキンググループ（第11回）資料8－5から筆者作成。

II　送配電事業の中立性の確保

　前記のような兼職が行われる場合、兼職をした者が競争分野の事業者である特定関係事業者の利益を優先した業務を行う可能性があり、その場合、情報の目的外利用が行われることなどによって、電気供給事業者の間の適正な競争関係が阻害されるおそれがある。

　このため、前記のような兼職が禁止されたと考えられる[11]。

　もっとも、兼職によって「電気供給事業者の間の適正な競争関係を阻害する」程度は一律ではなく、兼職をする取締役等の権限や担当業務などによって異なり、例外的に、電気供給事業者の間の適正な競争関係を阻害しない場合も考えられる。このような場合を兼職禁止の対象から除くため、「電気供給事業者の間の適正な競争関係を阻害するおそれがない場合として経済産業省令で定める場合」は、例外的に兼職禁止の対象から除かれている（平成27年改正電気事業法22条の3第1項ただし書）[12]。

　　(ｳ)　一般送配電事業者の人事管理に関する規制

　一般送配電事業者が、その特定関係事業者の従業者のうち、小売電気事業や発電事業の業務の運営において重要な役割を担うなど特定の業務に従事する従業者として経済産業省令で定める要件に該当する者について、当該一般送配電事業者の一般送配電事業の業務のうち、その運営における中立性の確保が特に必要な業務として経済産業省令で定めるものに従事させることが禁止された（平成27年改正電気事業法22条の3第2項本文）。

　人事管理に対する規制の対象となる従業者の範囲であるが、特定関係事業者の従業者が従事する業務が一般送配電事業者の一般送配電事業以外の業務

11　発電・小売事業者と子会社・兄弟会社関係にある非電気事業者は兼職制限の対象とはされていない。子会社・兄弟会社関係にある非電気事業者は、発電・小売電気事業者やその親会社とは異なり、当該事業者に帰属する利益が間接的であるため、一般送配電事業者の中立性を害するおそれが低いことが理由とされている（総合資源エネルギー調査会基本政策分科会電力システム改革小委員会制度設計ワーキンググループ（第9回）資料5-8参照）。

12　電力・ガス取引監視等委員会制度設計専門会合において詳細検討が進められ、第18回、第25回、第27回および第28回において、一般送配電事業者の取締役等の兼職の制限に関し経済産業省令および運用のあり方ついて議論され、取りまとめに議論の結論が記載されている。詳細は取りまとめおよび省令改正案をご参照いただきたい。

265

第4章　送配電事業改革と送配電事業における信託活用

である場合や中立性の確保が特に必要のない業務である場合には、通常、適正な競争関係を阻害することにつながる行為を誘発しやすいものではないと考えられることから、規制対象とはされていない。

　他方で、小売電気事業者もしくは発電事業者が営む小売電気事業もしくは発電事業の業務において重要な役割を担う者または小売電気事業者および発電事業者を除く特定関係事業者の従業者として小売電気事業もしくは発電事業の経営管理業務の重要な役割を担う者の兼職については、自己が特定関係事業者において関与している業務の利益と直接結び付くものであるため、一般送配電事業者の一般送配電事業のうち、中立性の確保が特に必要な業務に従事することにより、当該特定関係事業者の利益を図ることなど、適正な競争関係を阻害することにつながる行為を誘発するおそれが高いと考えられる。

　このため、前記のような人事管理に関する規制が規定されたと考えられる。

　なお、「電気供給事業者間の適正な競争関係を阻害するおそれがない場合

〔図表59〕　ITO の役職員の兼職規制

対象者		就任前	就任中	退任後
経営責任者、経営組織の構成員	過半数	3年間	兼務禁止	4年間
	それ以外	6カ月		
系統の運用、維持、増強に関して経営幹部に属する者に直接報告する者		3年間		
その他の職員		―		―

※ ITO の上記の対象者は、垂直統合型事業者の送電系統運用者以外の部門との関係において、その職位または職責等を有してはならない。

13　電力・ガス取引監視等委員会制度設計専門会合において詳細検討が進められ、取りまとめに議論の結論が記載されている点も同様である。

14　ITO（Independent Transmission Operator）。独立送電運用者。送電系の所有と送電系統の運用・管理を行うが、小売事業者等との資本関係が許容されているため、独立性を確保するための厳しい行為規制が設けられている。

15　前掲（注4）資料から筆者作成。

として経済産業省令で定める場合」が例外的に人事管理に関する規制の対象から除かれている（平成27年改正電気事業法22条の３第２項ただし書）点は、取締役等の兼職の制限と同様である[13]。

欧州においても、法的分離に伴うITO[14]の役職員の兼職規制等が規定されている（〔図表59〕[15]参照）。就任前の経歴による規制や退任後の転職規制が課されている点で、平成27年改正電気事業法による規制と異なる。

(エ) 一般送配電事業者の禁止行為

従前、一般送配電事業者に対する禁止行為としては、情報の目的外利用の禁止と差別的取扱いの禁止が規定されていたが、新たにグループ会社間の取引条件規制や業務の受委託の禁止等の行為規制が規定された（平成27年改正電気事業法23条）。

(A) グループ会社間の取引条件規制

一般送配電事業者が、その特定関係事業者その他一般送配電事業者と経済産業省令で定める特殊の関係のある者（以下、「特定関係事業者等」という）と、通常の取引の条件と異なる条件であって電気供給事業者間の適正な競争関係を阻害するおそれのある条件で取引を行うことが禁止された（平成27年改正電気事業法23条２項本文。〔図表60〕[16]参照）。

〔図表60〕 グループ会社間の取引条件規制

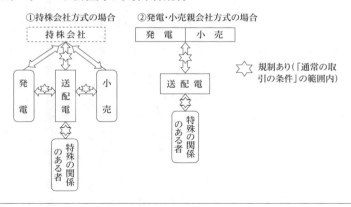

16　前掲（注11）資料から筆者作成。

第4章　送配電事業改革と送配電事業における信託活用

　この規定は、一般送配電事業者が地域独占等の制度が残された規制部門である送配電事業において上げた利益を特定関係事業者である小売電気事業者や発電事業者に移転することで、他の事業者との間で対等な競争条件を失する可能性があり、また、特定関係事業者等との取引が不公正に行われることにより一般送配電事業者の中立性が害される可能性があることから、このような事態が生じることを防止するために規定されたと考えられる。

　平成27年改正電気事業法23条2項では、特定関係事業者だけではなく、「一般送配電事業者と経済産業省令で定める特殊の関係のある者」との取引も対象とされているが、これは、特定関係事業者ではないが、特殊の関係のある者[17]を介した迂回取引による規制の潜脱を防止する趣旨である。

　「通常の取引の条件」の判断基準は明確には示されていないが、他法では、「通常の取引の条件」との条文による運用が実際に行われている例が存在している。たとえば、金融商品取引法は、金融商品取引業者は市場仲介者として中立公正な取引を行うことが期待されることから、その中立性を害することを防止するため、金融商品取引業者等に対し「通常の取引の条件と異なる条件であつて取引の公正を害するおそれのある条件」で、その親法人等または子法人等と有価証券売買取引等を原則として禁止している（同法44条の3第1項1号）。

　今後、実際の運用にあたっては、このような他法の例も参考として検討が行われるものと考えられる[18]。

　また、本規定は、「通常の取引の条件と異なる条件であつて電気供給事業者間の適正な競争関係を阻害するおそれのある条件」での取引を例外なく禁

17　経済産業省令で定める「特殊の関係のある者」としては、財務および営業または事業の方針の決定に対して重要な影響を与えることができる会社が想定され（前掲（注11）資料参照）、取りまとめでは、①グループ内の発電・小売電気事業者等の子会社等および関連会社、②グループ内の発電・小売電気事業者等の主要株主が「特殊の関係のある者」に該当すると整理されている。

18　電力・ガス取引監視等委員会制度設計専門会合において詳細検討が進められ、第21回においてグループ会社間の取引条件規制に関し経済産業省令および運用のあり方について議論され、取りまとめに議論の結論が記載されている。

268

止するものではなく、当該取引を行うことにつきやむを得ない事情がある場合には、あらかじめ経済産業大臣の承認を受けて取引を行うことが例外的に認められる（平成27年改正電気事業法23条2項ただし書）。

欧州においても、ITOと垂直統合型事業者間のあらゆる商業的・財務的関係は、市場の条件（Market Conditions）、すなわち資本関係等のない外部第三者との取引と同様の取引条件を遵守しなければならないとされ（EU指令[19]18条6項）、上記のグループ会社間の取引条件規制と同様の規制が設けられている。

(B) 業務の受委託の制限

一般送配電事業者が、特定関係事業者やその子会社等との関係で、一般送配電事業に係る業務の委託を行うことや、小売電気事業または発電事業の業務の受託を行うことが制限された（平成27年改正電気事業法23条3項〜5項）。

平成27年改正前電気事業法の条文では、一般送配電事業者による業務の受委託について規定はない。

しかし、一般送配電事業者が特定関係事業者やその子会社等との間で一般送配電事業や小売電気事業または発電事業の業務の受委託を行った場合、当該受託した事業者が一般送配電事業と小売電気事業または発電事業を「兼業」する事態が生じ、一般送配電事業者が小売電気事業または発電事業を営むことを禁止することにより一般送配電事業の中立性を確保するという法的分離の潜脱となる可能性がある。

本規定による受委託の制限は、業務の受委託による法的分離の潜脱を防止する趣旨で規定されたと考えられる。

(a) 変電、送電および配電に係る業務の委託の制限

一般送配電事業者が「変電、送電及び配電に係る業務をその特定関係事業者又は当該特定関係事業者の子会社等（特定関係事業者に該当するものを除く。）に委託」することが原則として禁止された（平成27年改正電気事業法23

19　DIRECTIVE 2009/72/EC OF THE EUROPEAN PARLIAMENT AND OF THE COUNCIL of 13 July 2009 concerning common rules for the internal market in electricity and repealing Directive 2003/54/EC

〔図表61〕 最終保障供給や離島供給の業務の委託の制限

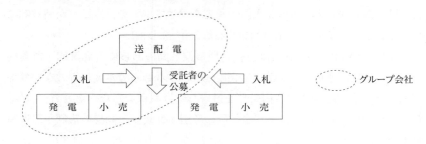

条3項本文)。

　もっとも、①顧客利便性の確保、②安定供給の確保および③効率性の著しい阻害の防止の観点から、一定の範囲内で業務委託を認める必要性がある。

　このため、業務の委託を一切禁止するのではなく、「電気供給事業者間の適正な競争関係を阻害するおそれがない場合として経済産業省令で定める場合」については、業務委託が認められている（平成27年改正電気事業法23条3項ただし書)[20]。

　(b)　最終保障供給や離島供給の業務の委託の制限

　最終保障供給や離島供給の業務について、受託する者を公募することなく特定関係事業者たる小売電気事業者または発電事業者に委託することが制限された（平成27年改正電気事業法23条4項本文。〔図表61〕参照）。

　最終保障供給や離島供給の業務は、電気事業法上、一般送配電事業に位置づけられているが（平成27年改正電気事業法2条1項8号）、小売供給を行う事業であり、変電、送電および配電に係る業務とは本質的には異なる。

　最終保障供給や離島供給の業務については、機会が均等に与えられている限りにおいて、これを特定関係事業者たる発電事業者や小売電気事業者に委

20　電力・ガス取引監視等委員会制度設計専門会合において詳細検討が進められ、第20回において、一般送配電事業者の業務の受委託等に関し経済産業省令および運用のあり方について議論され、取りまとめに議論の結論が記載されている。後記(b)(c)についても同様である。

Ⅱ　送配電事業の中立性の確保

託したとしても、直ちに法的分離を義務づけた趣旨を没却することにはならないとの考えから、委託を一律禁止するのではなく、委託をする場合には公募によって機会の均等性を確保することを求める規定となったと考えられる。

もっとも、「電気供給事業者間の適正な競争関係を阻害するおそれがない場合として経済産業省令で定める場合」については、公募をすることなく業務委託をすることが認められている（平成27年改正電気事業法23条4項ただし書）。

　　(c)　小売電気事業または発電事業の業務の受託の制限

一般送配電事業者が、「特定関係事業者たる小売電気事業者又は発電事業者からその営む小売電気事業又は発電事業の業務を受託」することが原則として禁止された（平成27年改正電気事業法23条5項本文）。

もっとも、変電、送電および配電に係る業務の委託と同様、①顧客利便性の確保、②安定供給の確保および③効率性の著しい阻害の防止の観点から、一定の範囲内で業務受託を認める必要性がある。

このため、業務の受託を一切禁止するのではなく、「電気供給事業者間の適正な競争関係を阻害するおそれがない場合として経済産業省令で定める場合」については、業務受託が認められている（平成27年改正電気事業法23条5項ただし書）。

　　(C)　電気供給事業者間の適正な競争関係を阻害する行為の禁止

一般送配電事業者が電気供給事業者間の適正な競争関係を阻害する行為として経済産業省令で定める行為をすることを禁止する包括条項が規定された（平成27年改正電気事業法23条1項3号）。

具体的な禁止行為は経済産業省令で定められることになるが、当該規定により、経済産業大臣が実態に応じて機動的に禁止行為を規定することが可能となっている。

従前の議論を踏まえると、以下の行為が禁止行為として規定されることが想定される[21]。

　　(a)　商標・社名に関する規律

商標・社名に関する規律に関しては、①従来一般電気事業者が培ってきた

271

第4章　送配電事業改革と送配電事業における信託活用

信用力・ブランド力を旧一般電気事業者の発電・小売電気事業者が活用することの適否、②一般送配電事業者の信用力・ブランド力をグループの発電・小売電気事業者が活用することの適否、という2つの観点から検討が行われた。

①については、今回の改革では、中立性確保策として資本関係を許容する法的分離を採用するものであり、従来一般電気事業者が培ってきた信用力・ブランド力を失わせることまでも意図するものではないことから、①の観点からの規律は不要との考えが示された。

他方で、②については、資本関係を許容する法的分離を採用している以上、グループ会社であることの表示は認めるべきであるものの、一般送配電事業者の中立性の確保の観点から一定の規律が必要との考えが示された[22]。

そして商標については、一般送配電事業者およびグループ内の発電・小売事業者に対して、グループ商標などお互いが同一視されるおそれのある商標を用いることは原則として禁止するが、既存のマンホール等における目立

〔図表62〕　商標に関する規律

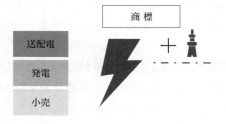

21　後記(a)(b)の規律は、制度設計ワーキンググループにおいて必要な行為規制として整理されたが（前掲（注11）資料参照）、具体的な条文化はされていないものである。このため、これらについては包括条項である平成27年改正電気事業法23条1項3号および同法23条の3第1項2号による規律として、経済産業省令等によって規定されると考えられる（省令改正案参照）。電力・ガス取引監視等委員会制度設計専門会合において詳細検討が進められ、商標・社名に関する規律および営業・広告宣伝に関する規律については第17回で議論され、取りまとめに議論の結論が記載されている。
22　前掲（注11）資料参照。

272

ない刻印等にグループ商標を用いる場合や、一般送配電事業者が独自商標とあわせてグループ商標を用いる場合には許容すると整理されている[23]（**〔図表62〕**[24]参照）。

社名についても同様に、一般送配電事業者およびグループ内の発電・小売事業者がグループ会社であることを表現する名称などお互いが同一視されるおそれのある社名を用いることは原則として禁止するが、一般送配電事業者が社名の一部にグループ名称を使用することについては、その社名の中に一般送配電事業者であることを示す文言を入れる場合には許容する方向で議論されている[25]。

なお、社名の議論の中で、地域名はそれ自体が一般送配電事業者の中立性の確保に問題を生じさせる訳ではないことから、地域名に着目した社名の制限は設けないこととしてはどうかとの方向性が示されている。

欧州においても、ITOは社名、情報通信、商標および施設において、垂直統合型事業者と別主体である点について混同を生じさせてはならないとされている（EU指令17条4項）。

〔図表63〕 営業・広告宣伝に関する規律

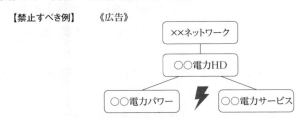

---

23 取りまとめ参照。
24 前掲（注11）資料から筆者作成。
25 取りまとめ参照。

第4章　送配電事業改革と送配電事業における信託活用

(b)　営業・広告宣伝に関する規律

一般送配電事業者が、グループ内の発電・小売事業者を有利にする広告・宣伝等や、グループ内の発電・小売事業者が、一般送配電事業者の信用力・ブランド力を利用して、グループ内の発電・小売事業者を有利にする広告・宣伝等を行うことを禁止すると整理されている[26]（〔**図表63**〕[27]参照）。

規制部門である一般送配電事業を営む一般送配電事業者と、そのグループ会社が共同で営業や広告宣伝を行う場合、一般送配電事業者の信用力・ブランド力が活用されることになり、グループ会社である発電・小売事業者が競争分野において有利になるおそれがあり、また、それ自体、一般送配電事業者の中立性に疑義を生じさせるおそれがあることが理由とされている。

なお、単にグループ会社関係であることを広告するような、規制分野を営む一般送配電事業者の信用力・ブランド力を活用する目的ではない営業や広告宣伝については、その限度で認めることとしてはどうかとの方向性が示されている[28]。

(オ)　**特定関係事業者の人事管理に関する制限**

一般送配電事業者の特定関係事業者が、当該一般送配電事業者の営む特定送配電等業務に従事する者について、当該特定関係事業者の小売電気事業や発電事業の運営において重要な役割を担う従業者など特定の業務に従事する従業者として従事させることが禁止された（平成27年改正電気事業法23条の2第1項本文）。

これは、一般送配電事業者の人事管理に関する規律と同様の趣旨から規定されたものと考えられる。

なお、一般送配電事業者および特定関係事業者それぞれに対する禁止規定

26　取りまとめ参照。グループ内の発電・小売事業者に対する規制については、特定関係事業者を対象とする平成27年改正電気事業法23条の3第1項2号によって規定されることになると考えられる（省令改正案参照）。

27　前掲（注11）資料から筆者作成。

28　前掲（注11）資料参照。一般送配電事業者の信用力・ブランド力を活用する目的で行う営業や広告宣伝と、そうでないものの線引きについての明確な考え方を示すことは困難と考えられ、今後、具体的な事案に応じて判断されていくことになると考えられる。

274

が規定されたため、違反が生じた場合には、経済産業大臣は、いずれの当事者に対しても是正措置を命じることが可能である（平成27年改正電気事業法22条の3第3項・23条の2第2項）。

㈹　特定関係事業者の禁止行為

従前、一般送配電事業者に対する禁止行為は規定されていたが、一般送配電事業者の特定関係事業者に対する規制は存在しなかった。しかし、一般送配電事業者の中立性は、一般送配電事業者と資本関係がある特定関係事業者による一般送配電事業者への干渉や、特定関係事業者の行為により害される可能性もある。このため、一般送配電事業者の一層の中立性確保の観点から、特定関係事業者に対する禁止行為が新たに規定された（平成27年改正電気事業法23条の3）。

⒜　一般送配電事業者に対する禁止行為の働きかけの禁止

法的分離は、一般送配電事業者と、小売電気事業者または発電事業者との間に資本関係が存在することを許容する措置であるため、この資本関係を背景として、特定関係事業者が、当該一般送配電事業者に対して、その影響力を行使することによって、一般送配電事業者の中立性を害する危険性がある。

このため、一般送配電事業者の特定関係事業者が、当該一般送配電事業者に対し、行為規制に違反する禁止行為をするよう要求し、または依頼することが禁止された（平成27年改正電気事業法23条の3第1項1号。〔**図表64**〕[29]参照）。

⒝　電気供給事業者間の適正な競争関係を阻害する行為の禁止

一般送配電事業者への禁止行為の働きかけ以外にも、特定関係事業者の行為によって、電気供給事業者間の適正な競争関係が阻害される可能性は存在する。

このため、一般送配電事業者に対する行為規制と同様、電気供給事業者間の適正な競争関係を阻害する行為として経済産業省令で定める行為をすることを禁止する包括条項が規定された（平成27年改正電気事業法23条の3第1項

29　前掲（注4）資料から筆者作成。

〔図表64〕 一般送配電事業者に対する禁止行為の働きかけの禁止

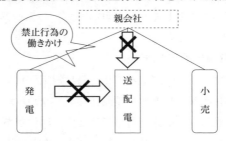

2号)。具体的には、前記の営業・広告宣伝に関する規律などが規定されることが想定される。

　(キ)　**一般送配電事業者における適正な競争関係確保のための体制整備義務**

　前記(ア)～(カ)のように、一般送配電事業者の一層の中立性の確保のため、一般送配電事業者に対し種々の行為規制が課されているが、当該行為規制の実効性を担保し、一般送配電事業者の中立性を確保するためには、第一義的には、一般送配電事業者自らが行為規制を遵守する体制を整備することが必要である。

　このため、一般送配電事業者は、一般送配電事業に関する業務の実施状況の適切な監視体制の整備など電気供給事業者間の適正な競争関係を確保するために必要な措置を講じること、および、講じた措置を毎年経済産業大臣に報告することが義務づけられた（平成27年改正電気事業法23条の４)。

　一般送配電事業者に具体的に求められる措置の内容については、経済産業省令によって定められるが、情報の目的外利用の禁止等の行為規制を実質的なものとするためには、建物やシステムの共用について一定の規律を設けることが必要と考えられることから、①建物を発電・小売事業者等と共用する場合には、別フロアにするなど、物理的隔絶を担保し、入室制限等を行うこと[30]、②情報システムを発電・小売事業者等と共用する場合には、アクセス

30　適正な電力取引についての指針上、「公正かつ有効な競争の観点から望ましい行為」として、同様の措置が求められているが、当該規律の重要性を踏まえ、今回の改正により法令に基づき義務づけることとされている（前掲（注11）資料参照)。

〔図表65〕 建物・システムを一般送配電事業者と共用する場合に必要となる規律

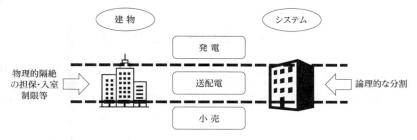

制限、アクセス者の識別等の措置を講ずること（情報システムの論理的分割等）、③情報の適正な管理に係る規程の整備、情報管理責任者の設置、従業者の教育など、情報を安全に管理するために必要な措置を講じることを求めると整理されている[31]（〔図表65〕[32]参照）。

また、託送供給等の業務における発電・小売事業者との取引内容等を記録・保存すること、託送供給等の業務における実施状況を監視する独立した監視部門をおくこと、当該監視部門が託送供給等の業務の実施状況を監視し、その監視結果を取締役会へ報告することや、法令遵守計画を策定し、その計画を実施することも求めると整理されている。

欧州においても、ITOは、ITシステム、設備、建物およびセキュリティアクセスシステムを垂直統合型事業者と共有してはならず、かかるシステム等のために同一の顧問や外部の請負業者を使用してはならないとされ（EU指令17条5項）、中立性確保のための法令遵守計画の策定・実施、および法令遵守担当者の設置（いずれも規制機関による承認が必要）が義務づけられている（EU指令21条）。

△▲島田雄介△▲

---

31 電力・ガス取引監視等委員会制度設計専門会合において詳細検討が進められ、第23回において適正な競争関係確保のための体制整備義務に関し経済産業省令および運用のあり方について議論され、取りまとめに議論の結論が記載されている。

32 前掲（注11）資料から筆者作成。

第4章　送配電事業改革と送配電事業における信託活用

Ⅲ　送電事業の中立性の確保

　送電事業者は、一般送配電事業者が保有する送配電設備とともにわが国の主要な電力系統を保有する事業者であり、二重投資や過剰投資を防止する必要性も一般送配電事業同様存在していることから、小売全面自由化後も、引き続き、経済産業大臣の許可制とされ、一般送配電事業者への振替供給義務等の義務が課されている。

　送電事業者は、自らは電源の接続検討の依頼を直接受けておらず、一般送配電事業者と異なり、需給バランスの調整を行っていないが、接続検討の依頼状況や特定の電源の接続状況および稼働状況等を知りうる立場にあるため、これらの情報を活用して差別的な取扱いをする可能性も懸念される。

　送電事業者がわが国の電気の供給に果たす役割の重要性に鑑みれば、一般送配電事業者と同様、送電事業者の中立性を確保することが極めて重要であることから、小売全面自由化の際も、送電事業者の中立性確保の観点から、一般送配電事業者に課されているものと同様の行為規制（会計分離、情報の目的外利用の禁止および差別的取扱いの禁止）が課されている。

　そして、送電事業者のさらなる中立性の確保が必要であることは、一般送配電事業者と同様であることから、平成27年改正電気事業法によって、送電事業者についても、法的分離による中立性確保が図られることが規定された（同法27条の11の2第1項本文）。

　ただし、送電事業者は、①直接需要家に対して電気の供給を行っていないこと、②電源の接続検討の依頼を直接受けていないこと、③自らは需給バランスの調整を行っていないことという点において一般送配電事業者とは異なる特性を有するため、行為規制の具体的内容については、これらの送電事業者の特質を踏まえた柔軟な検討が必要との考えが示されている[33]。

△▲島田雄介△▲

Ⅳ　送配電事業における資金調達

1　一般送配電事業における資金調達の方法

　一般送配電事業における送配電設備については、今後20年以内に交換や更新の時期を迎えることから、大規模な投資を行う必要があるといわれており、そのためには、多額の資金調達が必要となる。

　従前、電気事業の設備投資のための資金調達のためには、一般担保[34]の電力債の発行および金融機関からの借入れがある。しかし、電力債については、送配電部門の会社として分離後も発行されているが、一般担保付社債は、送配電部門の法的分離が実施される2020年4月1日には、廃止される。ただし、電力の安定的供給を確保するために必要な資金の調達に支障を生じさせないようにするため、激変緩和措置として、一般送配電事業者等については、経済産業省大臣の認定を受けたうえで、5年間は、一般担保付社債が認められることになっている。

　そのため、その後の資金調達は、通常の社債の発行または金融機関からの一般借入れが主な資金調達手段となるものと考えられるが、今後、一般送配電事業者の外的環境の変化や経営の状況の変化の可能性に鑑みると、新たな

33　前掲（注11）資料参照。なお、平成27年改正電気事業法の条文では、送電事業者に対する規定が一般送配電事業者に対する規定と同様に規定されており、条文上、両者に対する行為規制に形式的な違いはほとんど存在しない。電力・ガス取引監視等委員会制度設計専門会合（第30回）において、送電事業者に係る行為規制の詳細について議論され、業務の実施状況を適切に監視するための体制の整備を除き、基本的に一般送配電事業者と同様の内容とすることが適当だが、具体的な運用において、個別の判断は一般送配電事業者と異なる場合があるとの考えが取りまとめで示されている。

34　社債等の債務者の総財産の上に一般の債権者に対する優先権を認める制度のことで、大規模な設備を維持管理する必要のある電力会社等の長期資金調達の円滑化を図るために利用されている。

調達手段を検討する必要があるものと考えられる。そこで、本項では、信託を活用した資金調達について検討する。

　なお、東京電力については、すでに、2016年4月1日に、ホールデングカンパニー制に移行し、一般送配電事業の法的分離を実施しているが、その際に、既存の一般担保付社債の社債権者に引当てとなる財産の価値の減少をもたらさないために、法的分離後の一般送配電事業会社が、一般担保付社債を既存の一般担保付社債の債務者であるホールディングカンパニーに対して、インターカンパニーボンド（ICB）を発行する方法をとっている。すなわち、既発行の一般担保付社債の社債権者は、ホールディングカンパニーが保有するインターカンパニーボンド（ICB）の一般担保により一般送配電事業会社の総財産を担保とした優先弁済権を得ることになっている[35]。

2　資産の流動化による資金調達

　「資産流動化」とは、神田秀樹教授によれば、「その典型的な姿は、市場性の乏しい資産、それも通常は安定したキャッシュ・フローを定期的に生み出す金融資産（住宅ローン債権や自動車ローン債権等の消費者向け貸付債権がその典型例であるが、企業の売掛債権や企業向けの貸付債権等など多様なものが考えられる）を多数プールして資本市場において投資家に販売することによって資金調達を行う手法」[36]であるといわれている。

　資産流動化の目的は、会社の信用力による企業金融では実現できない有利な条件での資金調達を可能とすることであり、同時に、流動化対象資産を、貸借対照表から切り離すこと、すなわち、オフバランス化することであるといえる。

　会社が資金調達を行う場合は、一般に、会社の信用力を背景に、保有する

35　詳細は、東京電力株式会社「ホールディングカンパニー制の概要と一般担保付社債の取扱いについて」（2015年5月1日公表、2015年7月13日更新）〈https://www4.tepco.co.jp/ir/tool/setumei/pdf/150501-.pdf〉および総合資源エネルギー調査会基本政策分科会電力システム改革小委員会制度設計ワーキンググループ（第10回）資料6－5参照。

36　神田秀樹「商事信託法講義(3)」信託216号（平成15年）27頁。

IV　送配電事業における資金調達

資産を担保にして借入れ（または社債の発行）を行うことが考えられるが、資産流動化の手法により、会社の信用力、影響を切り離し、流動化対象資産が生み出すキャッシュ・フロー、言い換えると、資産の価値・信用力のみに基づく資金調達のほうが、借入れ等よりも有利な条件で調達できる場合があり、借入れ等による調達コストとの差額が大きいほど、資産流動化の意義は大きいといえる。また、資金調達を借入れにより行うと、貸借対照表の負債が膨らみ、財務体質が悪化するが、資産流動化によれば、流動化の対象資産とともに、負債についても、貸借対照表には計上されないことから、財務体質が向上する。

さらに、保有している資産の価値・信用力に基づき調達するため、会社の信用力に左右されない新たな資金調達手段を確保することが可能となる。

典型的な例としては、オリジネーター、すなわち、本章においては、一般送配電事業者が委託者となり、保有する対象財産、たとえば、託送料等の債権を将来の債権等安定したキャッシュ・フローを定期的に生み出す金融資産がある場合には、自らを受益者として信託銀行等の受託者に信託譲渡し、一般送配電事業者は、当該受益権を投資家に販売することにより資金調達を図るタイプのもの、および、その応用形態として、一般送配電事業者が、流動化対象財産を、信託銀行等の受託者に信託譲渡し、受託者は信託財産を引当てに責任財産限定特約付の借入れを行うことにより、オリジネーターが保有する受益権の価額の大半を償還して、資金調達を行う ABL スキームが考えられる。

なお、一般送配電事業者がすでに法的分離の実施のために、発電事業および小売事業とは別の会社に分離されている場合には、自己信託を活用することが考えられる。

自己信託は、前述したように、委託者が、信託目的に従い、自己の有する一定の財産の管理または処分およびその他の当該目的の達成のために必要な行為を自らすべき旨の意思表示を、公正証書その他の書面または電磁的記録によってその目的、財産の特定に必要な事項その他の法務省令（信託法施行規則3条）で定める事項を記載しまたは記録したものによってする信託であり、委託者が受託者となるものである（信託法3条3号）。

第4章　送配電事業改革と送配電事業における信託活用

3　一般送配電事業者の事業の信託による資金調達

　一般送配電事業者は、送電線、変電所、配電線、柱上変圧器、電力量計などの送電用・配電用の設備を管理、運用して、①託送供給、②発電量調整供給、③最終保障供給、④離島供給を行うことがその役割である。これらの役割を担うためさまざまな資産を保有しているが、その資産だけから安定したキャッシュ・フローを定期的に生み出すものは少ない。

　そのため、収益を生む事業そのものを対象財産とする事業の信託による資金調達を検討したい。

(1)　「事業の信託」の定義

　「事業の信託」とは、どのようなものか。

　そもそも、信託法には、事業の信託に関する規定はない。消極財産は、信託財産ではないことから、消極財産を含む事業は信託できないからである。

　しかし、信託法21条1項3号においては、信託財産責任負担債務の範囲に、「信託前に生じた委託者に対する債権であって、当該債権にかかる債務を信託財産責任負担債務とする旨の信託行為の定めがあるもの」が含まれることが定められている。

　「事業」というものを積極財産と消極財産の束であるととらえると、この規定に基づき、信託行為の定めにより、信託の設定当初から委託者の債務を受託者が信託財産で負担する債務として引き受けることが可能となることから、積極財産の受託と、委託者の債務を受託者が引受けて信託財産が負担する債務とすることとを組み合せることにより、あたかも事業の信託ともいうべきものができることになる。

　事業の信託は、事業としてすでに成立して運営されているものをそのまま信託するものである。言い換えると、会社法467条に規定されている事業譲渡（平成17年改正前商法245条の「営業」が「事業」に概念が改められたが、その規整の実質に変更はない[37]と解されている）に規定されている事業譲渡の「事業」に類似したものを信託財産（債務の引受け、契約の地位の譲渡も含む概念）

37　神田秀樹『会社法［第20版］』（弘文堂、平成30年）348頁。

282

とする信託であると考えられる。すなわち、営業（事業）譲渡に係る判例[38]によれば、「営業」とは、「一定の営業目的のため組織化され、有機的一体として機能する財産（得意先関係等の経済的価値のある事実関係を含む）」といわれているが、「事業の信託」は、この「営業」に類似したものを信託財産とする信託であると考えるのである。

したがって、本件においては、具体的には、最大限で、送配電事業を行うための設備とノウハウに加えて、従業員との雇用契約や発電事業者および小売事業者との契約やその他取引の契約についての移転も含む概念ということができる。

ただし、信託については、「財産」でありさえすれば、有機的一体性のある「事業の信託」になり得なくても、信託は成立することは、いうまでもないことである。

(2) 事業の一部門の信託による資金調達と運用商品の創設

(ア) 一般送配電事業者の事業の一部門の信託による資金調達

一般送配電事業者が、安定したキャッシュ・フローを定期的に生み出す事業部門を保有している場合、その事業部門を部門ごと信託し、資産の流動化と同様に、信託の転換機能を利用して受益権として売却することにより、資金調達することが考えられる。この場合、委託者は、受益権の売却先である受益者との契約で、受益権または信託財産（事業自体）を信託償還期に一定の価格で買い取ることとしたうえで、信託期間中は、受託者から信託事務処理（事業の執行）の委託を受け、取引の第三者とは、従来と同様の取引を継続することにより、シナジー効果も保持しつつ、担保と同様の効果を得ることも可能である。

また、反射的効果として、信託を受託する側の会社についても、その会社が取り扱っていない事業である場合には、シナジー効果を受けることが可能である。

なお、自己信託を利用すれば、このような委託を行う必要がないことはいうまでもないことである。自己信託を利用する場合、受益権を分割すること

38　最判昭和40・9・22民集19巻6号1600頁。

第4章　送配電事業改革と送配電事業における信託活用

により、一部を保有することにより、受益者の1人となり、他の受益者とともに収益を受けることも可能である。

(イ)　トラッキング・ストック類似の部門業績連動型金融商品の創設

一方、前記(ア)の場合の信託の受益権は、投資家の側からみると、トラッキング・ストック類似の機能を有する投資商品となる。

トラッキング・ストックとは、その価値が、発行会社の特定の事業部門または子会社の価値に連動するよう設計された株式である。このうち、発行会社内の特定の事業部門の業績等に連動する部門業績連動型トラッキング・ストックは、利益相反取引等を通じて当該特定の事業の業績が操作されないかという問題や、他の部門の業績の悪化に伴う発行会社の倒産の問題等が内在しているといわれている。

そこで、株式の代わりに、ある事業部門を部門ごと分離して信託し、信託受益権を発行することが考えられる。この場合、信託の受託者には、厳格な分別管理義務と忠実義務が課せられており、その効果として、分別管理等による当該事業会社の倒産からの隔離と、忠実義務違反の場合の厳しいサンクションが規律されていることにより、違反に対する予防的効果が期待でき、株式におけるトラッキング・ストックにみられるような弊害は減少するものと考えられる。また、会社法上の剰余金の配当規制が適用されないことから、信託契約で自由に決定することができる。

信託には、「財産権ないし財産権者についての状況を—実質的に失うことなくして—財産権者のさまざまな目的追及に応じた形に転換することを可能にする」[39]という「転換機能」があり、保有する財産そのものでは、投資家への販売が難しいが、キャッシュ・フローを組み替え、投資家が投資しやすい形の信託受益権に転換させることができる。また、信託受益権を複層化して優先、劣後構造をとること、また、多数の小口の受益権に分割することも可能であり、さらには、異なる期間の受益権を発行することもできる柔軟な法制度であるといえる。

したがって、株式よりも安全で高配当な実績配当型の金融商品を提供する

39　四宮和夫『信託法』（有斐閣、平成元年）14頁。

ことができる。

　また、信託受益権は、受益証券発行信託の受益証券にすることも可能であり、受益証券発行信託の受益証券は、社債、株式等の振替に関する法律に基づき、振替制度の対象とされていることから、簡便、かつ、迅速な権利の移転が可能となり、さらに、取引所への上場も可能となる。

△▲田中和明△▲

第4章　送配電事業改革と送配電事業における信託活用

> # Ⅴ　送配電事業における中立性の確保
> # のための信託の活用

1　検討の目的と方法

　本章において、一般送配電事業の中立性の確保のための信託の活用を検討するにあたっては、他の章と異なり、現行の実務や実現可能性の高い実施方法を紹介したり、検討したりするのではなく、一般送配電事業のさらなる中立性の確保のために、法的分離方式の補完の制度として、信託の活用を検討するものである。

　すなわち、電気事業の改革については、一定の道筋はできたものの、今後、電気事業およびこれを取り巻く経済・社会環境について、さまざまな状況の変化が予想され、その状況の変化に応じた柔軟な対応が必要となることが想定されるため、立法論として、信託の活用の考え方の提示を行うものである。

2　一般送配電事業の中立性の確保

(1)　一般送配電事業の中立性の確保の必要性

　本章Ⅱのとおり、平成28年４月の小売全面自由化以前は、一般電気事業者が、発電から送配電および小売に至るまで一貫運営する垂直一貫体制の下で送配電事業を担ってきたが、小売全面自由化の実施に伴い事業類型の見直しが行われ、一般電気事業者制度は廃止され、送配電事業は、「一般送配電事業」と整理された。

　電気の安定供給を確保する観点から送配電網全体での需給管理を適切に行う必要性や二重投資や過剰投資を防止する必要性から、小売全面自由化の実施後も、一般送配電事業は、引き続き、経済産業大臣の許可制とされ、電圧および周波数維持義務等の行為規制が課されることとなったが、多様な事業者の参入を促し、事業者間の実質的な競争を促進させるためには、送配電事

286

〔図表66〕 送配電事業の分離の必要性

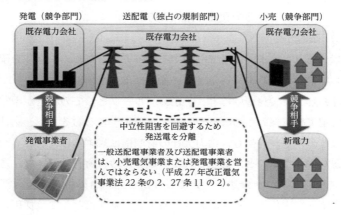

業の運営における中立性をより一層確保することで、「公平で中立的な電力市場を整備」することが必要となった（〔図表66〕参照）。

(2) **各国における中立性の確保の方式**

各国における中立性の確保の方式としては、次の①〜④の４つの方式があり、2020年より日本では②に行為規制を加えた方式を実施予定である（本章Ⅱ2(1)(2)参照）。

① 会計分離（現在の日本で採用）　同一の企業内において、部門ごとに会計を独立させる制度（垂直統合の一般電気事業者の会計を分離することで、託送電部門とその他の部門での内部相互補助を防ぎ、託送料金の透明性を担保する）

② 法的分離（フランス等で採用）　アンバンドリングの対象となる事業を営む者と、他の事業を営む者とを異なる法人格とすることを強制する制度

③ 所有権分離（イギリスで採用）　アンバンドリングの対象となる事業を営む者と、他の事業を営む者とを異なる法人格としたうえで、両者の間の資本関係についても断つことを強制する制度

④ 機能分離（アメリカの一部の州で採用）　アンバンドリングの一種で、送配電部門のうち、系統運用を担う部分を別組織化することを強制

化する制度
(3) わが国における中立性の確保の方式
㋐ 法的分離

所有権分離は、資本関係まで解消する措置であるため、中立性を確保する方法として最もわかりやすい形態と評価できる（本章Ⅱ2(1)参照）。しかし、資本関係の解消を義務づけると、①企業グループとしての経営が困難となることで安定供給確保のための資金調達に支障が生じるおそれや、②株式価値の毀損などの損害が発生し、電力会社の財産権に対する侵害となるおそれなどの問題が生じうることが懸念された。このため、所有権分離は、送配電部門の中立性確保策が十分効果を発揮しなかった場合の将来的検討課題とされ、小売全面自由化後にまず導入される中立性確保策としては採用されず、結局、平成25年改正電気事業法附則11条2項において、中立性確保については、法的分離によって実施することを前提として進めることとされた（〔図表67〕参照）。

㋑ 行為規制

法的分離は、一般送配電事業を営む主体と、小売電気事業または発電事業を営む主体が別の主体であることを求める措置であるが、両主体間の資本関係は許容する。このため、一般送配電事業の運営における中立性が害される

〔図表67〕 送配電事業の法的分離の方式

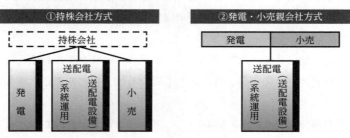

送配電事業者は、発電事業・小売事業と別の法人格となるが、中立性阻害を回避するための措置としては不十分ではないか（100%子会社であれば、結局親会社の利益のために行動することになる）。

V 送配電事業における中立性の確保のための信託の活用

可能性が懸念される。

このような可能性が内在する法的分離の下で送配電部門の中立性を確保するためには、分離された各事業者の行為を規制することが必要となる。そこで、平成25年改正電気事業法附則11条３項１号において、中立性確保措置を法的分離によって実施する場合には、「送配電等業務を営む者の役員の兼職に関する規制その他の送配電等業務の運営における中立性の一層の確保を図るために法的分離と併せて講ずることが必要な規制措置」すなわち行為規制を講ずることが規定された。

そして、平成27年改正電気事業法によって、行為規制として従来から規定されていた、①情報の目的外利用の禁止や差別的取扱いの禁止等に加え、②取締役会・監査役等の機関設置の義務、③一般送配電事業者の取締役等の兼職の制限、④一般送配電事業者の人事管理に関する制限、⑤一般送配電事業者の禁止行為、⑥特定関係事業者の人事管理に関する制限、⑦特定関係事業者の禁止行為、⑧適正な競争関係確保のための体制整備義務が規定された。

3　一般送配電事業の法的分離を補完する信託のスキーム

前述のとおり、法的分離は、送配電事業の運営における中立性が害される可能性が懸念されることから行為規制が課せられているが、所有権分離と比較して中立性が劣後するといわざるを得ない。そこで、企業グループとしての経営が困難となることで安定供給確保のための資金調達に支障が生じるおそれや、株式価値の毀損などの損害が発生し、電力会社の財産権に対する侵害となるおそれなどの問題等を視野に入れつつ、信託を活用することにより、さらに進んだ中立性の確保の制度をつくることはできないだろうか。

以下では、一般送配電事業の中立性のさらなる確保のための法的分離を補完する信託のスキームの検討を行いたい（〔**図表68**〕参照）。

⑴　本スキームの特徴——事業の信託の活用

㋐　中立性確保の対象

一般送配電事業者は、送電線、変電所、配電線、柱上変圧器、電力量計などの送電用・配電用の設備を管理、運用して、①託送供給、②発電量調整供給、③最終保障供給、④離島供給を行うことがその役割として課せられてい

289

〔図表68〕 一般送配電事業の法的分離を補完する信託のスキーム

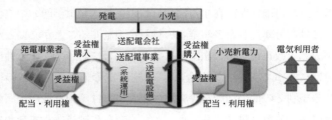

① 委託者―送配電事業者
② 受託者―送配電事業者
③ 受益者―小売電気事業者・発電事業者 or＋電気利用者
④ 信託（財産）―送配電事業
⑤ 受益債権―送配電事業の収益 or 送配電設備の利用権

るが、そのうち、とりわけ、①託送供給と②発電量調整供給については、他の電気事業者との間で利益相反関係となる可能性がある。

　送配電事業の中立性確保のために信託活用の検討をする場合、まず、中立性確保の対象となるものが、送配電事業そのものであることから、これを信託の対象とすることを前提とする。すなわち、資金調達の場合と同様に「事業の信託」を前提に検討することとしたい。

　一般送配電事業の法的分離を補完する事業の信託のスキームについては、所有権分離における資本関係を遮断する、すなわち、資本関係のない第三者に株式を保有させる代わりに、事業に係る信託受益権を保有させると考えるとイメージしやすい。

　(イ)　**事業執行上のメリット**

　事業執行上、信託については、①私的自治による自由で柔軟なガバナンスが可能であること、また、②ガバナンスの変更も機動的に可能であること、③所有と経営が分離していること、④業務の執行者である受託者からの倒産隔離が法的に担保されていること、⑤受益者には原則として単独で、かつ直接受託者に対する監視・監督する権利が強行規定で認められていること、また、信託行為の定め、または裁判所の選任により、監視・監督する機関を設けることができること、⑥受益者の有限責任が確保されていること、⑦投下資金の回収および収益の配分について、出資の割合とは関係なく、受益権の

V 送配電事業における中立性の確保のための信託の活用

内容を複層的なものにする等の自由な制度設計が可能であること、⑧破産の制度の導入等により信託債権者の公平性が確保されていることなどが、メリットとしてあげられる。

さらに、⑨限定責任信託を利用すれば、デフォルト状態で、受託者が有限責任を確保できること、⑩受益証券発行信託を利用すれば、受益権の譲渡に係る利便性が向上して換金が容易になることにより、大衆資金を集めることに利用できるほか、信託期間を長期にすることが可能となり、半永久的な事業も行うことができるようになる。

また、⑪自己信託を利用すれば、委託者が受託者になるため、分別管理および帳簿等の作成等についての整備さえすれば、従来の事業を継続することが、信託事務の遂行となり、簡便で有効な手段となる。また、譲渡性のない財産や譲渡が禁止されている財産についても、設定することが可能である。

(2) 本スキームの信託目的、信託財産および信託関係者

(ア) 信託目的

一般送配電事業の法的分離を補完する信託のスキームを検討するに際しての信託目的については、電気事業法の目的である、①電気の使用者の利益の保護、②電気事業の健全な発達、③公共の安全の確保、④環境の保全の4つを信託目的とすることが考えられる。また、中立性確保に重点をおくという考え方もある。

さらに、これらを目的としたうえで、受益者をおかない目的信託（受益者の定めのない信託）とするということもありうる。

(イ) 信託財産

前述のとおり、一般送配電事業の中立性確保のために信託活用の検討をする場合、中立性確保の対象となるものが、一般送配電事業そのものであることから、事業の信託を前提としているが、当該事業も中立性の確保が必要とされる事業と必要とされない事業に峻別が可能な場合には、中立性の確保が必要とされる事業のみを信託することも考えられる。

また、一般送配電事業の全部または一部の事業を対象とするのではなく、中立性の確保が可能であるのであれば、送配電設備を信託財産とすることも考えられる。

291

㈦ 委託者・受託者

一般送配電事業を有している会社を委託者、委託者と資本関係のある一般送配電事業を行う会社を受託者とする。ただし、一般送配電事業を行う会社が、すでに法的分離により一般送配電事業を保有している会社と別会社となっている場合には、委託者と受託者が同一の者となることから自己信託による設定となる。

㈢ 受益者

本件信託の信託財産から給付を受ける受益者は、現行の制度において託送料金を支払う小売事業者だけではなく、中立性確保に利害関係のある発電事業者も含めたものとする。さらには、電気の利用者すべてとするという考え方もある。

受益者については、受益権の内容や受益権を取得する際の対価をどう決定し、どのように取得させるかという問題がある。託送料金等送配電事業により生み出される収益を受益債権とする受益権が想定されるが、その場合、その受益権に見合う対価を支払わなければ受益者となることができないことになる。当該一般送配電事業者やその資本関係のあるグループ会社についても、受益者の一部となることができることから、当初は、一般送配電事業者や同社と資本関係のあるグループ会社が、受益権の大半を保有して、何回かに分けて受益権を売却していくことも考えられる。

⑶ 本スキームのメリット

㈠ 受託者である一般送配電事業者の権限

信託設定後も、受託者である一般送配電事業者は、引き続き送配電事業を行う排他的権限を有し、従来どおりの取引関係や雇用関係を維持し、事業を継続することができる。

㈡ 受託者である一般送配電事業者の公平義務・忠実義務

しかし、受託者である一般送配電事業者は、上記の権限を自らのためまたは自らの資本関係のあるグループのためのみに行使してはならず、信託契約に定める目的の達成のために必要な行為をしなければならない（信託法2条1項）。

信託法33条では、受益者のために公平にその職務を行わなければならない

ことが定められており、同一グループではない受益者のためにも公平に行動しなければならず、受託者が公平義務に違反する行為をし、またはこれをするおそれがある場合において、その行為によって一部の受益者に著しい損害が生ずるおそれがある場合においては、その損害を受けるおそれがある受益者は、その受託者に対し、その行為をやめることを請求することができるものとされている（同法44条2項）。すなわち、一般送配電事業者である受託者は、この公平義務により中立性を堅持することが求められることから、法的に中立性の確保がより強固なものになる。

　なお、本スキームを導入すると、一般送配電事業者に資本関係のある発電事業者、小売事業者等についても受益者の一人となることが想定されるため、公平義務の問題としたが、受益者以外の部分では、忠実義務の問題となることもありうる。

㈡　受託者である一般送配電事業者の報酬

　受託者である一般送配電事業者は、引き続き送配電事業のオペレーションを行うことができ、オペレーションに係る信託報酬を信託事業である送配電事業から収受することができる（信託法54条）。

㈢　ガバナンスの柔軟性

　法的分離は、一般送配電事業会社を発電事業会社と小売事業会社とは別法人とする方式であり、また、所有権分離は、さらに、その法人同士の資本関係を断ち切る方式であるが、いずれも、株式会社のガバナンスに期待するところが大きい。

　株式会社のガバナンスについては、意思決定の最高決議機関である株主総会が取締役および監査役を選任し、取締役は取締役会を構成して会社の意思決定を行うとともに、代表取締役を選任し、代表取締役は会社の業務を執行する。また、取締役は業務執行について監視・監督を行い、監査役等は監査を行う。これらが、従来の典型的な機関であるが、定款の定めにより、指名委員会等設置会社または監査等委員会設置会社を選択することも可能である。

　しかし、会社法では、定款の自治により、これらの機関を自由に設計することがある程度認められるようになっているものの、依然、強行規定として

第4章　送配電事業改革と送配電事業における信託活用

のさまざまな規制がある。

　また、一般送配電事業会社は、株式会社であることから、会社の取締役の観点からは、会社法355条において、「取締役は、法令及び定款並びに株主総会の決議を遵守し、株式会社のため忠実にその職務を行わなければならない」と規定されており、一般送配電事業会社の取締役は、会社の収益を上げる一方で、法令である電気事業法を遵守しなければならないこととなっている。その点、基本的には、問題はない。

　しかし、電気事業法では、必ずしも契約関係にない電気の使用者（全般）に対しても義務を負うことになっており、また、電気事業法は、業者規制法であり、私法ではない。すなわち、私法の観点からは、電気事業法を遵守することにより、会社の経済的利益と相反する場合も想定される。

　一方、信託は、委託者と受託者との契約（委託者単独の遺言、自己信託による場合もある）により設定され、信託譲渡により所有権等が移転し、受託者が権利義務の主体となる制度である。信託のガバナンスについては、意思決定および執行は、原則として受託者が行うが、信託行為の定めにより、委託者、受益者または第三者が受託者に指図をすることもできる柔軟な制度である。

　また、受益者は、信託の変更の合意権等を有し、信託行為の定めにより、これらの権利を第三者に委ねることや受益者多数の場合には受益者間の多数決等で決定することも可能である。さらに、受益者は、受託者等の違法行為の差止請求権等の受託者に対する監視・監督権については、単独で行使することができる。

　このように、信託のガバナンスは、信託法92条に規定されている受益者の受託者に対する監視・監督権を除き、信託行為の定めで自由に設計できることになっている点が、会社と大きく異なる点である。

4　一般送配電事業の倒産隔離と信託内での資金調達

　一般送配電事業会社の事業を信託すると、分別管理義務や信託の公示が実践されることが前提となるが、一般送配電事業における信託財産は、一般送配電事業会社の固有財産の債権者の債務の引当てになることはなく、また、

294

V 送配電事業における中立性の確保のための信託の活用

一般送配電事業会社と法的分離により分離された資本関係のあるグループ会社の倒産からも隔離される（信託法23条等）。

また、この倒産隔離の効果は、信託事業の中で金融機関から借入れを行った場合、当該金融機関が引当てとする信託財産を保護することになり、送配電事業の信託における資金調達がやりやすくなる。すなわち、金融機関は、事業の信託を1つの独立した会社のように、信託における資産・負債と収益力を前提に資金の貸付けを行えばよいからである。

また、株式会社が資金調達のために新株を発行するように、事業の信託においても、信託行為に追加信託についての定めをおいておけば、新たに信託受益権を発行して（委託者となって追加信託する）、資金を調達することは可能であり、信託行為の定め方次第で、新たに資金調達のために発行する受益権を従前の受益権とは異なるもの、たとえば、信託の変更等の合意権がないような受益権とすることも可能である。また、前述したとおり、この受益権を受益証券発行信託の受益証券として、振替制度の対象とし、上場することも可能である。

なお、一般送配電事業者は、株式会社であるため、会社法施行規則2条3項17号において、信託の受託者が発行する社債で信託財産のために発行する信託社債が、認められている。この信託社債の責任財産については、信託財産に限定することが可能であり、また、信託財産だけではなく固有財産も引当てにすることもできることから、調達手段が広がることも考えられる。

この倒産隔離と資金調達の問題については、中立性確保の議論とは異なる問題であるが、一般送配電事業者および資本関係のあるグループ会社の信用力が低下している場合においては、極めて重要な問題となる。

△▲田中和明△▲

第5章

小売電気事業改革と
小売電気事業における信託活用

第 5 章　小売電気事業改革と小売電気事業における信託活用

I　小売電気事業改革の概要

1　東日本大震災を契機に加速した電力の小売自由化

　東日本大震災、福島第一原子力発電所事故を契機とした小売事業改革は、電力会社の地域独占の弊害を改め、需要家は、複数の供給者から選択できるようになるといわれて実行されたものである。平成29年現在、需要家は地域電力会社以外からもメニューが提示されるようになっている。

　しかし、振り返ると、電力小売自由化は、平成12年の特別高圧需要自由化からすでに開始されていたものであり、自国のエネルギー保有量や地勢的特性などの制約を使命的に抱えながら、海外での自由化例を調査しつつ手直しされてきた経緯がある。たとえば、エネルギー源をめぐっては、オイルショックによる脱石油政策があり、原子力事故による脱原子力がある。小売においては、製造業優遇のための産業用料金の用意や、個人需要への省エネルギー働きかけのための三段階料金（使用量が多いほど従量料金が割高になる料金）整備や、プラザ合意による円高時のメリット需要家還元としての燃料費調整制度がある。最近では、再生可能エネルギーの普及を目的とした、再生可能エネルギー発電促進賦課金がある。

　この過程では、主として法人需要が自由化対象となり、個人需要は基本的に蚊帳の外といえる状況であった。それが、東日本大震災、福島第一原子力発電所事故を転機として、一気に加速したといえよう。これによって、電力自由化が、一業界内という閉じたニュースから国民に関連するものに、制度的に転換した。あとは、実態がどれだけ伴うか、である。

　そもそも、総括原価（発送電および小売営業費用に事業者利益を加算した額を小売料金とすることを、法が保護すること）や二部料金（当該費用を、おおむね、変動費と固定費（利益を含む）に分け、原価と料金が常時一定となるよう組まれた料金構造のこと）と呼ばれる伝統的料金体系は、需要の増大が顕著

298

Ⅰ　小売電気事業改革の概要

な時代に構築されている。そこで、原子力事故というスキャンダルから距離をとったとしても、今後の需要の減少や、地球温暖化対策といった長期的課題の解消を織り込んだ新しい姿が何かは、元々問われている（特別高圧需要から順次開放され、低圧需要まで開放範囲が拡大した電力の小売自由化に関する制度変遷は本章Ⅱ1参照、実際に参入した小売電気事業者の情報は本章Ⅱ3参照）。

2　東日本大震災後の電力の小売事業の類型化

東日本大震災前からすでに電力小売の自由化が開始していたのは前述のとおりであるが、東日本大震災前には近似する事業類型として「特定規模電気事業者」があり、特別高圧や高圧分野で小売供給していた。この特定規模電気事業者という類型および呼称を廃し、「小売電気事業者」という直截な表現が登場して定義されたのは東日本大震災後である。

具体的に電気事業法の改正履歴をみれば、平成26年法律第72号による第2弾改正電気事業法（以下、「平成26年改正電気事業法」という）の成立により、平成28年4月に電気の小売業への参入が全面的に自由化されることとなる[1]。

この事業類型の再編を具体的個社にあてはめるため、旧東京電力株式会社をみてみたい。かつての東京電力株式会社には、その機能として、「生産」「流通」「消費」に相当する「発電」「送配電」「小売」の主要3機能があったが、平成26年改正電気事業法を受けて、それぞれ「東京電力フュエル＆パワー」「東京電力パワーグリッド」「東京電力エナジーパートナー株式会社」に分社化された。そして、同改正法においては、東京電力フュエルアンドパワーが「発電事業者」に、東京電力パワーグリッドが「一般送配電事業者」に、東京電力エナジーパートナーが「小売電気事業者」に位置づけられる。

東京電力では、持株会社方式が用いられており、持ち株会社・親会社の下

1　電気事業法の改正は第1弾から第3弾までに分かれて行われた。平成25年11月に第1弾の改正電気事業法（平成25年法律第74号による改正）が成立し、送配電等業務支援機関に係る制度が廃止となり、新たに広域的運営推進機関が設立されることとなった。平成27年6月に第3弾の改正電気事業法（平成27年法律第47号による改正）が成立し、平成32年（2020年）4月に送配電部門の法的分離が行われることとなった（第2章Ⅲ5参照）。

299

第5章　小売電気事業改革と小売電気事業における信託活用

に発電事業者・一般送配電事業者・小売電気事業者がぶら下がっている。平成26年改正電気事業法の事業者類型とそれぞれ一致している点では、わかりやすい。これに対して、発電・小売一体方式も認められており、この方式によれば、発電・小売会社（＝親会社）の下に、一般送配電事業者がぶら下がる方式である。この方式の下では、親会社が発電事業者・小売電気事業者として、届出および登録を行い、子会社が許可を取得することになる。

　一般概念である「生産」「流通」「消費」を電力事業にあてはめ、「発電」「送電」「小売」と言い換えることとし、そのうえで、発送電分離を図示すると〔図表69〕[2]となり、平成26年改正前電気事業法では横切りであったものが平成26年改正電気事業法では縦切りとなる[3]。

〔図表69〕　機能による電力事業の再区分

	［発電］	［送電］	［小売り］
旧・一般電気事業者	東京電力など	東京電力など	東京電力など
旧・卸電気事業者	電源開発など		
旧・卸供給事業者	神鋼神戸発電など		
旧・特定規模電気事業者	オリックスなど		オリックスなど
	↓	↓	↓
	「発電事業者」 届け出制	「一般送電事業者」 許可制	「小売電気事業者」 登録制

3　小売電気事業等とその業務

(1)　小売電気事業等の定義

　電気事業法において、小売供給は一般の需要に応じ電気を供給すること（同法2条1項1号）、小売電気事業は小売供給を行う事業（一般送配電事業、

2　筆者作成（「電力ビジネス基礎講座第4回」日経エネルギー Next 2015年5月号29頁）。

3　東日本大震災後、数年間の制度改正論においては、発送電分離のことを「アンバンドリング」と表現されたことがあったが、垂直統合がばらされる（unbundling）という表現はこの縦切りのことである。

特定送配電事業および発電事業に該当する部分を除く。同項2号）、小売電気事業者は経済産業大臣の登録を受けた者（同項3号）と定義されている。

「一般の（需要）」とは「不特定多数の」と同義であり「特定の」の反意語であって、不特定多数の誰かしらからの電気供給申込みがあったとき、これに応じる者が小売電気事業者、ということである。

(2) 小売電気事業参入の必要条件

旧来の電力事業というと、重厚長大型産業といわれ、電気工作物たる発電設備や送電設備を大型かつ多量に維持管理するという、そのような事業主体を連想させても不思議ではない。

しかし、平成26年改正電気事業法においては、小売電気事業者は、特段そのような電気工作物をもたなくても事業運営が可能である。仮に、発送電設備をもたない状態で一般の需要家から電気供給の申込みがあった場合、これに応じるために、発電設備をもつ発電事業者から電気を購入し、送電設備をもつ一般送配電事業者に送配電を委託すればよいからである。

〔図表69〕に戻って考えると、小売の箇所にあたるプレイヤーには、旧来の電力事業者が維持管理していたような電気工作物を保有しなくても差し支えない。しかし、後述のとおり、膨大な情報・データを処理するIT設備の維持管理が必要である。

(3) 持ち高の管理――供給力確保義務

小売電気事業者において、一般送配電事業者に対する送配電委託（以下、これを文脈に合わせて「託送」ということがある）は、託送供給等契約に反しない限り断られることはなく、ある地域の一般送配電会社は1つであるから、複数の選択肢を比較することもない。これに対して、発電事業者との関係においては、発電事業者が小売電気事業者たる自社に必ず売るとは限らない。発電事業者として最も有利な販売先（小売電気事業者）を選択することが考えられる（〔図表70〕参照）。

したがって、小売電気事業者が最終消費者との間で小売契約を成立させる一方、発電事業者との間で仕入契約を成立させられない可能性は十分にある。ゆえに、小売電気事業者は自ら発電事業者になることも考えられるし、発電事業者との間で長期の契約を結んだり、仕入れの申込みに応じて必ず供

〔図表70〕 電力売買契約と託送供給等契約

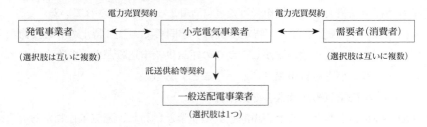

給することを確約した契約を結ぶことも選択肢である。

　発電所を保有するか、発電は外部に委ねるか、それは選択的であるが、自社発電所で発電して自社小売事業に充当できれば、小売事業として仕入れの安定化には資する一方、買電の場合、新規参入者同士の契約・商習慣の未成熟により契約解釈の違いが生じることが散見された。発電所保有はソースの硬直化しやすく、外部化はソースの再最適化が容易である。一長一短であり、その特性をいかに組み合わせるかが不断の問いとなる。

　失敗する例としては、小売契約の締結量を一方的に膨らませて仕入契約の締結量がそれに追いつかない事態である。小売電気事業者は、自らの発電能力または他社・他人からの仕入可能量に比して、その限度を超えるような小売契約を結ぶと空売りの状態となる。これとは逆に、仕入量に対して販売量が少なすぎるということも考えられる。この意味で、小売電気事業の心臓部は、仕入れ・小売契約間の、量、期間、単価などの持ち高（ポジション）を管理することといっても大げさではないのではないだろうか。

　この持ち高の管理に関連して、自主管理のみならず、電気事業法において供給能力確保義務として小売電気事業者に義務が課されている（電気事業法2条の12）。なお、その語義どおりに、この義務は〔供給能力＞小売規模〕とする義務といってよいが、事業者としては過剰な供給設備をもてば当然設備が遊んで損益を悪化させる。この適正予備および需要の入替え能力が必要となろう。

　〔需要＞供給〕を空売りと呼ぶとして、空売りになると、需要家に電気が届かない（停電になる）のではないか、という疑問は初歩的に多くの人に浮

かぶ疑問であるが、停電にならないというのが答えである。これを読み解くには、契約という観念と電気そのもの物理を一度分けて考える。小売電気事業者の仕入れが足りない場合には、一般送配電事業者から小売電気事業者に強制的に不足分が補給される。一般送配電事業者は、送電設備はもつが発電設備はもたないから、一般送配電事業者が発電事業者と予備的供給力となる仕入契約を常に結んでいる、この強制的な不足補給により、物としての電気は補給されている、ということである。

平成26年改正電気事業法下では、小売電気事業者は、持ち高管理に関連して、自らの供給力に見合わなければ売らないという行動も1つの選択肢となる。しかし、これを需要家から見ると、誰も電気を売ってくれない可能性を意味する。この場合には、最終保障約款によって、一般送配電事業者から供給を受けることができる。

なお、制度論に入り込むことになるが、個々の事業者が個々に予備力を保持すると、その合計は、全体として保持すべき予備力より必ず大きくなるので、全体として必ず無駄が生じることになる。小売電気事業者に予備を求めつつ、一般送配電事業者に管轄エリアの予備を求めるのは社会的には二重の手当てとなっている。

(4) 流通経路の管理

一般送配電事業者に対する託送申込みで、契約上の拒否はおきがたいが[4]、物理的な送配電容量の確認と経路の確保は契約とは別に求められる。

仮に、小売電気事業者が、小売先D1（東京都所在）に小売供給するとして、また、仕入先（発電所）S1（北海道所在）からも仕入先S2（神奈川県所在）いずれからも送電できるかといえば、そうではない。北海道から本州に対して送電できない季節や時間帯は発生する。したがって、小売エリアも

4　託送申込みは、一般送配電事業者の定める託送供給等約款を承諾して申し込むことになる。たとえば、東京電力パワーグリッド株式会社「託送供給等約款」（平成28年4月1日実施）「8　契約の要件」に充足すべき要件が規定される。この要件には、電力事業の運営実績や運営基盤たる財産状況などの明示的要件はなく、充足にさしたる困難はないといえる。

〔図表71〕 小売と卸売

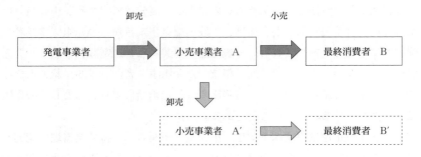

しくは仕入エリアの選定にあたっては、流通経路に問題が生じないように選択する必要がある。

(5) **対比語としての卸売**

小売と対比するものとして「卸売」について説明する(〔図表71〕参照)。

販売を2分類する場合において、小売が小売電気事業者から最終消費者への販売であるのに対して、卸売は電気事業者間の販売を指す。

たとえば、発電者Aが小売電気事業者Bに電力を販売する取引は卸売に該当する。典型的には、再生可能エネルギー発電所を運営する発電事業者が小売電気事業者に販売する取引である。火力発電所を運営する発電事業者が日本卸電力取引所に販売する取引も、卸売に該当する。小売との対比において、買い手が最終消費者ではないという点に特徴が収斂する。

最終消費者に電気を小売する場合には電気需給契約、電気事業者に電気を卸売する場合には電気受給契約というように分けて表現され、さらに、特に再生可能エネルギーを再エネ法に基づいて卸売する場合には同法の定義によって特定契約と、あるいは、小売電気事業者間でそれぞれの過不足にあたる電気を融通する場合には電力相互融通契約というように、呼び分かれる。

このような電気事業者間の売買は、個々の事業者が個々の事業者を探し、交渉し、契約することも可能であるが(相対方式)、平成17年以降、卸電力取引所として取引所が開設されており、会員になることによって、個別交渉、個別契約の手間を避けることが可能である。

4　小売電気事業に用いる送配電網

　小売契約を結んだ需要地点Ｄ１・Ｄ２に対して、小売電気事業者が電気を供給するため、発電地点Ｓ１・Ｓ２において発電された電気を届けたい場合、Ｄ１・Ｄ２とＳ１・Ｓ２間は送配電網でつながっていて届けられる、というのが平常時の送配電の考え方である。

　しかし、送配電網の故障、修理、混雑などの運用状況を考えると、物理的に常時供給可能というものではない。小売電気事業者としては、送配電網という流通経路の状態確認や経路確保の手続を失念してはならない、ということになる。

(1)　地域分割状況、基幹系統およびエリア間連系

　全国に張りめぐらされた系統のうち、一般送配電事業者の管轄エリアの境界は〔図表72〕[5]のとおり、対応エリアの主要なもの（基幹系統と呼ばれる）は〔図表73〕[6]のとおりである。

　10社ある一般送配電事業者は、各自のエリアの送配電網について維持管理

〔図表72〕　一般送配電事業者の各管轄地域

---

[5]　電力広域的運営推進機関「電力需給及び地域間連系線に関する概況」〈https://www.occto.or.jp/houkokusho/2016/files/denryokujukyuu_h28_160803.pdf〉3頁。

[6]　電気事業連合会HP「全国を連携する送電線」〈http://www.fepc.or.jp/enterprise/supply/soudensen/〉。

第5章 小売電気事業改革と小売電気事業における信託活用

〔図表73〕 全国基幹連系系統

を負うとともに、各エリアは連系線によって連系されている。北海道と本州は北本連系線、東京電力エリアと中部電力エリアは周波数変換所、本州と四国は本四連系線、本州と九州は関門連系線である。

(2) 設備能力の限界、運用容量

平常時には〔図表73〕で示された流通経路を通して電気を輸送することになるが、一見、全国津々浦々がつながりきっているように映ってしまい理解が平面化することに留意する必要がある。連系線を含めた送配電設備には設備能力があり、能力の上限を超過して電気を流通させることはできないし、事業者の利用状況によって、当然、流通設備の混雑が発生する。有名な例をあげれば、東日本大震災後に、西日本にあった発電余力を活用し、東日本に流通させ、東日本の発電不足を補うことができなかったのは、周波数変換所の設備能力が上限となったためである。能力の上限を理解するという観点で、連系線の能力を〔図表74〕[7]に示した。

この連系能力の大小を理解すべく、各エリアの需要最大（夏季）を付して

---

[7] 電力広域的運営推進機関「平成29年度（8月平日昼間）運用容量算定結果」から筆者作成。

Ⅰ　小売電気事業改革の概要

〔図表74〕　連系線運用容量

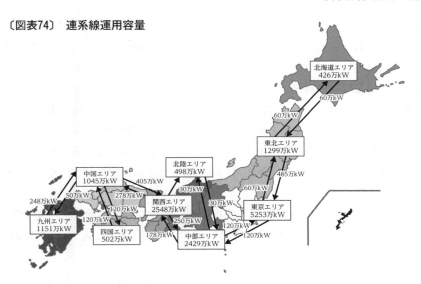

〔図表75〕　最大需要日の電力需給実績（2016年夏季）

旧一般電気事業者	節電目標	実績 最大需要日（ピーク時間帯）	最高気温（℃）	実績 最大需要（万kW）	実績 供給力（万kW）	実績 予備率	見通し 最大需要（万kW）	見通し 供給力（万kW）	見通し 予備率
北海道電力	なし	8月8日（月）(16〜17時)	30.4	405	500	23.6%	428	515	20.2%
東北電力	なし	8月5日（金）(14〜15時)	32.7	1,228	1,550	26.2%	1,412	1,514	7.3%
東京電力	なし	8月9日（火）(14〜15時)	37.2	4,660	5,267	13.0%	4,810	5,201	8.1%
中部電力	なし	8月8日（月）(14〜15時)	37.8	2,425	2,690	11.0%	2,567	2,739	6.7%
関西電力	なし	8月8日（月）(16〜17時)	36.3	2,375	2,582	8.7%	2,567	2,778	8.2%
北陸電力	なし	8月25日（木）(14〜15時)	34.2	516	571	10.8%	545	605	11.1%
中国電力	なし	8月25日（木）(14〜15時)	35.1	1,042	1,161	11.5%	1,114	1,259	13.0%
四国電力	なし	8月22日（月）(14〜15時)	36.0	535	624	16.8%	543	574	5.8%
九州電力	なし	8月22日（月）(15〜16時)	35.1	1,455	1,659	14.0%	1,564	1,782	13.9%
沖縄電力	なし	7月4日（月）(14〜15時)	33.6	155	215	38.4%	154	224	45.7%

グラフにしておく（〔図表75〕[8]参照）。たとえば、東京電力の最大需要は4660万kW[9]である。このうちのどれだけが東京電力域内の発電であっても問題ないだろうか。計算すると、約１割強は域外から融通できる。すなわち、東

307

第5章　小売電気事業改革と小売電気事業における信託活用

北から東京向きの連系設備容量が425万kW、中部から東京向きのそれが120万kW、これらの合計は545万kWとなり、545/4660は故障等のない平時であれば設備的に問題ないことになる。

(3)　連系線空き容量

連系線の空き状況（電力業界では「空き容量」）を確認するには、広域機関の公開情報を用いて確認する必要があり、また、連系線を利用するには、連系線利用計画を広域機関に提出する必要がある。加えて、連系線の能力に限りがあるため、利用申込と利用実績の乖離状況は定期的に点検されるとともに、変更に対しては変更賦課金という制裁金が賦課さている。

〔**図表76**〕[10]は、平成29年5月に策定作業がなされた空き容量調査結果であり、対象年月は同年6月（昼間。昼間とは、8時から22時と定義される）である。

〔**図表76**〕　連系線空き容量の確認

連系線空き容量（年間・月間）

分の過去変更賦課金対象送電線において、変更賦課金対象送電線公表画面の表示に誤りがありました。正しい対象送電線を以下PDFで掲載しております。>詳細は「その他の情報>各情報参照>各種情報（カテゴリ：変更賦課金」をご確認ください。

連系線	年月日	昼／夜	方向	空容量	計画潮流	マージンB例 用語種可能分	マージンB種 利用免除	マージンB表 ポート配備分	マージンA	運用容量	運用容量決定要因	運用容量拡大分 空容量	計画潮流	運用容量
北海道・本州間電力連系設備	2017/07/31	昼間帯	順方向	550.000	-180.000	0.000	0.000	0.000	230.000	600.000	熱容量	0.000	0.000	0.000
北海道・本州間電力連系設備	2017/07/30	昼間帯	順方向	500.000	-160.000	0.000	0.000	0.000	260.000	600.000	熱容量	0.000	0.000	0.000
北海道・本州間電力連系設備	2017/07/29	昼間帯	順方向	500.000	-160.000	0.000	0.000	0.000	260.000	600.000	熱容量	0.000	0.000	0.000
北海道・本州間電力連系設備	2017/07/28	昼間帯	順方向	550.000	-180.000	0.000	0.000	0.000	230.000	600.000	熱容量	0.000	0.000	0.000
北海道・本州間電力連系設備	2017/07/27	昼間帯	順方向	500.000	-160.000	0.000	0.000	0.000	260.000	600.000	熱容量	0.000	0.000	0.000
北海道・本州間電力連系設備	2017/07/26	昼間帯	順方向	550.000	-180.000	0.000	0.000	0.000	230.000	600.000	熱容量	0.000	0.000	0.000
北海道・本州間電力連系設備	2017/07/25	昼間帯	順方向	550.000	-180.000	0.000	0.000	0.000	230.000	600.000	熱容量	0.000	0.000	0.000
北海道・本州間電力連系設備	2017/07/24	昼間帯	順方向	550.000	-180.000	0.000	0.000	0.000	230.000	600.000	熱容量	0.000	0.000	0.000
北海道・本州間電力連系設備	2017/07/23	昼間帯	順方向	550.000	-180.000	0.000	0.000	0.000	230.000	600.000	熱容量	0.000	0.000	0.000
北海道・本州間電力連系設備	2017/07/22	昼間帯	順方向	500.000	-160.000	0.000	0.000	0.000	260.000	600.000	熱容量	0.000	0.000	0.000

8　電力広域的運営推進機関「2016年度夏季の電力需給実績と冬季の電力需給見通しについて」（平成28年10月18日）〈http://www.meti.go.jp/committee/sougouenergy/denryoku_gas/denryoku_gas_kihon/pdf/001_07_01.pdf〉。

9　kW（キロワット）とは、W（ワット）の1000倍を意味し、Wは、電流たるA（アンペア）と電圧たるV（ボルト）の合成であり、その時々の、つまり瞬時的微分的な力の大きさを意味する。これに対して、kWh（キロワット時、キロワットアワー）とは、その力を一定時間生産または消費した場合の積分的な量を意味する。

〔図表77〕 **連系線の月別市場分断発生率**（2016年4月～9月）

北海道本州間連系線

4月	5月	6月	7月	8月	9月
0.0%	34.2%	0.1%	1.5%	3.0%	19.3%

東京中部間連系線（FC）

4月	5月	6月	7月	8月	9月
56.6%	46.9%	14.0%	49.1%	62.2%	97.0%

　北本連系線については、600MW の運用容量があるが、マージンＡとして 230MW が除かれたうえで［600－230＝370］、南から北（逆方向）に 180MW が相殺的に流れるので、［370－（▲180）＝550MW］が空き容量とされる。

　この連系線は、現時点では先着順原則で容量が割り当てられる。したがって、この原則のままである限り、後発参入した小売電気事業者は、すでに容量が埋まっていて利用することが難しい。現在の先着順ルール下において、卸電力取引所における前日取引が前日に連系線利用を企図したとき、どうなるか。空き容量不足のために地域をまたがることができず、9社の一般送配電事業者管轄エリアごとに売り買いのマッチングをした頻度結果が、〔**図表77〕**[11]である。

　当局内での議論[12]においては、今後、間接オークション方式に移行し、先着順原則は廃される。

(4) **間接オークション**

　間接オークションとは、当局説明によれば、先着順原則を廃止することで得られる追加的空き容量を、卸電力取引所前日取引（いわゆる JEPX スポット）に充当することである（〔**図表78〕**[13]〔**図表79〕**[14]参照）。

10　電力広域的運営推進機関 HP「年間（2017年度～2018年度）の連系線空容量等の更新について」〈https://www.occto.or.jp/occtosystem/oshirase/2017/170621_akiyoryo.html〉。

11　電力広域的運営推進機関日本卸電力取引所（地域間連系線の利用ルール等に関する検討会事務局）「地域間連系線利用ルール等に関する検討会平成28年度（2016年度）中間取りまとめ（案）」（平成29年3月）〈https://www.occto.or.jp/iinkai/renkeisenriyou/2016/files/renkeisen_kentoukai_08_02-1.pdf〉。

12　前掲（注11）参照。

第5章　小売電気事業改革と小売電気事業における信託活用

〔図表78〕　間接オークションへの移行イメージ

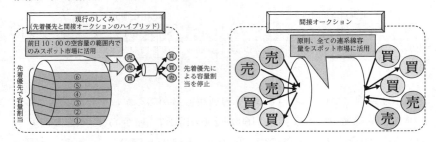

〔図表79〕　間接オークション導入後の先着順から価格順への移行

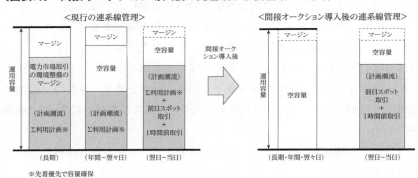

　実は、小売電気事業者が、発電事業者と仕入契約を交渉する場合に、発電場所から需要場所への送電において、連系線がまたぐ場合、連系線利用不可時にはいかなる処理をするかという問題は、受渡し不可の原因が売り手・買い手双方いずれの責めに帰さないという点で、合意が簡単ではない条項であった。

　小売電気事業者としては、小売のための仕入れであるところ、連系線事由

13　前掲（注11）参照。
14　電力広域的運営推進機関HP「連系線利用における間接オークション導入に関する事業者向け説明会（第1回）資料の公表」〈https://www.occto.or.jp/oshirase/sonotaoshirase/2017/implicit_setsumeikai_shiryo.html〉第1部。

310

で仕入れられないにもかかわらず、来ない電気に電気代を支払うということに抵抗する。一方、発電事業者としても、燃料や運転員を容易して発電準備が整え、あるいは現に発電しているにもかかわらず、電気を引き取ってもらえず返品を受けるような状態に陥ることを安易に受け入れない。

　1つの解決方法として、このようなケースでは、発電事業者も小売電気事業者も、取引単価・量・期間などは相対で約するものの（たとえば、単価は10円/kWh、取引量は1MW、取引期間は3カ月）、流通経路については連系線利用を申し込まず、発電事業者はJEPXスポットに売り、小売電気事業者は買うオペレーションを行うことを合意する方法がとられることがあった（業界一部で、「スポット持替え」と呼ばれる）。資源エネルギー庁の間接オークション導入は、この民民で流通していた方法を公的手法として取り入れるということを意味するといえよう。この方法を用いる場合、JEPXを経由するという点で、発電事業者から直接に小売電気事業者に売り渡したという像からは離れるが、連系線を利用できないから売らない・買わないという立場からは歩み寄ることができる。

　問題は、エリア間値差額である。エリア間値差とは何か。10円/kWhで約していたところ、発電者が自エリアJEPXで売ったところ6円/kWhでしか売れず、小売事業者が自エリアJEPXで買ったところ15円/kWhでしか買えない、ということが起きる可能性がある（高い）。逆に、10円/kWhで約していたが、発電者が15円/kWhで売れる一方、小売電事業者は6円/kWhで買えてしまったということも皆無ではない。このような連系線利用不可（JEPXにおける市場分断）は、連系線の物理的能力が向上しない限り、需給が均衡するまで継続するだろう。

　なお、どこまでこの新しいしくみに期待を寄せてよいのだろうか。自然に考えると、エリア間で値差があるということは、ある地域では供給過多で（すなわち安い変動費で運転できる発電設備が多く）、他方地域では需要過多という状態が恒常的に横たわっていることが想定される。そうなると、安い電気が高く売れるエリアに流通しようとするのは必然的なので、連系線混雑も恒常化すると考えられる。

〔図表80〕 変電所を中心にみた送電経路

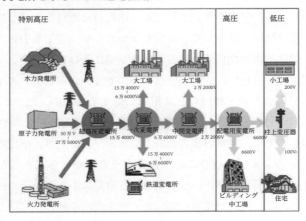

(5) 変電所単位でみる送電経路

〔図表80〕[15]は、電気の流通経路を、線路描写から変電所描写に切り替えたものである。大型発電所で発電された電気は、各変電所で電圧が下位に変換されて（変電されて）、それぞれの需要場所へ輸送されている。図の左から右の順に、電圧は上位から下位である[16]。

5　小売電気事業者間の競争

新規参入が促される小売電気事業において、想定される競争のポイントとしては、①経済性（価格）、②環境性（主にCO_2、③利便性（訪問、店舗網など対面可否、コールセンター対応、ウェブサービスなど）、④地域性、⑤関連サービス・付帯サービス（ガス、通信、金融、エネルギー関連設備）などであろう。

15　電気事業連合会HP「電気が伝わる経路」〈www.fepc.or.jp/enterprise/souden/keiro/index.html〉。
16　電気設備に関する技術基準を定める省令において、特別高圧、高圧、低圧に3分類される。低圧は「直流にあっては750ボルト以下、交流にあっては600ボルト以下のもの」、高圧は「直流にあっては750ボルトを、交流にあっては600ボルトを超え、7000ボルト以下のもの」、特別高圧は「7000ボルトを超えるもの」である。

現在、ほとんどの需要家は、いわゆる二部料金と呼ばれる、基本料金と電力量料金で構成される料金体系で電気を購入している。正確には、これに燃料費調整額と再生可能エネルギー発電促進賦課金が加わる。

しかし、一方で、ごくわずかであるが、電力量料金一本であったり、使用量を問わず定額であるような料金が打ち出されつつある。また、依然として1年単位の契約が主流であるが、部分的に長期契約も誕生している。このように、価格の大小、体系のシンプルさ・わかりやすさ、期間拘束の有無などが多様化していくことが予想される。

6　電力の小売営業に関する指針──新規小売電気事業者間競争と新時代顧客保護

これらの競争ポイントに関して、過大広告・誤認などから消費者を保護すること、あるいは小売事業者間の競争が公平妥当となる土俵をつくることは、日常を競争に晒される競争当事者としては極めて重要であり関心が高くなる。この点については、資源エネルギー庁による電力の小売営業に関する指針（最新改訂は平成29年6月）が実務的手引の役を果たしている。

一例をあげてみたい。平成28年4月の電力の小売の全面自由化に先立ち、新規参入候補者のうちには、自ら小売電気事業者の登録を選ぶものもあれば、すでに参入している小売電気事業者の代理店（等）となり、顧客窓口業務に徹するものもあった。

小売電気事業への参入に際しては、負担の大きいシステム投資が発生する（〔図表80〕参照）。対需要者との間をつなぐシステムとして顧客管理システム、対需要者に契約書、請求書などを送付するシステムとして契約・請求システム、広域機関や一般送配電事業者と需給連絡をするための託送システム、需要者の30分ごとの需要を予測する需要予測システムなどがあげられ

〔図表81〕　小売電気事業の関係者①

〔図表82〕 小売電気事業の関係者②

　る。これらのシステム管理、契約管理、需要管理等は、窓口業務としての取引関係構築・維持というリレーションマネジメントとは別のケイパビリティが必要であり、有望顧客と取引があるというだけで電力小売に参入できないことを意味する。

　電力小売への参入を見送る主たる理由としては、このシステム投資リスクがあるが、これ以外の問題としては、電力の仕入れ・販売を行うことによる持ち高の管理・損益変動から解放され、人件費等に見合う固定的手数料として参入したいなどの理由が考えられよう。

　あくまで窓口に徹することを希望する新規参入者からは、海外事例を参考にホワイトラベル方式と呼ばれる参入形態が要望された。需要家に対しては、X社が販売する電気といいながら、需要家からは見えない裏方として実際の小売電気業者はY社であるという小売スキームである。この是非の争点は、電気事業法に基づいて小売電気事業者登録をする者はYであり、Xはその外にあることで当局監督の外で電気を小売していることになり、電気事業法が射程とする需要家保護が働かないことにならないかということであった。

　この問題については、電力の小売営業に関する指針では、登録した小売電気事業者以外の者が需要家窓口に立つスキームを「取次」「媒介」「代理」に三区分し、「望ましい行為」と「問題となる行為」として整理している（同指針2(2)参照）。

　この一例のほか、争点になった問題はこの指針において紹介されているので、参入にあたってはその内容を確認することが必要である（本章Ⅱ2(3)(イ)(ウ)参照）。特に、この指針で定まる需要家向け重要事項説明は、小売電気事業者、とりわけ需要家に相対する販売員は熟知しておきたい。

7 適正な電力取引についての指針──既存小売事業者と新規小売事業者間競争

旧一般電気事業者と新規小売事業者間では、知識・経験といった無形資産から、安い発電原価である発電設備といった有形固定資産まで、"手ぶら"で登場する新規参入者と比較すれば、競争上のハンディキャップがある。

これについて、公正取引委員会と経済産業省でまとめられた適正な電力取引についての指針（最新改訂は平成29年2月）では、たとえば、競争を阻害するような不当に安値設定された小売料金の是非などが論じられている。

もっとも、この指針に記載された内容は概念的かつ抽象的であって、この指針は「問題や紛争が生じた場合に、指針の趣旨・内容を勘案してケースバイケースで対応し、その判断の積重ねが本指針の内容をより一層明確にしていく」としている。つまり問題が生じる前の予防効果は出ないかもしれない、ということである。

「不当な安値」の例でいえば、個々の小売料金は、通常は小売電気事業者対最終需要家の間で機密保持条項が適用されていることが多いので、個々の取引に適用されている個別原価も精査しがたいことが通常であるから、この競争政策が適切に進んでいるか否かは、シェアが変化しているかという結果でみていかざるを得ない側面もあろう。時間の経過とともに、どの程度の切替えが進むかは注目に値するところであり、海外事例をみながら考察してみたい。

△▲園田公彦△▲

第5章　小売電気事業改革と小売電気事業における信託活用

Ⅱ　小売電気事業の全面自由化

1　小売電気事業の全面自由化とは

　昭和39年に電気事業法が制定された後、数度の制度改正が実施された（第2章Ⅱ5・Ⅲ5参照）。平成12年に、電力小売部門における一部自由化が実施され、使用最大電力2000kW以上の需要家に対する電力小売事業を、一般電気事業者以外にも開放する特定規模電気事業者（PPS：Power Producer and Supplier）制度が創設された。

　その後、段階的に開放され、高圧分野については、電力の小売事業が自由化された。

　平成28年4月より、これまで旧一般電気事業者が独占的に電気を供給していた低圧分野の電力市場が開放され、すべての分野において電力の小売事業の参入が可能となった。これを全面自由化という（〔図表83〕[17]参照）。

〔図表83〕　小売電気事業の全面自由化の範囲

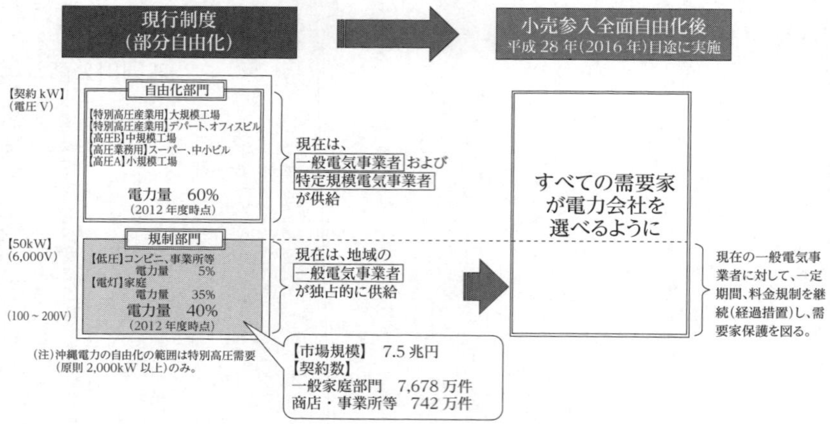

316

Ⅱ　小売電気事業の全面自由化

2　小売電気事業の全面自由化に伴う制度の変更

　小売電気事業の全面自由化（以下、単に「全面自由化」ともいう）に伴い、平成26年法律第72号により電気事業法が改正された（平成26年改正電気事業法）。ここでは、小売電気事業に係る部分に絞り、重要と思われる制度変更を取り上げる。

(1)　電気事業の類型

　全面自由化により、一般電気事業・特定規模電気事業という区分がなくなり、小売供給を行う事業として、小売電気事業という区分に一本化された。一般電気事業は許可制、特定規模電気事業は届出制だったものが、小売電気事業は登録制となった（電気事業法2条の2等）。

(2)　安定供給の確保

　電気の安定供給を確保するための措置として、小売電気事業者には、需要家の電気の需要に応ずるために必要な供給能力の確保が義務化された（電気事業法2条の12）。当該義務の実効性を担保するため、①参入段階、②計画段階、③需給の運用段階それぞれ実効性を確保するための方策が設けられている。

(ア)　参入段階の方策

　小売電気事業を営もうとする者は、登録申請時に、最大需要電力の見込みと供給能力の確保の見込みの提出が求められている。国は、必要な量の供給能力が確保することが見込める場合に限り、登録を認める。

(イ)　計画段階の方策

　小売電気事業者は、電力広域的運営推進機関（以下、「広域機関」という）への加入が義務づけられ、広域機関を経由して国に対し、毎年、①10年間の年次の需要の想定と供給力（供給計画）に関すること、②翌年度の月次の需要の想定と供給力（供給計画）に関することの供給計画の届出が義務づけられている。なお、当該供給計画を変更した場合は、遅滞なく変更事項を届け

17　総合資源エネルギー調査会基本政策分科会電力システム改革小委員会制度設計ワーキンググループ（第2回）資料3－1。

317

第5章　小売電気事業改革と小売電気事業における信託活用

出る必要がある。

　広域機関は、提出を受けた供給計画の内容を検討し、検討内容を国に送付する。国は、供給計画が広域的運営による電気の安定供給の確保その他電気事業の総合的かつ合理的な発達を図るため適切でないと認めるときは、小売電気事業者に対し、当該供給計画を変更すべきことを勧告することができる。

　　　(ウ)　需給の運用段階における方策

　小売電気事業者は、実需給の運用段階でも、需要に応じた供給力を確保する義務を負う。需給の計画値と実績値の差をインバランスといい、実需給の段階で、小売電気事業者が供給力不足によりインバランスを発生させた場合、送配電事業者によりその不足分が補給される。

　小売電気事業者は、この発生させたインバランスの対価（ペナルティ）を事後的に送配電事業者に対して支払う必要がある。

(3)　需要家保護の措置

　全面自由化後の需要家保護のための措置として、小売電気事業者およびその媒介・取次・代理業者に対し、各種の行為規制が課されることとなった。

　　　(ア)　電気事業法に基づく行為規制

　電気事業法およびその関係法令に基づく行為規制は、主に供給条件の説明義務、書面交付義務である。これらを一覧にまとめると〔図表84〕のとおりである（電気事業法2条の13・2条の14、電気事業法施行規則3条の12～3条の15、電気事業法施行令2条）。行為規制の義務者は小売電気事業者、小売電気事業者の媒介・取次・代理業者であり、義務の相手方は需要家（電気事業者を除く）である。

〔図表84〕　電気事業法に基づく行為規制

いつ	どうやって	具体的な内容
供給条件の説明義務		
契約締結時（小売供給契約の締結またはその媒介、取次もしくは代理をしようとするとき）	原則としては、書面を交付して説明する（電気事業法2条の13第2項）。例外としては、①電話により説明することの承諾を得ている場合は電話にて可能であり（ただし、説明後遅滞なく書面	①小売電気事業者の氏名または名称および登録番号 ②契約媒介業者等が小売供給契約の締結の媒介等を行う場合にあっては、その旨および契約媒介業者等の氏名または名称 ③小売電気事業者の電話番号、電子メールアドレスその他の連絡先並びに苦情および問合せ

318

Ⅱ　小売電気事業の全面自由化

交付する）、②情報通信技術を利用する方法（ⓐ電子メール（ただし、出力し書面作成できること）、ⓑホームページ等での閲覧による方法（需要家が説明事項を出力し書面作成できない場合は、当該ホームページ上の事項を3カ月消去・改変できない）、ⓒ FRD や CD-ROM などの記録媒体に記録して交付する方法）と内容をあらかじめ示し、書面あるいは電磁的方法による承諾を得ている場合は（同条3項、電気事業法施行令2条）、当該方法と内容にて可能である（ただし、ⓐ～ⓒの方法による提供を希望しない申出があったときは、書面を交付して説明する）。

に応じることができる時間帯
④契約媒介業者等が小売供給契約の締結の媒介等を行う場合にあっては、契約媒介業者等の電話番号、電子メールアドレスその他の連絡先並びに苦情および問合せに応じることができる時間帯（ただし、媒介・取次・代理業者の業務の方法についての苦情および問合せを処理することとしている場合は、除く）
⑤小売供給契約の申込みの方法
⑥小売供給開始の予定年月日
⑦小売供給に係る料金（当該料金の額の算出方法を含む）
⑧電気計器その他の用品および配線工事その他の工事に関する費用の負担に関する事項
⑨前記⑦⑧に掲げるもののほか、小売供給を受けようとする者の負担となるものがある場合にあっては、その内容
⑩前記⑦⑧⑨に掲げる小売供給を受けようとする者の負担となるものの全部または一部を期間を限定して減免する場合にあっては、その内容
⑪小売供給契約に契約電力または契約電流容量の定めがある場合にあっては、これらの値または決定方法
⑫供給電圧および周波数
⑬供給電力および供給電力量の計測方法並びに料金調定の方法
⑭小売供給に係る料金その他の当該小売供給を受けようとする者の負担となるものの支払方法
⑮一般送配電事業者から接続供給を受けて小売供給を行う場合にあっては、託送供給等約款に定められた小売供給の相手方の責任に関する事項
⑯小売供給契約に期間の定めがある場合にあっては、当該期間
⑰小売供給契約に期間の定めがある場合にあっては、小売供給契約の更新に関する事項
⑱小売供給の相手方が小売供給契約の変更または解除の申出を行おうとする場合における小売電気事業者（契約媒介業者等が小売供給契約の締結の媒介等を行う場合にあっては、契約媒介業者等を含む）の連絡先およびこれらの方法
⑲小売供給の相手方からの申出による小売供給契約の変更または解除に期間の制限がある場合にあっては、その内容
⑳小売供給の相手方からの申出による小売供給契約の変更または解除に伴う違約金その他の小売供給の相手方の負担となるものがある場合にあっては、その内容
㉑前記⑲⑳に掲げるもののほか、小売供給の相手方からの申出による小売供給契約の変更または解除に係る条件等がある場合にあっては、その内容
㉒小売電気事業者からの申出による小売供給契約の変更または解除に関する事項

319

		㉓その小売電気事業の用に供する発電用の電気工作物の原動力の種類その他の事項をその行う小売供給の特性とする場合または契約媒介業者等が小売電気事業者が行う小売供給（その小売電気事業の用に供する発電用の電気工作物の原動力の種類その他の事項をその行う小売供給の特性とするものに限る）に関する契約の締結の媒介等を行う場合にあっては、その内容および根拠 ㉔小売供給の相手方の電気の使用方法、器具、機械その他の用品の使用等に制限がある場合にあっては、その内容 ㉕前記①～㉔に掲げるもののほか、小売供給に係る重要な供給条件がある場合にあっては、その内容である（電気事業法施行規則3条の12第1項1号～25号）。 　なお、再エネ特措法に基づき再生可能エネルギー電気を調達し、当該調達した再生可能エネルギー電気について同法8条1項の交付金の交付を受けている場合は、二酸化炭素が排出されない電気であることの付加価値を訴求せずに、前記①～㉕の説明をすることが求められる。
契約更新時（ただし、他の条件変更なく契約期間の延長のみに限る）	原則としては、書面を交付して説明する。例外としては、承諾取得にて、口頭説明が可能である。	小売供給契約に期間の定めがある場合にあっては、当該期間のみ説明することについて、承諾を得ている場合は、この事項のみで足りる。
条件変更時	原則としては、書面を交付して説明する。例外としては、承諾取得にて、口頭説明が可能である（ただし、実質的な変更を伴わない場合に限る）。	変更事項のみ説明することについて、承諾を得ている場合は、契約締結時説明内容のうち、当該変更事項のみで足りる。また、実質的な変更を伴わない場合（法令の制定廃止に伴う形式的な変更を含む）は、変更事項の概要についてのみ説明することについて、承諾を得ている場合は、当該変更事項の概要のみで足りる。
書面交付義務		
契約締結後遅滞なく（媒介の場合は、契約成立後遅滞なく）	①書面交付に代え、情報通信技術を利用する方法も可能（ただし、要件は上記説明義務と同様）、②条件変更契約締結後について、実質的な変更を伴わない場合で、書面交付しないことについて、承諾を得ているときは、書面交付を要さない。	①小売電気事業者等の氏名または名称および住所 ②契約年月日 ③小売電気事業者の登録番号 ④契約媒介業者等が小売供給契約の締結の媒介等を行う場合にあっては、その旨 ⑤供給条件説明事項③～㉕（⑤を除く）に掲げる事項（小売電気事業者が契約媒介業者等の業務の方法についての苦情および問合せを処理することとしている場合にあっては、④に掲げる事項のうち苦情および問合せに応じることができる時間帯を除く） ⑥供給地点特定番号である。
契約更新時		①小売電気事業者等の氏名または名称および住所 ②契約年月日 ③供給地点特定番号 ④小売供給契約に期間の定めがある場合にあっては、当該期間のみ説明することについて、承諾を得ている場合は、これらの事項のみで足りる。

| 条件変更契約締結後 | | ①小売電気事業者等の氏名または名称および住所
②契約年月日
③供給地点特定番号
④ⓐ当該小売電気事業者の登録番号、ⓑ当該契約媒介業者等が当該小売供給契約の締結の媒介等を行う場合にあっては、その旨、ⓒ供給条件説明事項の③～㉕（⑤を除く）に掲げる事項（小売電気事業者が契約媒介業者等の業務の方法についての苦情および問合せを処理することとしている場合にあっては、④に掲げる事項のうち苦情および問合せに応じることができる時間帯を除く）の事項のうち、変更した事項のみ説明することについて、承諾を得ている場合は、これらの事項のみで足りる。 |

(イ) 電力の小売営業に関する指針における望ましい行為

前記(ア)の法令上の規制に関連し、電力の小売営業に関する指針が制定されている。

全面自由化に伴い、さまざまな事業者が電気事業に参入することを踏まえ、関係事業者がこの指針を遵守することで、需要家保護の充実を図ることなどを目的とされている。この指針上の望ましい行為は、主に需要家への適切な情報提供、説明（書面交付を含む）すべき供給条件、電源構成等の適切な開示、小売契約の解除である。これらを一覧にまとめると〔図表85〕[18]のとおりである。

〔図表85〕 電力の小売営業に関する指針における望ましい行為（問題となる行為を含む）

	望ましい行為（問題となる行為を含む）
需要家への適切な情報提供	
料金請求根拠の明示	①低圧需要家向けの定型的な標準メニューおよび平均的な月額料金例の公表（ただし、期間限定の割引料金を提供するなど標準メニュー以外の販売も許容される） ②料金の算出根拠を明確にせず、「当社が毎月末に請求する額」や「時価」といった表現は問題となる（ただし、日本卸電力取引所の取引価格に連動するなどといった明確な算式に基づく場合は可能である） ③電気料金に工事費等が含まれている場合の請求書等への内訳の明記
適切な情報提供	価格比較サイトなどで、小売電気業者等以外の第三者によって虚偽または誤解を招く情報提供を把握した場合には、速やかに当該情報の訂正の働きかけの実施（特に自らの広告媒体として用いている価格比較サイトなどで、上記を把握したのに、それを長期間にわたり放置することは問題となる）

18　図表中の「算定・開示の具体例」は電力の小売営業に関する指針12頁参照。

第 5 章　小売電気事業改革と小売電気事業における信託活用

その他	①停電時の対応として、送配電要因であることが明らかな場合、一般送配電事業者がホームページ等を通じて提供する情報を用いた、需要家からの問合せへの対応 ②原因が不明な停電時、状況に応じた適切な助言、原因に応じた適切な連絡先の紹介 ③業務改善命令を受けた事実の公表
説明（書面交付を含む）すべき供給条件	
セット販売	①電気と他の商品・役務のセット販売時の電気料金の額の算出方法の説明（ただし、セット割引の場合、セット割引の電気料金への配分金額までは明示の必要はない（電気関係報告規則（昭和40年通商産業省令第54号）に基づく電力取引報告では電気料金とそれ以外の商品や役務の対価に割引額を振り分け電気料金の売上高を報告する必要がある） ②セット販売される商品・役務と電気の小売供給とで契約先が異なる場合の説明、③料金割引の条件の説明 ④キャッシュバック時のキャッシュバックの責任の主体・手続等の説明 ⑤セット販売に係る複数の契約の契約期間が異なる場合、当該複数契約同時解除時、常に違約金等が発生する旨の説明（この場合、複数の契約期間を同じ期間に設定するや、最も長期契約の契約期間満了時には、当該複数の契約を違約金等の負担なく同時解除できることが望ましい）
新入居時	①新入居時、電気使用開始後に小売供給契約の締結をした場合でも、電気使用開始日まで契約の効力をさかのぼらせ、無契約状態にしない ②需要家の理解不足等により、契約の効力をさかのぼる契約を締結する旨の説明（なお、小売電気事業者が、需要家が無契約状態での電気の使用を知りつつ、実際の電気の使用日を偽る行為を助長する行為は問題となる）
無契約状態時の手続	需要家がクーリング・オフをした場合や小売電気事業者が契約を解除した場合の手続の説明（無契約状態で電気の申込みを受けた需要家に対しては、新入居時と同様の説明。問題となる行為も同様である）
スイッチング時	需要家がスイッチングをするときは、切替え後の小売電気事業者は、旧小売供給契約の解除が必要な旨、解除の条件によっては違約金の発生やオール電化等への選択により既存の設備撤去等のため一定期間前の解除通知必要の発生の可能性の説明
高圧一括受電や需要家代理モデル	電気事業法の規制の対象外である、高圧一括受電や需要家代理モデルについても、小売電気事業者と同等の説明（なお、高圧一括受電においては、導入決議時の管理組合集会などにおいても十分に説明）
電源構成等の適切な開示	
電源構成の開示	①地球温暖化対策の推進に関する法律に基づく二酸化炭素排出係数（調整後排出係数）の併記 ②開示の対象期間は前年度実績値または当年度計画値として算定（ただし、電源構成等を小売供給の特性とする場合には、当年度計画値に基づく電源割合の明示） ③インバランス供給に係る電源構成の数値 ④日本卸電力取引所から調達した電気については、実際の電源構成にかかわらず、卸電力取引所として区分し、水力、火力、原子力、FIT 電気、再生可能エネルギーなどが含まれうることの明示（調達に係る排出係数について、取引所で約定された事業者の事業者別の実排出係数を約定した電力量に応じて加重平均することにより算定する）。なお、ⓐ電源構成により、需要家が供給を受ける電気の質自体が変わると誤認される表示をすること、ⓑ電源構成等の情報を特定の算定期間における実績または計画であることを明示しないこと、ⓒ電源構成等の情報について、割合等の数値およびその算定の具体的根拠を明示しないこと、ⓓ電源の区分け（水力発電所（出力 3 万 kW 以上）・火力発電（燃料：石炭）・火力発電（燃料：ガス）・火力発電（燃料：石油その他）・原子力発電・FIT 電気を除く、再生可能エネルギー発電・FIT 電気）について、需要家の混乱・誤認を招く方法で開示すること、ⓔ電源構成等の情報が利用

322

Ⅱ　小売電気事業の全面自由化

	可能な電気の卸売を受けているのに、当該情報を踏まえて仕分けずに開示すること、⑦小売電気事業者が発電・調達した特定の電源種の電力量について、転売・譲渡をしているのに、他のメニューを契約している需要家向けの電源構成に参入するなどの二重計上を行うこと、⑧昼間に発電・調達した電気を夜間に供給する電気とみなすなど、異なる時点間で発電・調達した電力量を移転する取扱いを行って電源構成等の算定を行うこと、のような表現は問題となる。
電源構成等を小売供給の特性とする場合	①説明義務・書面交付義務の内容となること ②過去の電源構成の実績値のみではなく、販売する当該年度の電源の割合の計画ことを示す ③電源構成の実績値について事後的に説明すること
FIT 電気を販売する場合	再エネ特措法 8 条 1 項の交付金を受領している場合、二酸化炭素が排出されない電気であることの付加価値を訴求しないこと、 ① FIT 電気である点誤解を招かないようにすること ②電源構成全体に占める割合を説明すること ③ FIT 制度自体の説明をすることの 3 要件を満たす説明をすること
非化石証書を購入した場合	非化石証書が化体する非化石価値は小売供給のための発電・調達にかかる電気の電源構成とは異なるため、「再生可能エネルギー電気を100％発電・調達している」という表現は不可である。ただし、「再生可能エネルギー指定の非化石証書の購入により、実質的に、再生可能エネルギー電気○％の調達を実現している」といった、訴求をすることは許容される。
地産池消等発電所の立地地域を特定する場合	①説明義務・書面交付義務の内容となること ②「地産池消」とは、一定の限定された地域において発電し消費されることが基本であり、関東地方などは地域とはいえないこと ③「発電所の立地場所および電気の供給地域」は、最低限の説明事項となること
算定・開示の具体例	**当社の電源構成** (平成 27 年 4 月 1 日~平成 28 年 3 月 31 日の発電・調達電力量(kWh)実績値) FIT 電気の特性を明示 凡例：□水力(3 万 kW 以上)／□石炭火力／□LNG 火力／□石油火力／□原子力／□FIT 電気(風力)(※1)／□FIT 電気(太陽光)(※1)／□太陽光／□卸電力取引所(※2)／□その他 14%／12%／12%／7%／6%／1%／3%／1%／12%／32% （※1）当社がこの電気を調達する費用の一部は、当社のお客様以外の方も含め、電気をご利用の全ての皆様から集めた賦課金により賄われており、この電気の CO2 排出量については、火力発電などを含めた全国平均の電気の CO2 排出量を持った電気として扱われます。 （※2）この電気には、火力、水力、原子力、FIT 電気、再生可能エネルギーなどが含まれます。 ―　取引所で調達した電気の特性を明示 （※3）他社から調達した電気については、以下の方法により電源構成を仕分けしています。 ①○○電力(株)の不特定の発電所から継続的に卸売を受けている電気（常時バックアップ）については、同社の平成 26 年度の電源構成に基づき仕分けしています（今後、平成 27 年度の電源構成が公表され次第、数値を修正する予定です）。 ②他社から調達している電気の一部で発電所が特定できないものについては、「その他の取扱い」としています。 ―　他社から調達した電気の電源構成の仕分けの考え方を明示 （※4）当社の○年度の CO2 排出係数(調整後排出係数)は○○です(単位：○kg-CO2/kWh)。 当社は再エネ指定の非化石証書の購入により、実質的に、再生可能エネルギー電気○％の調達を実現しています。 ―　電源構成と併せて CO2 排出係数(調整後排出係数)を明示。加えて、非化石証書に基づく一定の訴求も可。
小売契約の解除	①解除を制限するような契約条項を設けないこと（たとえば、解除禁止期間を設定、高額の違約金等設定、極めて短期の自動更新時の需要家からの申出期間） ②解除を著しく制限する行為をせず、速やかに申出に応じること（たとえば、解除申出や自動更新拒否の申し出に応じない（コールセンターに電話しても担当者につながない場合を含む）、それら申出の手続を明確にしない） ③低圧分野においては、需要家の転居に伴い、現住所での契約の解除等時、違約金等の発生がある場合で、転居先で引き続き同じ小売電気事業者から供給を受けられないときには、違約金等の負担なく解除できるよう措置すべきこと

323

第5章　小売電気事業改革と小売電気事業における信託活用

	④需要家から解除の申出を受けた場合、適切な本人確認を行うこと ⑤小売電気事業者側から解除を行う場合、ⓐ解除の15日前までに解除日を明示して解除予告通知を行うこと、ⓑ解除予告通知時に、無契約時には電気の供給が止まること、最終保証供給（低圧の場合は、少なくとも2020年3月までは特定小売供給）を申し込む方法があることを説明すること、ⓒ解除日の10日程度前までに、小売電気事業者からの解除による旨の明示とともに、一般送配電事業者に託送供給契約の解除連絡を行うことに留意すること

(ウ) 商流組成上の望ましいスキーム・望ましくないスキーム

　全面自由化以後、小売電気事業者による新たな営業・形態として、小売電気事業のライセンスを有しない者が実施する媒介・取次・代理も許容されるが、電力の小売営業に関する指針上、問題となる行為および望ましい行為が定められている。なお、小売電気事業者はこれらの者に対し、適切な営業活動を行うよう指示・監督する必要がある。

(A) 小売電気事業者の媒介・取次・代理

　媒介とは、他人（小売電気事業者および小売供給を受けようとする者）の間に立って、当該他人を当事者とする法律行為（小売供給契約）の成立に尽力する事実行為をいう。取次とは、自己の名をもって、他人（小売電気事業者）の計算において、法律行為（小売供給契約）をすることを引き受ける行為をいう。代理とは、他人（小売電気事業者）の名をもって、当該他人のためにすることを示して行う意思表示をいう。これらをモデル化すると〔図表86〕[19]のようになる。

(B) 媒介・取次・代理業者の営業上の留意点

　媒介・取次・代理業者に共通する営業上の留意点としては、誰が電気事業法上の小売電気事業者かどうか明確にすることである（〔図表87〕[20]参照）。

　取次に関しては、順次取次（取次業者がさらに他の者に取次を委託すること）、需要家側の取次を行わないこととされる。また、小売電気事業者と取次業者間の契約が、取次業者の債務不履行等により解除される場合、需要家の不利益とならないよう、小売電気事業者が契約の承継、従前と同条件での

19　前掲（注18）26頁・27頁参照。
20　前掲（注18）28頁参照。

324

〔図表86〕 小売電気事業者の媒介・取次・代理

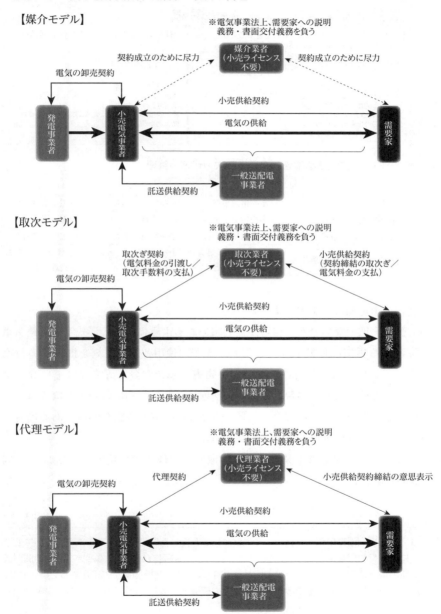

〔図表87〕 媒介・取次・代理業者の営業上の留意点

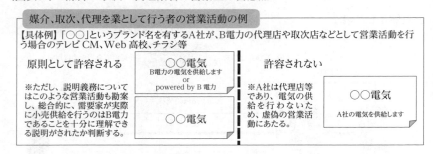

〔図表88〕 小売電気事業者と媒介・取次・代理の整理

	媒 介	取 次	代 理
電気の供給者	小売電気事業者	小売電気事業者	小売電気事業者
小売供給契約の当事者	小売電気事業者	取次業者[22]	小売電気事業者
託送供給契約の当事者	小売電気事業者	小売電気事業者	小売電気事業者
説明義務・書面交付義務者	小売電気事業者および媒介業者	小売電気事業者および取次業者	小売電気事業者および代理業者

契約の再締結などを実施する。

受電実態のない者が、自らが需要家であるように装い、形式上小売電気事業者から電気の供給を受け、最終需要家（使用者）に電気を提供する行為は、電気事業法上許容されない。小売電気事業の登録等を受けていない者が、この行為をした場合、電気事業法違反として、罰則の対象となりうる。ただし、既契約がある場合[21]、親子関係など一定の特別な関係がある場合に限り、例外的に許容される場合がある。

ここで、小売電気事業者と媒介・取次・代理業者の整理をしておく（〔図表88〕参照）。

---

21 小売の全面自由化より前にすでに自由化されていた特別高圧・高圧部門においてすでに当該契約が締結されていた場合については、当該契約が終了するとき（契約期間が長期の場合は契約終了を待たず平成31年1月めど）に、契約関係を適正化するものとする。
22 小売電気事業者としての義務（供給能力確保・苦情処理等）は、小売電気事業者である。

Ⅱ　小売電気事業の全面自由化

㈔　消費者保護

　需要家が消費者（営業のためにもしくは営業として締結するものについては、クーリング・オフの適用除外）である小売供給契約について、訪問販売や電話勧誘販売を受けた場合、原則として（電気事業法上のクーリング・オフの適用除外が、小売の全面自由化が行われる平成28年4月までは、一般電気事業または特定電気事業による役務提供だったものが、平成28年4月以降、最終保障供給、離島供給および特定小売供給（経過措置料金）による役務提供となった）、特定商取引に関する法律に基づくクーリング・オフの対象となる。

　したがって、平成28年4月の全面自由化以降、前記の適用除外を除き、消費者である需要家に対し、訪問販売や電話勧誘販売の手法で営業活動を行う場合、小売電気事業者は特定商取引に関する法律に基づく各種対応が必要となる。

　また、電力の小売営業に関する指針上、一般送配電事業者が適切な需要家保護措置をとることができるよう、小売電気事業者は、クーリング・オフを理由とする託送供給契約の解除を行う場合は、その旨を一般送配電事業者に通知したうえで解除をすることが必要であることが定められている。

㈕　旧一般電気事業者に対する施策

　前記㈠～㈔のほか、一般電気事業者であった小売電気事業者に対しては、小売分野について、適正な電力取引についての指針が定められている。

　小売の全面自由化前は、その供給区域内において100％近いシェアを有しており、一般電気事業者間の競争が活発に行われていなかった。そこで、小売電気事業者間の全国的な競争が公平に行われるよう、電力の小売営業に関する指針上も望ましい行為および問題となる行為が定められている。

3　登録小売電気事業者

　制度を中心に叙述してきたが、具体的な新規参入者は、平成30年4月5日現在、計466事業者である[23]。

　なお、資源エネルギー庁が平成28年5月23日（全面自由化である同年4月の翌月下旬）時点での登録事業者を属性別に分けた資料によると、従来からのプレイヤー（旧一般電気事業者、その子会社、主要な新電力）に加えて、ガス・

327

第5章　小売電気事業改革と小売電気事業における信託活用

石油等のエネルギー系、通信系、放送系、鉄道系、再エネ系などの「系」が
みえてくる[24]。また、資源エネルギー庁は「その他」と括っているが、エネ
ルギー源や業種に注目するのではなく、たとえば、販売網・営業力に注目す
る（たとえば個人顧客と多く接している）、ある地域に注目するなどと見方を
変えると、別の分類も可能である。

4　欧州における電力自由化

(1)　電力自由化に関する制度の変遷

　欧州では EU 欧州委員会に政策提言に基づき、電力市場改革が実施されて
きた。小売に関するところでは、1996年の電力自由化指令で、加盟国は2003
年までに市場の3分の1を自由化しなければならないとした。また、その後
の2003年の電力自由化指令では2007年7月までに家庭用も含めた全面自由化
を実施するように義務づけた。

　これに基づき、ドイツにおいては、1998年にエネルギー事業法を改正し、
家庭用を含む小売の全面自由化が実施された。

　フランスでは、日本と同様に自由化は段階的に実施され、市場開放率は
1999年2月以降に約20％、2000年5月以降に約30％、2003年2月以降に約
37％と拡大された。2004年7月以降は、家庭用需要家を除く産業用・業務用
需要家が自由化され、2007年7月以降は全面自由化が実施された。

　イギリスにおいては、EU 欧州委員会による指令以前のから段階的に自由
化は進められ、サッチャー政権下の1989年に国営企業の民営化推進の一環と
して、国有電気事業者の分割・民営化を決定し、その後、1999年に小売を全
面自由化、参入者は増加し、競争が進展した。

　欧州全体では、同時に M&A も活発化している。イギリスでは、多数の

23　資源エネルギー庁 HP「登録小売電気事業者一覧」（平成30年4月5日現在）〈http://
　　www.enecho.meti.go.jp/category/electricity_and_gas/electric/summary/retailers_
　　list/〉。

24　資源エネルギー庁「小売全面自由化に関する進捗状況」（平成28年5月25日）〈http://
　　www.meti.go.jp/committee/sougouenergy/denryoku_gas/kihonseisaku/
　　pdf/006_03_00.pdf〉。

328

国内事業者はドイツ、フランス、スペインの大手エネルギー会社に買収され、現在は Big 6（ドイツの RWE npower、E.ON UK、フランスの EDF Energy、スペインの Scottish Power、イギリスの SSE、Centrica）と呼ばれる大手6社によるシェアは9割となり、寡占市場が形成されている。

(2) **電力自由化の経年とスイッチング率の関係**

電力自由化を実施した欧州の情報を調査した資料が〔図表89〕[25]である。縦軸は最大16％であり、国の違いはあるが、日本における電力自由化も10％程度が目安になるのではなかろうか。横軸は経過年数を意味しており、代表格としてイギリスに注目するとすれば、24年が経過している一方、フランスは6年である。日本は1年である。

シェアについては、基本的に参入者に効率がよく、元々本拠地がある中心部（東京・大阪など）で流動化しながら、地方は流動化が進まないことが想像される。日本でのスイッチングは、2017年時点で、中心部で進んでいる。

欧州では、各加盟国は電力自由化を実施したが、スイッチング率（既存大手供給者から新規参入者への契約切替率をいう）の差は大きい。ドイツ・フランス・イギリスを比較しても、ドイツとイギリスは約10％のスイッチング率

〔図表89〕 欧州各国の電力自由化経過年数とスイッチング率

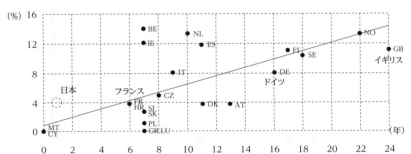

注1：出所 ACER（欧州エネルギー規制者協力機関）/CEER（欧州エネルギー規制者評議会）(2015) Annual Report on the Results of Monitoring the Internal Electricity and Natural Gas Markets in 2014
注2：国の略号については、以下の通り。
AT：オーストリア、BE：ベルギー、BG：ブルガリア、CY：キプロス、CZ：チェコ、DE：ドイツ、DK：デンマーク、EE：エストニア、ES：スペイン、FI：フィンランド、FR：フランス、GB：英国、GR：ギリシャ、HR：クロアチア、HU：ハンガリー、IE アイルランド、IT：イタリア、LT：リトアニア、LU：ルクセンブルク、LV：ラトビア、MT：マルタ、NL：オランダ、NO：ノルウェー、PL：ポートランド、PT：ポルトガル、RO：ルーマニア、SE：スウェーデン、SI：スロベニア、SK：スロバキア

---

25 前掲（注24）参照。

第5章　小売電気事業改革と小売電気事業における信託活用

となっているが、フランスにおいては5％に満たない。

　イギリス・ドイツでスイッチングが進み、フランスでさしたるスイッチングがみられないのはなぜだろうか。理由としては主に、2つ考えられる。1つは、電力自由化開始から時間が経過し、スイッチングに対する需要家からの理解が進むためである。電力自由化をしてから比較的年数の浅いフランスはスイッチングが遅れており、これは、〔図表89〕から読み取れる。経年とスイッチング率に相関関係があることは、中央の斜線が示すところであり、基本的には右肩上がり、すなわち時間が経過すればスイッチングが進むということである。

　2つ目は、卸売市場の活性化の具合である。これは、〔図表89〕では示されていない。自明なこととして説明を要さないと思われるが、良質な電気、すなわち価格競争力が強く、CO_2負担が小さい電気を仕入れられるほど、最終需要家に提供できる電気の競争力は高い。この点、価格競争力が高く、CO_2負担が小さい発電所をもつのは、概して既存大手という構造になりやすい。水力発電などが代表格であるが、CO_2負担においても原子力発電は優位性がある。

　よって、既存大手も新規参入者も同じ土俵に立って電気を売買できる市場、すなわち卸売市場が拡大することで、小売電気事業は促進されるのであり、その競争の促進・料金の低下によって規制料金の撤廃・縮小が実施できると考えられる。

　言い換えると、〔図表89〕の中央の斜線に乗らない各国、たとえばスイッチング率が0％であるギリシャ、ルクセンブルクなどは、電力自由化の経年とスイッチング率の相関のみならず、卸市場等の周辺環境も同時にみておく必要があろう。

(3)　ドイツにおける地方電力の態様

　ドイツにおいては、電力自由化が始まる以前からシュタットベルケと呼ばれる自治体を中心とした中小電気事業者が多数存在した。ただし、発電・送配電・小売を一貫で担う8電力会社が中心として、電力の供給を行っていた。小売自由化によって、8大電力会社は統合・合併をし、4グループ（E.ON、RWE, ENBW, Vattenfall Europe）に集約され、約5割を供給して

330

いる[26]。一方、約44％を占めるその他については、多くが自治体によるシュタットベルケであり、現在900社以上が存在する。

(4) フランスにおける垂直統合の態様

フランスにおいては、自由化以前はフランスの国営企業であるEDFが発電から小売までを手掛ける垂直統合企業として独占的に電力供給を行ってきた。自由化後は、旧国営ガス会社であるGDFスエズ中心として、多少の新規参入はあったものの、既存事業者であるEDFのシェアが高く8割～9割以上[27]となっている。これは、電力自由化以降の経過年数が短くまた、原子力発電所を保有するEDFが安い規制料金で継続して供給しているためであると考えられる。

電力自由化の進展が不十分であることを受けて、2012年以降、フランスでは、規制料金の撤廃と、原子力発電の電力の卸売市場への強制的な切出しを進めている。

(5) 電力自由化後のサービスの展開と需要家保護

欧州では、競争の過程で、過去との差別化・他社との差別化を目的としてメニューが多様化されていった。欧州委員会がECME consortiumに依頼した調査結果によると、電力メニューは、①時間帯によって料金単価が異なるか、一律か、②燃料や卸売価格によって小売単価が変動する変動料金か、変動しない固定料金か、③契約期間があるか、ある場合は何年かの3つに大きく分類される。ほかにも、発電元の電力が再生可能エネルギーか否か等によって分類される[28]。

電力自由化後に、料金メニューは増加し、割引の種類だけでも長期割引、契約継続割引、デュアルフュエル割引（ガスとのセット割引き）、口座引落し割引など、多様化した。需要家にとってはメリットもあったが、行き過ぎる

26　電力中央研究所「欧州における家庭用電気料金メニューの多様化の現状と課題」4頁。

27　佐藤佳邦＝澤部まどか「全面自由化後も国に関与が強く残るフランス――規制料金の存続が競争の進展阻む」電力中央研究所『世界の電力事情――日本への教訓』12頁参照。

28　一般財団法人日本エネルギー経済研究所「平成27年度電源立地推進調査等事業（国内外における電力市場等の動向調査）報告書」参照。

331

〔図表90〕 Ofgem による電力・ガス小売市場改革の流れ

時期	動き
2011年3月21日	小売市場改革に関する最初の提言（産業用小売市場も含む） The Retail Market Revew-Findings and initial proposals
2011年12月1日	家庭用小売市場に関する提言 The Retail Market Revew: Domestic Proposals
2012年2月23日	供給者や消費者団体等からの意見を募集
2012年10月26日	内容の一部を変更した上で新たな提言を公表 The Retail Market Revew-Updated Domestic Proposals
2012年12月21日	二番目の提言に対する意見募集期限
2013年春	意見募集の結果、修正された提言が公表される予定
2013年中	Ofgem は提言を実施に移す考え

多様化で、複雑化しすぎた側面もある。

　複雑化の指摘を受け、需要家保護の観点から、料金メニューの規制を行う動きがある。イギリスの規制機関 Ofgem は2011年より料金メニューに関して調査と規制の提案を行っている。内容としては、供給者1社あたりの料金メニューの数の規制や、割引額の固定化等を実施した（〔図表90〕参照）。

　この点を日本においてみて考えると、料金メニューの多様化は不可避的であるように思われるが、それが通用する年数を加味して、メニューを開発したり、システムを投資する必要を示唆しているのではなかろうか。

△▲園田公彦△▲

Ⅲ　小売電気事業における資金調達

1　検討課題

　日本において、事業者による有担保の資金調達は、不動産担保融資を基本とするが、それを補完するものとして、近年、事業者が有する在庫、売掛債権、機械設備等の事業収益資産を担保に供して行う資金調達が、いわゆるABL（Asset Based Lending）として着目されている[29]。商品を販売する事業会社は、一般に、その製造しまたは仕入れた商品を在庫として保有し、当該商品を顧客に販売して売掛金を取得し、その売掛金を回収して資金を得て、当該資金を元手に次なる商品の製造または調達を行う。ABLは、かかる事業のサイクルの過程で事業会社が取得・保有する資産である、在庫、売掛債権、預金債権等をまとめて担保設定するものである。ABLは、事業会社側には、担保に差し出す十分な不動産を有していない場合でも資金調達が可能となる等、資金調達手段の多様化のメリットがある一方、金融機関側にも、担保として取得した在庫、売掛金の管理、モニタリングを行うことにより、事業会社の事業内容、財務状況を把握、評価することができるメリットがあるといわれており[30]、特に中堅、中小企業による活用が想定されている。

　小売電気事業は、発電事業者から調達し、一般送配電事業者から託送供給を受けた電気を、需要家に供給して電気料金を得、それをさらなる電気の調達および託送供給の代金にあてるという事業サイクルを有している。小売電気事業者には、中堅以下の規模の会社も多く含まれ、その業態に照らし、担保に供する十分な不動産を所有していない場合も少なくないと思われ、かか

29　経済産業省「ABLガイドライン」（平成20年５月）２頁。

30　事業再生研究機構編『ABLの理論と実践』（商事法務、平成19年）30頁〔林揚哲〕、66頁～68頁〔松木大〕。

第5章　小売電気事業改革と小売電気事業における信託活用

る事業サイクルから生じる資産を担保に資金調達することができれば、その
メリットは大きいと思われる。かかる資金調達の可能性を検討するための前
提として、ここでは、まず、小売電気事業者が、電気の調達、託送供給、需
要家への供給という事業サイクルにおいて取得し、保有する権利の内容を整
理したうえで、その担保化の可能性について若干の検討を行うものとする。
なお、本章ⅢⅣで用いられる用語は、それぞれ別途定義が付されていない限
り、第1章Ⅱにおいて定義された意味を有するものとする。

2　電気料金債権

(1)　債権の発生およびその履行

　電気料金債権の発生およびその履行の条件等は、基本的に小売供給契約の
内容に基づき検討されるべきものである。一般電気事業者が需要家に電気を
供給する電気需給契約には、一般電気事業者が作成し経済産業大臣の認可を
得た供給約款が適用されていた。現行の電気事業法の下では、旧一般電気事
業者がみなし小売電気事業者（電気事業法等の一部を改正する法律（平成26年
法律第72号）附則2条1項により、小売電気事業者の登録を受けたものとみ
なされる一般電気事業者をいう。同条2項）として需要家と締結する一定の
要件を満たす小売供給契約は従来どおり経済産業大臣の認可を必要とする
が、それ以外の小売供給契約は認可を必要とされないこととなった（同法附
則18条1項）。しかし、かかる小売供給契約においても、電気料金債権の発
生、履行に関する基本的な部分は、一般電気事業者が経済産業大臣の認可を
得て用いていた供給約款の内容が一般に踏襲されているようであるので、以
下においては、かかる供給約款における条項に基づき検討することとする。

(ア)　債権の発生時期

　小売電気事業者は、小売供給契約に基づく電気の供給の対価として、需要
家に対して電気料金債権を取得するが、かかる電気料金債権はいつ、いかな
る額で発生するかが、まず問題となる。

　電気料金債務は、料金適用開始のとき以降、需要家の電気の使用に応じて
累積されていくが、それはいまだその額や履行期について具体性をもたな
い、いわば原始債務ともいうべきものであるといわれている[31]。

小売供給契約においては、継続して行われる電気の供給を一定の料金算定期間ごとに区切って、かかる料金算定期間に供給された電気の対価としての電気料金の支払義務が、契約に定める特定の日に発生することとされており、通常、検針の結果を受領したことにより需要家に対し電気料金の請求が可能となった日以降の特定の日（以下、「請求可能日」という）に発生することとされている。

「検針」は一般送配電事業者が実施し、検針によって当該需要家の当該料金算定期間における使用電力量が確定される[32]。最も一般的な従量制契約種別の場合、電気料金は基本料金と電力量料金とから構成されているが、基本料金については料金算定期間中の契約電流、契約容量または契約電力を基に算定され、電力量料金については当該料金算定期間中の使用電力量が確定され、これが小売電気事業者に通知されることによって算定され、これらの合計によって当該料金算定期間中の電気料金の額が確定されることとなる[33]。請求可能日においては、検針により確定された当該料金算定期間中の電気料金の額の電気料金債権が発生することとなる。

(イ)　債権が発生する期間

電気料金債権は、小売供給契約に基づく電気の供給の対価として発生するものであるから、小売供給契約が継続している限り発生しうる。

一般に、小売供給契約の期間は、一定の場合を除き、契約成立の日から、料金適用開始の日から一定の期間を経過した日までとするが、契約期間満了前に契約の終了または変更がない限り、満了後も1年ごとに同一条件で延長されることとされていることが多い[34]。かかる場合は、契約期間中に契約が終了した時が実質的に債権発生期間の終期となる。

小売電気事業者は、需要家が、その責めに帰すべき事由により保安上の危

31　電気供給約款研究会編『新版電気供給約款の理論と実務［普及版］』（日本電気協会新聞部、平成24年）192頁。

32　電気供給約款研究会編・前掲（注31）184頁。

33　電気供給約款研究会編・前掲（注31）184頁。

34　電気供給約款研究会編・前掲（注31）154頁・157頁。

険を生ぜしめた場合、電気料金の支払いを一定期間怠った場合等、小売供給契約に定める一定の事由が生じた場合、その一方的意思により小売供給契約を終了させることができる。他方、需要家は、その一方的意思により小売供給契約を終了させることができる[35]。

(ウ) 履行期

小売供給契約においては、電気料金の支払期日を、支払義務発生日から特定の日数が経過した日として定めている。

(2) 電気料金債権の集合債権譲渡担保

(ア) 譲渡担保権の設定

小売供給契約に、電気料金債権についての譲渡禁止特約が付されていなければ、小売電気事業者は、借入れの担保のために、債務者の承諾なしに、電気料金債権に譲渡担保権を設定することができる。

債務者が債権者に対して負う被担保債務を担保するため売掛債権に譲渡担保権を設定する場合、たとえば、設定時において存在する売掛債権の債務者（第三債務者）を別紙で特定したうえで、債務者は「別紙記載の第三債務者及び今後新たに追加される第三債務者に対して発生した又は発生する、現在有する売掛債権及び将来取得する売掛債権」を被担保債務の担保として債権者に譲渡する旨定めることにより、既存の売掛債権だけでなく将来発生する売掛債権もあわせて譲渡担保権を設定する。

小売電気事業者が電気料金債権に譲渡担保権を設定する場合も、同様に、設定時において小売供給契約を締結している需要家（電気料金債権の債務者）を第三債務者として別紙で特定したうえで、「別紙記載の第三債務者及び今後新たに追加される第三債務者に対して発生した又は発生する、現在有する電気料金債権及び将来取得する電気料金債権」を担保のために債権者に譲渡する旨定めることにより、譲渡担保権を設定することになろう。

かかる定めに基づく譲渡担保権が設定された場合、①別紙記載の需要家との間の小売供給契約（既存小売供給契約）に基づく電気料金債権で、譲渡担保設定時において検針日が到来し具体的な電気料金債権が発生し、かつまだ

---

35 電気供給約款研究会編・前掲（注31）284頁・285頁・292頁～295頁。

その支払いがなされていないものが、既発生の電気料金債権として譲渡担保に供され、②既存小売供給契約に基づく電気料金債権で、譲渡担保設定後に到来する検針日において発生する電気料金債権、および③譲渡担保設定後に新たに追加される需要家との間の小売供給契約に基づく電気料金債権が、将来債権として譲渡担保に供されることとなる。これにより、②③の電気料金債権については、債権発生時において、自動的に債権者に担保のために譲渡されることとなる。

㈠ 小売電気事業者が負う被担保債務について期限の利益喪失事由が発生するまでの回収金の取扱い

売掛債権の譲渡担保においては、通常、譲渡担保設定後も、譲渡担保権設定者が引き続き当該売掛債権の取立てを譲渡担保権者から委任を受けて行い、被担保債務について期限の利益喪失事由が生じるまでは、譲渡担保権設定者が、回収した売掛金を自己の資金として使用できる旨定められている。

電気料金債権の譲渡担保においても、同様に、被担保債務について期限の利益喪失事由が生じるまでは、譲渡担保権設定者たる小売電気事業者が、回収した電気料金債権を自己の資金として使用できる旨定められよう。かかる定めは、電気料金債権に設定された譲渡担保権が、取立ての委任を受けた小売電気事業者により回収された時点で解除されることを意味する。したがって、被担保債務について期限の利益喪失事由が生じるまでの間のある時点において、債権者が譲渡担保としてその価値を把握している既発生の電気料金債権（以下、「対象電気料金債権」という）は、検針日が1カ月ごとに到来し、支払期日は検針日の翌日から起算して30日目ということを前提とするなら、ほぼ1カ月分の未回収の電気料金債権ということになろう。

㈡ 小売電気事業者が負う被担保債務について期限の利益喪失事由が発生した場合

小売電気事業者が負う被担保債務について期限の利益喪失事由が発生した場合、それ以降、小売電気事業者は、対象電気料金債権について債権者から取立ての委任を受けて回収した回収金を自己の資金として使用することができず、債権者に引き渡さなければならないこととなる。また、債権者は小売電気事業者に対する取立ての委任を解除し、自ら、あるいは第三者に委託し

第5章　小売電気事業改革と小売電気事業における信託活用

て需要家から対象電気料金債権を回収することもできる。債権者は、そのように回収した回収金を被担保債権に充当することにより、譲渡担保権を実行する。

(エ)　対象電気料金債権の残高の維持

　対象電気料金債権の残高は、債権者が譲渡担保権の実行により被担保債権に充当できる額に近似するものであるから、被担保債権の残高との関係で一定の比率を定め、かかる比率を下回った場合は、小売電気事業者は債権者に別途の信用補完を提供する旨の定めをおくことも考えられる。

　対象電気料金債権の残高は、債務者と小売供給契約を締結している需要家の数が減少すれば、それとともに減少する可能性が高い。前述のとおり、小売供給契約は、需要家が、その一方的意思表示により終了させることができるため、小売電気事業者による小売供給契約上の義務違反はもとより、小売供給契約に関連して小売電気事業者が電気事業法上負う各種の義務の違反、さらには、供給条件、その他電気供給サービスの態様等において他の小売電気事業者との比較で劣後することとなる場合等においても、対象電気料金債権の残高は減少する可能性がある。債権者としては、対象電気料金債権の残高の減少をもたらすリスクファクターをあらかじめ認識したうえで、常にその残高の推移を把握しつつ、適切な債権保全の維持に努める必要があろう。

3　発電事業者、一般送配電事業者に対する電気供給請求権

(1)　小売電気事業者は電気の「在庫」を有しているか

　調達契約において、発電事業者が小売電気事業者に発電場所接続点で電気を供給すると定め、託送供給契約において、発電場所接続点で小売電気事業者から受電した一般送配電事業者が、同時に、需給場所接続点において小売電気事業者に電気を供給し、小売供給契約において、小売電気事業者が需給場所接続点において需要家に電気を供給すると定めていることに照らせば、小売電気事業者は、需要家に電気を供給する前に、発電事業者から供給を受けた電気、あるいは一般送配電事業から供給を受けた電気を一時所有しているようにも読め、かかる電気を在庫として担保設定できないかとの問題が提起されうるようにも思える。

338

しかし、まず、電気は所有権の客体たり得ない（第1章Ⅱ2(2)(イ)参照）。ま
た、電気は、電気設備により管理される限りにおいて一定の取引価値を有
し、かかる取引価値は当該電気設備の管理者に帰属しうるが、小売電気事業
者は電気設備を有しないので、かかる電気の取引価値も帰属し得ない（第1
章Ⅱ4(1)(ア)(B)参照）。小売電気事業者が調達契約に基づき取得する権利は、
もっぱら、発電事業者に対して一定の量の電気を一般送配電事業者に「引き
渡す」よう請求しうる権利（債権）であり（第1章Ⅱ4(1)(イ)(A)(a)参照）、託送
供給契約に基づき取得する権利は、もっぱら、一般送配電事業者に対して一
定の量の電気を別の一般送配電事業者に（振替供給の場合）あるいは需要家
に（接続供給の場合）に「引き渡す」よう請求しうる権利（債権）であるので
（第1章Ⅱ4(1)(イ)(B)(b)参照）、小売電気事業者はいわゆる電気の「在庫」を有
しているとはいえない。

(2) **託送供給契約に基づく一般送配電事業者に対する電気供給請求権の**
担保設定の可能性

託送供給契約に基づき小売電気事業者に対して電気を供給する義務を負う
のは、小売電気事業者から受電した一般送配電事業者である（電気事業法2
条1項4号・5号イ・19条1項参照）。すなわち、一般送配電事業者は受電す
ることにより供給義務を負うのであり、かつ受電と供給は同時に行われるの
で、結局、小売電気事業者が一般送配電事業者に対して具体的な電気の供給
請求権を有している期間はないことになる。したがって、託送供給契約に基
づく一般送配電事業者に対する電気供給請求権は担保設定の対象とはなり得
ない。

(3) **調達契約に基づく発電事業者に対する電気供給請求権の担保設定の**
可能性

小売電気事業者は、発電事業者と締結する電気の調達契約に基づき、発電
事業者から一定の期間にわたって一定の量の電気の供給を受け、通常、一定
の期間が経過するごとに発電事業者に対してその代金を支払う。したがっ
て、発電事業者に対する電気供給請求権は、譲渡の対象たりうる債権として
観念することができる。調達契約に基づく電気供給請求権は、その内容に鑑
み、それを譲り受けた第三者にとって財産的価値があるものかという問題が

第5章　小売電気事業改革と小売電気事業における信託活用

ありうるが、別の小売電気事業者がそれを取得した場合は、当該小売電気事業者は、当該電気供給請求権を行使して、託送供給契約における「小売電気事業者からの一般送配電事業者の受電」を実現させ、一般送配電事業者から託送供給を受け、もって、需要家に対する電気の供給を行い、最終的にそれに対応する電気料金を得ることができるので、財産的価値があるといいうる。したがって、譲渡担保権の実行時において、電気供給請求権が存在している限り、債権者はそれを他の小売電気事業者に処分して換価することができ、譲渡担保として利用可能ということができる。

　しかし、かかる電気供給請求権は、調達契約が解除されれば、将来に向けて消滅するものであるところ、譲渡担保権の実行時、すなわち債務者たる小売電気事業者に期限の利益喪失事由が生じた時点において、調達契約にも解除事由が生じたものとみなされる可能性が高く、それ以降、電気供給請求権が存続する可能性は低いものと思われる。電気供給請求権に譲渡担保権を設定する場合、前記2(2)(イ)(ウ)において述べたとおり、債務者たる小売電気事業者に期限の利益喪失事由が生じる前は、供給された電気は当該小売電気事業者が自己のものとして利用することができ、期限の利益喪失事由が生じた後に、債権者がかかる電気供給請求権を換価処分しうるものと定められるものと思われるが、期限の利益喪失事由発生により調達契約も解除され、結局、債権者は換価処分しうる電気供給請求権を有しないこととなる可能性が高いと思われる。

　したがって、調達契約に基づく発電事業者に対する電気供給請求権の担保設定は、不可能ではないものの、その担保価値は乏しいということになるかと思われる。

△▲後藤　出△▲

340

Ⅳ 小売電気事業への信託の活用

1 電気は信託の対象となりうるか

(1) 問題提起

本項では、電気自体は民法上の物にあたらず、所有権等の財産権の対象たり得ないが、一定の電気設備によって管理され、一定の計量に従って取引されている関係において独立の取引価値を有し、かかる取引価値は、電気設備を保有し、かかる電気設備で電気を管理している者に帰属するという立場に立つものである。かかる立場によれば、信託の対象となるか検討の余地があるのはかかる取引価値ということになるが、小売電気事業者は電気設備を保有しないため、およそ電気についての取引価値が小売電気事業者に帰属することはなく、小売電気事業者が「電気を信託する」ということは想定されない。したがって、小売電気事業への信託の活用というテーマの下で、電気が信託の対象たりうるかを議論することは必ずしも適当ではないが、さまざまな電気事業への信託の活用を考えるにあたって、電気が信託の対象となりうるかという問題は最も基本的な問題の1つであるので、便宜上、以下においてこれを論じることとする。

(2) 検 討

㋐ 信託の対象たる財産（信託法2条1項に定める「財産」）の範囲

信託法2条1項は、信託とは「次条各号に掲げる方法のいずれかにより、特定の者が一定の目的（専らその者の利益を図る目的を除く。同条において同じ。）に従い財産の管理又は処分及びその他の当該目的の達成のために必要な行為をすべきものとすることをいう」と定める。信託の対象について、平成18年法律第108号による改正前の信託法（以下、「旧信託法」という）1条は、「財産権」と規定していた[37]のに対し、現行信託法は単に「財産」と規定していることについて、立法担当者は「これは信託の対象となるために

341

第5章　小売電気事業改革と小売電気事業における信託活用

は、具体的な名称で呼ばれるほど成熟した権利である必要はなく、金銭的価値に見積もることができる積極財産であり、かつ委託者の財産から分離することが可能なものであればすべて含まれるとの趣旨を明らかにしたものである」と解説している[38]。

(イ)　無体物の信託財産性に関する従来の議論

前記(ア)の解説に照らすと、財産権の対象とならない無体物は、およそ信託の対象たり得ないと解さなければならないわけではなく、かかる無体物が、「金銭的価値に見積もることができる積極財産」であり、「委託者の財産から分離することが可能なもの」であれば、信託の対象たる財産として認められる可能性があると思われる。

財産権の対象とならない無体物が信託の対象となりうるかについては、従来、不正競争防止法により保護される営業秘密の信託財産性を中心に議論がなされてきた[39]。かかる議論において、営業秘密が「金銭的価値に見積もることのできる積極財産」にあたることについてはさほど異論はなかったが、「委託者の財産から分離可能であること」の要件については、情報は財としての排他性を有さず、譲渡後も譲渡人に情報の実体が残るといった点から譲渡という概念に親和性がなく、かかる要件を満たさないとの議論があった[40]。

(ウ)　電気の信託財産性

翻って電気の場合を考えるに、一定の電気設備により管理され、一定の計量に従って取引されている電気であれば、独立の取引価値を有すると解されており、「金銭的価値に見積もることができる積極財産」であるとの要件は満たすと考えてよいと思われる。また、電気が、一定の計量に従って、一方

36　旧信託法1条は、「本法ニ於テ信託ト称スルハ財産権ノ移転其ノ他ノ処分ヲ為シ他人ヲシテ一定ノ目的ニ従ヒ財産ノ管理又ハ処分ヲ為サシムルヲ謂フ」と定めていた。

37　寺本昌広『逐条解説新しい信託法〔補訂版〕』（商事法務、平成20年）32頁。

38　松田和之「信託における情報の位置付け——営業秘密の信託財産性と実務上の問題点の検討」信託法研究37号4頁。

39　三阪幸浩「知的財産の信託制度導入に係る実務的諸問題の調査研究」知財研紀要13号（平成16年）50頁。

当事者の電気設備の管理下から他方当事者の電気設備の管理下に移転されることにより、電気についての取引価値も一方当事者から他方当事者に移転し、情報と異なり、排他的な帰属の変更が行われるため、「委託者の財産から分離可能であること」との要件も満たすように思われる。

したがって、一定の電気設備により管理され、一定の計量に従って取引されている電気であれば、信託の対象たる「財産」と認めることができると解する。

もっとも、電気が「一定の電気設備により管理され、一定の計量に従って取引されている」状態で信託されたといえるのは、委託者がその保有する電気設備の管理下にある電気を、受託者との信託契約に基づき、受託者が信託財産として保有する電気設備の管理下に移転させる場合に限られると考えられるところ、現在の電気事業法の下で、そのような形で電気の供給が行われる場面は限られており[41]、電気の信託財産性を認める実益はさほど大きくはないと思われる。

2　電気料金債権の流動化スキームとしての信託の利用

(1)　電気料金債権の流動化のニーズ

本章Ⅲ2(2)では、小売電気事業者の資金調達の方法の1つとして電気料金債権を譲渡担保に供して行う借入れについて述べたが、電気料金債権を担保としてではなく真正に譲渡して行う、いわゆる「流動化」による資金調達も考えられる。

電気料金債権に担保を設定して行う借入れの場合、小売電気事業者に会社更生手続が開始すると担保権の行使が禁止されること等を考慮すれば、担保

40　電気事業法の下での電気の供給は、電気設備を保有しない小売電気事業者が、発電事業者等から電気を調達し、かかる電気を一般送配電事業者に受電させ、一般送配電事業者から託送供給を受けて需要家に供給するという形が基本である（第1章Ⅱ4(1)(イ)参照）。一般送配電事業者が発電事業者から電気を調達する場合、一般送配電事業者が最終保障供給、離島供給として需要家に電気を供給する場合等、電気設備を保有する当事者が電気設備を保有する他の当事者に電気を供給する場合もあるが、かかる場合に電気を信託として供給することは想定しがたい。

第5章　小売電気事業改革と小売電気事業における信託活用

物たる電気料金債権の回収可能性だけでなく小売電気事業者自体の信用力（小売電気事業者が会社更生手続に服することとなる可能性）にも依拠した資金調達とならざるを得ない。すなわち、担保物たる電気料金債権の額および回収可能性に照らし、担保物から貸金全額の回収が十分に見込まれる場合でも、当該小売電気事業者に会社更生手続を含む法的倒産手続が開始することによる回収不能または遅延のリスクを見込んだ条件設定での貸付けとならざるを得ない。

　これに対して、電気料金債権を流動化した場合、電気料金債権の回収は小売電気事業者の法的倒産手続の影響を受けないため、電気料金債権の回収可能性に完全に依拠した資金調達が可能となる。すなわち、流動化した電気料金債権の回収可能性に照らし、当該流動化対象債権から供与資金全額の回収が十分に見込まれる場合、当該小売電気事業者に法的倒産手続が開始する可能性があるとしても、当該流動化対象債権の回収可能性のみに依拠した条件設定で資金を得ることができるのである。

　電気料金債権を保有する業者が主として一般電気事業者であった時代においては、電気料金債権を流動化して資金調達を行うニーズはなく、今までのところ電気料金債権の流動化の実績はないと思われるが、資金調達の方法に特段の制限がなく、さまざまな財務ニーズを抱える小売電気事業者が電気料金債権を取得する新制度の下では、電気料金債権の流動化も資金調達の1つの選択肢として検討される可能性がある。

(2)　信託を用いた電気料金債権の流動化スキーム

　電気料金債権の流動化のスキーム構築にあたっては、従来流動化が行われてきた金銭債権のうち、電気料金債権と比較的類似した構造を有する通信料金債権あるいは売買基本契約に基づく売掛債権の流動化スキームが参考にされるものと思われる。これらの金銭債権の流動化においては、SPC に売却する場合もあるものの、受託者に信託譲渡するスキームが一般的であり、電気料金債権の流動化にあたっても信託スキームが採用される可能性が高いと思われる。

　従来の通信料金債権等の流動化スキームに照らし、電気料金債権の信託を用いた流動化スキームの基本形として、次の①～⑥のようなものが想定され

344

る。

① 小売電気事業者は、委託者として、信託の当初設定時において、その時点において既発生の電気料金債権と将来債権としての電気料金債権をまとめて受託者に信託する。将来債権として信託された電気料金債権は、その後発生するのと同時に自動的に信託される。

② 信託された既発生の電気料金債権に対応する受益権として、優先受益権、劣後受益権及び売主受益権が、受託者から委託者に与えられる。

③ 委託者は、売主受益権と劣後受益権をそのまま保有し、優先受益権を投資家に売却し、それにより資金調達を達成する。あるいは、受託者が信託財産を引き当てに投資家からローン（ABL）を借り入れ、その代わり金で直ちに優先受益権を償還するスキームも考えられる。その場合は、投資家は優先受益権の代わりに ABL をもつこととなる。

④ 売主受益権は、信託はしたものの実質的には流動化されずに委託者に帰属したままの状態の電気料金債権の部分に対応するものである。優先受益権（または ABL）および劣後受益権は、実質的に流動化された電気料金債権の部分に対応するものであり、回収金の充当順位が優先受益権（または ABL）に劣後する劣後受益権を委託者が保有することにより、委託者が優先受益権（または ABL）の信用補完を行う。

⑤ 電気料金債権の管理・回収については、委託者が受託者から委任を受けて行う。

⑥ 電気料金債権の回収金は、同順位で売主受益権と優先受益権（またはABL）の配当、償還に振り分けられ、残余が劣後受益権の償還にあてられるのが基本であるが、その充当順序の細目はさまざまなバリエーションがありうる。

元々、電気料金債権は、水道料金債権等と並んで、長期間にわたって安定的なキャッシュフローを生むという点において、流動化に適するアセットとして古くから着目されてきた。したがって、信託を用いた電気料金債権の流動化は、今後の金融情勢の推移によりそのニーズが顕在化した場合、比較的容易に組成される可能性があるものと思われる。

第5章　小売電気事業改革と小売電気事業における信託活用

3　特定の調達先から調達した電気の供給を求めるニーズに応えるスキーム

(1)　特定の調達先から調達した電気の供給を求めるニーズ

　経済産業省が定めた「電力の小売営業に関する指針」においては、「供給側が電源構成等の情報を開示し、需要家が小売電気事業者の選択を通じ積極的に電気の選択を行うことには一定の意義がある」として、電源構成等の適切な開示方法について詳細に定めている（同指針1(3)）。したがって、特定の発電事業者から調達した電気の供給を求める需要家が現れ、小売電気事業者がかかる需要家のニーズに応えようとする場面も十分に想定される。

(2)　想定されるスキーム

(ア)　電気料金債権の分別管理

　たとえば、小売電気事業者が、一般送配電事業者Ⅹの供給区域内において、発電事業者Ａ、Ｂ、Ｃから電気を調達し、Ⅹの託送供給を受け、需要家に電気を供給している場合において、発電事業者Ａから調達した電気のみの供給を受けたいという需要家群（α）が存在する場合、かかるαのニーズを満足させるためにどのようなスキームの構築が可能であろうか。

　まず、Ａから調達した電気をⅩに受電させた時点で、かかる電気はＡから調達した電気としての特定性を失うので、Ａから調達した電気を同一性を保ってαに供給することはできない。

　しかし、ⅩがＡから調達した電気として受電したものに対応して接続供給される電気の量は特定可能であると思われ、αがかかる量の範囲内において電気の供給を受ける限り、Ａから調達した電気の供給を受けていると擬制し、αが支払った電気料金を、もっぱらＡから調達する電気の対価の支払いにあてるということは可能であるように思われる。αは、Ａから調達した電気自体の供給を受けることは不可能であることの説明を受けたうえで、しかし、自らが支払った電気料金は、もっぱらＡからの調達代金にあてられる旨の説明を受ければ、Ａから調達した電気の供給を受けたいという希望はおおむね満たされると感じるのではなかろうか。

　小売電気事業者が、αから支払いを受けた電気料金をもっぱらＡからの調

346

達の代金にあてるためには、αから支払いを受けた電気料金を、他の需要家から支払いを受けた電気料金と分別して管理し、その使途をAに対する支払いに限定し、その残余はAからの調達の代金および託送料金支払いのための準備金として引き続き分別管理するということが必要となろう。

かかる分別管理は、小売電気事業者が財務上健全な場合は、αから支払いを受けた電気料金を他の電気料金と共に預金し、使途制限を遵守しながら、帳簿上分別して管理すれば達成できると思われるが、かかる分別管理は、預金債権を差し押さえた小売電気事業者の債権者や小売電気事業者の破産管財人等の第三者には対抗できない。

(イ)　**信託を利用するスキーム**

αから支払われた電気料金を、小売電気事業者の他の財産から隔離し、Aへの調達代金の支払い等のために保全するためには、いわゆる担保目的信託のスキームを用いることが考えられる。基本的なスキームは次の①～④のとおりである。

① 　小売電気事業者は、委託者として、αから支払いを受けた電気料金を、受託者に信託する。

② 　信託された電気料金に対応する受益権として、受益権（a）が小売電気事業者に、受益権（b）が発電事業者に与えられる。

③ 　小売電気事業者が健全な段階では、小売電気事業者が受益権（a）の償還を受け、その償還金をもって、Aに対して調達代金を支払う。

④ 　小売電気事業者に一定の信用不安事由が生じた場合は、受益権（a）の償還は止まり、以後、受益権（b）の償還が始まる。Aは、受益権（b）の償還を受け、もって、調達代金に充当する。

上記のスキームについては、小売電気事業者の会社更生手続時において、Aが実質的に更生担保権者とみなされ、受益権（b）の償還を受けることができなくなるのではないかとの議論もありうるが、古くから委託者の倒産手続からの隔離を実現するしくみとしてさまざまな用途で用いられており（退職給付信託、顧客分別金信託等）、電気料金の分別管理のためのスキームとして検討に値するものと思われる。

347

第5章　小売電気事業改革と小売電気事業における信託活用

4　小売電気事業におけるニーズへの対応に向けて

　電気の小売の完全自由化が実施されてまだ1年余りしか経過しておらず、小売電気事業におけるさまざまなニーズは今後徐々に顕在化し、それに対応するしくみとして信託がどのように活用されるかについてもあわせて検討が進んでいくものと思われる。前記2・3にあげた2つの例は、過去の経験則に照らして「想定される」活用例であり、今後、実際のニーズに即してさまざまな活用方法が検討されることになると思われる。かかる検討にあたって、前記の活用例が何らかの参考となれば幸いである。

△▲後藤　出△▲

第6章

電気事業における
会計と税務

第6章　電気事業における会計と税務

I　電気事業における会計

1　電気料金──規制料金と自由料金

(1)　規制料金の考え方──原価主義の原則

　電力料金の自由化は進んできているが、規制料金は、旧一般電気事業者における50kW 未満の低圧電力料金や家庭向けの電灯料金および託送料金を対象に残っている[1]。

　電気事業法では、規制料金について、料金が能率的な経営の下における適正な原価に適正な利潤を加えたものであること（平成26年法律第72号附則18条2項1号、電気事業法18条3項1号）という原価主義の原則が採用されている。

(2)　規制料金の具体的算定方法

　規制料金制度の下では、一般家庭等規制部門の需要家に適用される電気料金の算定方法は、いわゆる総括原価方式が採用されている。

　すなわち、総原価（＝適正費用＋公正報酬[2]－控除収益）を算定し、総原価（低圧需要原価）と料金収入（低圧料金収入）が一致するように、料金単価が定められる。

1　消費者保護のための経過的な措置として競争が十分に進展するまでの間（少なくとも平成32年（2020年）3月まで）は、これまでの一般電気事業者の小売部門に対し現行の規制料金の存続を求めるとともに、電気の供給を義務づけることとされている（電力・ガス取引監視等委員会 HP「小売全面自由化に関する Q&A（消費者向け）」〈http://www.emsc.meti.go.jp/info/faq/answer.html〉参照）。

2　総括原価方式における事業報酬とは、電気事業が合理的な発展を遂げるのに必要な資金調達コストとして、支払利息および株主への配当金等にあてるための費用であり、この報酬は公正でなければならないということで公正報酬の原則と呼ばれている。具体的な算定方法は、事業に投下された電気事業の能率的な経営のために必要かつ有効であると認められる事業資産の価値（レートベース）に対して、一定の報酬率を乗じて算定される。

350

電気料金の算定にあたっては、電気事業を効率的に実施する観点から、供給計画（工事計画含む）、業務計画、経営効率化計画、資金計画等の各種経営計画が策定され、これらを前提に原価算定期間における「能率的な経営の下における適正な原価に適正な利潤を加えたもの」として総原価が算定される。

算定された総原価は、各需要種別に配分され（個別原価計算）、電気の使用条件の差等を考慮して契約種別ごとの料金率が設定される（レートメーク）ことになる。

なお、設定された料金については、定期的評価や部門別収支により事後的に検証が行われる[3]。

(3) 電気料金のその他の要素

(ア) 燃料費調整制度

燃料費調整制度とは、火力燃料（原油・LNG（液化天然ガス）・石炭）の価格変動を電気料金に迅速に反映させるため、その変動に応じて、毎月自動的に電気料金を調整する制度である。

以下、低圧の場合について、解説する（〔図表91〕[4]参照）。

東京電力エナジーパートナーの燃料費調整制度では、原油・LNG・石炭それぞれの3カ月間の貿易統計価格に基づき、毎月平均燃料価格を算定される。そのうえで、算定された平均燃料価格（実績）と、基準燃料価格との比較による差分に基づき、燃料費調整単価を算定し、電気料金に反映される。

〔図表91〕 燃料費調整制度のしくみ

3　電気料金制度・運用の見直しに係る有識者会議「電気料金制度・運用の見直しに係る有識者会議報告書」（平成24年3月）参照。
4　東京電力エナジーパートナーHP「燃料費調整制度とは」〈http://www.tepco.co.jp/ep/private/fuelcost2/index-j.html〉参照。

〔図表92〕 燃料価格の算定期間と電気料金への反映時期

なお、東京電力エナジーパートナーのケースでは、各月分の燃料費調整単価は、3カ月間の貿易統計価格に基づき算定し、2カ月後の電気料金に反映される（〔図表92〕[5]参照）。

　(イ)　電源構成変分認可制度

電源構成変分認可制度は、一般電気事業者の電気料金について、料金値上げの認可を経ていることを条件に、当該原価算定期間内において、社会的経済的事情の変動による電源構成の変動があった場合に、総原価を洗い替えることなく、当該部分の将来の原価の変動（燃料費等）を料金に反映させる料金改定を認める制度をいう[6]。

対象費用は、燃料消費数量に連動して変動する費用であり、具体的には次の①〜④の4項目8費用である（前回査定分については、単価は変動させないこととされている）。

① 　燃料費
② 　バックエンド関係費用ⓐ使用済燃料再処理等発電費、ⓑ特定放射性廃棄物処分費）
③ 　購入・販売電力料ⓐ地帯間購入電源費、ⓑ他社購入電源費、ⓒ地帯間販売電源料、ⓓ他社販売電源料）

5　前掲（注4）参照。
6　資源エネルギー庁「電気料金認可手続と電源構成変分認可制度について」（平成26年8月27日）〈http://www.meti.go.jp/committee/sougouenergy/denryoku_gas/denkiryokin/pdf/015_04_00.pdf〉参照。

④　事業税

原価算定期間の１年単位の残存期間における電源構成の変動に伴う燃料費等の上記変動費用参照）を、当該期間内で収支相償できるよう、現行料金レートに反映するものである。

なお、本スキームによる値上げ認可時に、電気事業法100条に基づき、原因となった事象が解消された場合には速やかに料金値下げを実施するよう、条件を付すことが想定されている。

(ウ)　再生可能エネルギー発電促進賦課金

平成24年７月より、再エネ特措法により、再生可能エネルギーの固定価格買取制度（いわゆる FIT 制度）が始まった。

FIT 制度は、電気事業者または配送電事業者が再生可能エネルギーを発電事業者から固定価格で買い取る一方、電気事業者または配送電事業者は再生可能エネルギー発電促進賦課金を需要家から徴収し、費用負担調整機関[7]へ納付金として納め、費用負担調整機関は回避可能費用等を控除したものを交付金として電気事業者に交付するというしくみとなっている。

2　電力事業特有の会計処理の特徴

電気事業会計は、財務諸表等の用語、様式及び作成方法に関する規則にいう別記事業[8]に含まれており、電気事業会計規則で定める様式や作成方法等に従い、貸借対照表や損益計算書等の財務諸表を作成すれば、それが会社法に基づく計算書類等の様式等にも適合することとされている。

一般送配電事業者、送電事業者および発電事業者（以下、「電気事業者」という）は、電気事業会計規則に基づいて会計処理を行わなければならないが、電気事業会計規則では、開示についての規制においては、一般事業会社とは異なる開示基準を定めており、また、引当金等についても特徴的な規定となっている。

7　平成29年８月時点では、一般社団法人低炭素投資促進機構が指定機関である。

8　財務諸表等規則の別記に掲げる事業をいう。電気事業（１号）のほか、電気通信事業（11号）、ガス事業（13号）等が該当する。

353

第6章　電気事業における会計と税務

3　電力事業の貸借対照表の特徴

(1)　貸借対照表の様式

　電気事業者等は、電気事業会計規則に基づいて貸借対照表を作成しなければならない。その開示内容は会社によって当然異なるが、科目について電気事業会計規則別表第1を例とした場合、貸借対照表（同規則別表第2第1表も参照）は、〔図表93〕のようなものになる。

　一般事業会社においては、貸借対照表は流動性配列法により表示されるが、電気事業者（特定規模電気事業者を除く）が電気事業会計規則に従って作成する貸借対照表は固定性配列法により表示されるという特徴がある。

(2)　貸借対照表項目における特徴的な会計処理

(ア)　固定資産の区分

　一般事業会社においては、固定資産は有形固定資産、無形固定資産、投資その他の資産に区分されるが、電気事業会社の固定資産は、①電気事業固定資産（電気事業の用に供されている固定資産）、②附帯事業固定資産（電気事業以外の用に供されている固定資産）、③事業外固定資産（事業の用に供されていない固定資産）、④固定資産仮勘定（建設中および除却中の固定資産）、⑤核燃料（原子燃料サイクルにおける核燃料）および投資その他の資産（これら以外の固定資産）といった項目に区分される。

〔図表93〕　貸借対照表の配列（固定性配列法）

資産の部	負債及び純資産の部
固定資産	固定負債
電気事業固定資産	流動負債
附帯事業固定資産	引当金
事業外固定資産	
固定資産仮勘定	株主資本
核燃料	評価・換算差額等
投資その他の資産	新株予約権
流動資産	
繰延資産	

354

I 電気事業における会計

(イ) 固定資産仮勘定

(A) 固定資産仮勘定の種類

電気事業会計規則では、建設仮勘定と除却仮勘定を総称して、固定資産仮勘定という。建設仮勘定には、一般事業会社同様、使用開始前の設備に係る支出が整理される（同規則5条）。除却仮勘定には、設備が停止してから除却完了するまでの間、当該設備の帳簿価額が整理される（同規則20条）。

(B) 建設仮勘定

(a) 建設仮勘定の種類

建設仮勘定は、建設準備口と建設工事口に細分される（電気事業会計規則別表第1）。建設準備口には、工事の実施が決定する前における支出（調査費用など）が計上される。建設工事口には、工事の実施が決定した後の、当該工事に係る支出が計上される。

このため、工事計画段階等においては、建設準備口に支出が計上され、役所等の認可を受けるなど工事の実施が確定した時点で、建設準備口から建設工事口へ振り替えられる。

(b) 建設仮勘定から設備勘定への振替え

建設仮勘定から設備勘定への振替方法については、電気事業法5条に規定されている。基本的に設備の使用を開始したときに振替えが行われるが、使用開始時点における状況によって、処分方法が異なる。

(C) 除却仮勘定

固定資産の除却に係る費用を、固定資産除却費といい、除却損と除却費用に区分される（電気事業会計規則別表第1）。

電気事業会計規則では、期中に資産を除却した場合の減価償却費の取扱いを定めており、月割りの減価償却費を計上せず当該資産が除却された事業年度の直前の事業年度までの金額により除却処理することと定められている（同規則16条）。これは、実質的に期首に除却が行われたものとみなし、会計処理をすることになる。

ただし、電気事業会社においては、除却損・除却費用は共に固定資産除却費として営業費用の区分に計上されるため、除却損を月割計上した場合と比べて、営業損益に与える影響はないと考えられる。

355

第6章　電気事業における会計と税務

(ウ)　地役権の減価償却

地役権とは、設定行為で定めた目的に従い、他人の土地を自己の土地の便益に供する権利をいい（民法280条以下）、たとえば、電気事業者が有する地役権には、他人の土地の上に送電線を敷設することができる空中地役権がある。

地役権は送電設備と一体として利用されることから、その使用期間に応じて減価償却を行うことが適正な期間損益計算の観点から合理的であるとの考え方により、送電線と同じ耐用年数により減価償却される。

(エ)　資本的支出と収益的支出

一般事業会社においては、付加・取替の場合に資本的支出と収益的支出のいずれに分類するかについて、固定資産の価値を高めたり耐久性を増したりするかどうかという実態判断に照らして分類される。

これに対して、電気事業会社では、電気事業会計規則の資産単位物品表にあげられている物品か否かで判断される。

(オ)　引当金の部

電気事業会社においては、いわゆる特別法上の引当金として、電気事業法により計上が義務づけられる渇水準備引当金・原子力発電工事償却準備引当金などが、引当金の部に計上される。

特徴的な引当金には、渇水準備引当金などがある。また、原子力発電施設解体費用引当金は、資産除去債務に含めて開示されると考えられる。

(A)　渇水準備引当金

渇水準備引当金とは、河川流量の増減によって生じる電気事業者の損益の変動を防止するため、電気事業法36条により計上が義務づけられている引当金のことである。

(B)　資産除去債務（原子力発電施設解体費用引当金）

原子力発電については、発電を開始することにより、運転終了後の廃止措置義務が課される。当該義務に即して、電気事業会計特有の会計処理が規則等に定められているが、原子力発電施設解体費用引当金がある[9]。

9　資源エネルギー庁「電気事業の財務・会計等」〈http://www.meti.go.jp/committee/
　sougouenergy/kihonseisaku/denryoku_system_kaikaku/zaimu/pdf/01_05_00.pdf〉。

原子力発電施設解体費用引当金は、原子力発電施設の解体費用をあらかじめ見積もり、運転開始時から原則50年にわたり、低額で積み立てられる。この総見積額は、原子炉の解体に係る費用に加えて、解体に伴って発生する放射性廃棄物の処理処分に係る費用も含まれ、原子力事業者は、総見積額について経済産業大臣の承認を受けることとなっている。また、50年という期間は、運転期間40年に安全貯蔵期間10年を加えたものである。

4　電力事業の損益計算書の特徴

(1)　損益計算書の様式

電気事業者等は、電気事業会計規則に基づいて損益計算書を作成しなければならない。その開示内容は会社によって当然異なるが、科目について電気事業会計規則別表第1を例とした場合、損益計算書（同規則別表第2第2表を参照）は、〔図表94〕のようなものになる。

〔図表94〕　損益計算書の様式

費用の部		収益の部
営業費用		営業収益
電気事業営業費用	附帯事業営業費用	電気事業営業収益
営業利益		附帯事業営業収益
営業外費用		
財務費用		営業外収益
事業外費用		財務収益
当期経常費用合計		事業外収益
当期経常利益		当期経常収益合計
渇水準備金引当て又は取崩し		
原子力発電工事償却準備金引当て又は取崩し		
特別損失		特別利益
税引前当期純利益		
法人税等		
当期純利益		

第6章　電気事業における会計と税務

⑵　損益計算書項目における特徴的な会計処理
㋐　勘定式

　一般事業会社においては、損益計算書は報告式により作成されるが、電気事業会社の損益計算書は勘定式により作成される。

㋑　営業損益の区分

　一般事業会社においては、売上高から売上原価・販管費を控除して営業利益が計算されるが、電気事業者の営業利益は電気事業営業収益から電気事業営業費用を控除して計算される。さらに、附帯事業から生じる損益は区分掲記することが求められている（電気事業法34条の2）。

㋒　特別法上の引当金の引当てまたは取崩しの額

　特別法上の引当金の引当てまたは取崩しの額は、独立の区分として、経常利益の次に表示される。

㋓　電気事業特有の営業費用会計科目

　電気事業営業費用は、電気事業会計規則35条の規定により、あらかじめ適正に定めた基準によって、職務に対応して計上することが求められており、この基準は職制別計上科目基準として、電気事業会計規則取扱要領で示されている。

　また、電気事業は、財務諸表等の用語、様式及び作成方法に関する規則上は別記事業として規定されており、また会社計算規則上も同様の取扱いがなされている。

　このため、電力業以外の会社とは相当異なる営業費用の費目が用いられている。たとえば、水力発電費、汽力発電費、原子力発電費、内燃力発電費、新エネルギー等発電費、地帯間購入電力料、他社購入電力費、送電費、変電費、配電費、販売費、休止設備費、貸付設備費、一般管理費といった科目名が用いられる（電気事業会計規則別表第1参照）。

㋔　減価償却
⒜　減価償却の種類

　電気事業における減価償却費は、電気事業会計規則別表第1において、普通償却費・特別償却費・試運転償却費に区分して整理することが定められている。

358

⒝　特別償却費

　特別償却とは、租税特別措置法に規定される特別償却（一時償却および割増償却）のことであり、法人税法上、一定の要件を満たす企業が通常の減価償却とは別枠で償却することを認める税務上の制度である。

　一般企業における、特別償却費の会計上の取扱いについては、減価償却に関する当面の監査上の取扱い（監査・保証実務委員会報告第81号）において、「租税特別措置法に規定する特別償却（一時償却及び割増償却）については、一般に正規の減価償却に該当しないものと考えられる」と定められている。よって一般事業会社においては、通常、特別償却費は減価償却費として費用処理されるのではなく、剰余金処分方式による会計処理がなされるものと考えられる。

　一方、電気事業者においては、前述のとおり、規則において特別償却費も減価償却費に含まれると定められていることから、会計上も減価償却費として費用処理がされることになる。

△▲中野竹司△▲

第6章　電気事業における会計と税務

Ⅱ　電気事業における税務

1　電気事業特有の税制

　電気事業特有の税法上の規定は多く、また各地方自治体においては、再生可能エネルギー発電施設の固定資産税について独自の税制優遇措置を設けるなどバラエティーに富んでいる。ここでは、電気事業特有の税制として、電源開発促進税と事業税の標準課税について説明したい。

(1)　電源開発促進税

　電源開発促進税は、電源開発促進税法に基づいて、原子力発電施設、水力発電施設、地熱発電施設等の設置の促進および運転の円滑化を図る等のための財政上の措置並びにこれらの発電施設の利用の促進および安全の確保並びにこれらの発電施設による電気の供給の円滑化を図る等のための措置に要する費用にあてるため、一般送配電事業者の販売電気に課される国税である（同法1条）。

　電源開発促進税の課税標準は、一般送配電事業者の販売電気の電力量（自己使用分の一部を含む）とされている。

　税額は、課税標準数量に一定の税率を乗じて計算され、納税義務者である一般送配電事業者は毎月申告納税する義務を負っている。

　税率は、平成15年の石油石炭税法の増税に伴い段階的に下げられてきており、平成19年4月1日からは販売電気1000kWh につき375円となっている。

(2)　事業税（収入金額課税）

　事業税は、一般的には所得等を課税標準として課税される。外形標準課税の対象となると所得割・付加価値割・資本割から課税標準が構成される。しかし、電気供給業を営む法人においては、売上高等を基礎とする収入金額を課税標準とした事業税（収入割）が課される（地方税法72条の2等）。

　電気供給業の課税標準である収入金額は「収入すべき金額の総額」から

360

II　電気事業における税務

「控除すべき金額」を差し引いた額である。

　収入すべき金額の総額とは、電気事業会計規則による収入のうち、原則として電気供給業の事業収入に係るすべての収入とされる。具体的には、①各種電灯料収入、②各種電力料収入（新エネルギー等電気相当量を含む）、③遅収加算料金、せん用料金、電球引換料、配線貸付料、諸機器貸付料、受託運転収入、諸工料、供給雑益に係る収入、④設備貸付料収入、⑤事業税相当分の加算料金等である。

　一方、控除すべき金額とは、①国または地方団体から受けるべき補助金、固定資産の売却による収入金額保険金、有価証券の売却収入金額、不用品の売却収入金額、受取利息・受取配当金、需用者等から収納する工事負担金等、電気供給業を行う他の法人から電気の供給を受けて電気を供給する場合に供給を受けた電気の料金として支払うべき金額に相当する収入金額、再エネ特措法16条の賦課金、②損害賠償金、投資信託に係る収益分配金、株式手数料、社宅貸付料等、③託送供給に係る料金として支払うべき金額に相当する収入金額、④特定実用発電用原子炉設置者が積み立てる金銭として当該特定実用発電用原子炉設置者に対して交付すべき金額に相当する収入金額、⑤廃炉実施認定事業者の収入金額のうち、小売電気事業者または一般送配電事業者から交付を受ける廃炉積立金として積み立てる金額に相当する収入金額である。

　なお、平成30年度経済産業省税制改正要望において、小売電気事業の全面自由化がなされたことを踏まえ、電気供給業の法人事業税については、現行の収入金額課税方式から、他の一般の事業と同様の課税方式へと変更することが盛り込まれていることから、今後の税制改正の動向を注目する必要がある。

2　小規模電気事業者におけるパススルー課税

(1)　パススルー課税とは

　パススルー課税とは、ある事業を実施するビークルがある場合に、当該ビークルに対して課税されるのではなく、ビークルの構成員の所得に対して課税される課税方法のことである。パススルー課税となる制度を利用するこ

361

第6章　電気事業における会計と税務

とにより、法人（組合）段階で法人税課税済みの配当（分配金）に対しても構成員段階で課税されるという二重課税を避けることができることや、ビークル構成員の税務戦略の幅が広がるといったメリットがあると考えられている。一方で、パススルー課税による不適切な課税逃れの危険があることから、ビークル構成員に対するパススルー課税は、謙抑的に法制度が改正されてきている。

　パススルー課税などの特例の取扱いがあるビークルとしては、民法上の任意組合、有限責任事業組合、信託等が考えられる。

(2)　任意組合の税務特則

　任意組合の場合は原則としてパススルー課税が認められるが、組合事業の損失について無制限にパススルーを認めると不当な節税がなされるおそれがあること等を理由として、事業組合の損失についての損金算入額について制限が設けられている（法人税法基本通達14-1-1等参照）。なお、任意組合の組合員は対外的には無限責任を負うこと、契約の主体とはならないというデメリットがあるため、パススルー課税の取扱いがある他のビークルの利用も模索されている。

(ア)　法人組合員の場合

　組合員が特定組合員（組合事業に係る重要な財産の処分もしくは譲受けまたは組合事業に係る多額の借財に関する業務の執行の決定に関与し、かつ、組合事業と同種の事業を主要な事業として営んでいる組合員以外の組合員）に該当し、その組合債務の弁済の責任限度が実質的に組合財産の価額とされている場合等一定の場合には、その組合損失額のうち調整出資金額を超える部分の金額は損金に算入できない（租税特別措置法67条の12）。

　つまり、組合員が特定組合員に該当し、その組合事業に係る損失補填契約が締結されていること等により実質的に有限責任のような取扱いの場合には、その組合損失額の全額が損金算入できないこととなる。

(イ)　個人組合員の場合

　組合員が特定組合員である場合には、組合事業から生ずる不動産所得の損失の金額は、当該損失の金額は、その年分の不動産所得の金額の計算上、必要経費に算入しない旨が定められている（租税特別措置法41条の４の２第１

項)。すなわち、組合から生ずる不動産所得に係る損失の金額がある場合は、その損失の金額は生じなかったものとみなされ、翌年への繰り越しもできないことになる。

また、いわゆるグリーン投資減税[10]の即時償却や税額控除は、あくまで青色申告者のうち事業的規模で事業を営んでいる者が一定の要件を充足する場合に選択適用できる特例である。したがって、パススルー課税が適用される場合や、個人にとって売電収入が事業的規模にあたらない程度の不動産所得や雑所得に該当する場合などは、グリーン投資減税の制度を利用することはできない点に留意が必要である。

(ウ) 消費税

消費税については、各組合員が納税義務者となる。共同事業に属する資産の譲渡等または課税仕入れ等については、各組合員が、当該共同事業の持分の割合または利益の分配割合に対応する部分につき、それぞれ資産の譲渡等または課税仕入れ等を行ったことになる（消費税基本通達1-3-1）。なお、任意組合と組合員との間の出資や利益の分配取引は消費税の課税対象ではない。

(3) 匿名組合出資

匿名組合は、民法上の組合とは異なり、営業者が納税義務者となる。しかし、法人税法上、営業者から匿名組合員に対して分配した利益もしくは損失は、営業者の課税所得の計算上、損金または益金として算入することが認められている（法人税法基本通達14-1-3）。このため、匿名組合出資は、純粋な意味でのパススルー課税ではないが、パススルー課税とかなり近い税務メリットを享受することができる。また、消費税上、営業者から匿名組合員に対する分配損益は、課税対象外の取引とされる。

(4) 有限責任事業組合

有限責任事業組合に関する法律によって設立される有限責任事業組合は、法人格は認められないビークルであり、原則としてパススルー課税が認められる。ただし、任意組合におけるパススルー課税においては、不動産所得に

10　平成30年3月31日までの取得期限がある。

第6章　電気事業における会計と税務

係る組合損失が必要経費不算入となる取扱いである一方、有限責任事業組合におけるパススルー課税においては、不動産所得、事業所得または山林所得の計算上、組合損失の金額のうち各組合員の出資の価額を基礎として計算した金額を超える部分の金額が必要経費不算入の取扱いである。なお、消費税については、任意組合の組合員の場合と同様の取扱いとされる。

⑸　信　託

再生可能エネルギー発電事業を行う際の資金調達手段として、信託を設定する方法が用いられるケースもある。

信託の税務については、受益者等課税信託（すなわち信託受益者に対するパススルー課税）と法人課税信託とがある。また、受託者が契約主体として各種契約行為を行うなど、任意組合に比べるとはるかに事業運営が行いやすい法制度といえ大きなメリットがある。なお、受益者等課税信託の場合には、任意組合と同様、信託から生ずる不動産所得に係る損失の金額がある場合は、その損失の金額は生じなかったものとみなされ、翌年への繰り越しもできないことに留意が必要である（租税特別措置法41条の4の2第1項）。

もっとも、設計した信託が法人課税信託として扱われる場合には税務上のデメリットが単なる一般社団法人、株式会社スキームよりも発生する危険もあり、信託の設計にあたっては、税務上の観点から慎重に検討を行う必要があると考えられる。

消費税については、受益者等課税信託については受益者が納税義務者となり、法人課税信託については、受託者が納税義務者となる。

△▲中野竹司△▲

あとがき

電力システム改革は法制上の根拠を得て出発した。小売全面自由化が開始された平成28年4月[1]と平成29年4月[2]を比べると、販売電力量は、約668.6kWhから約649.1億kWhに減少したが、新電力の販売電力量の総計は約35.6億kWhから約78.4kWh、販売電力量全体に占める割合は約5.3％から約12.1％に高まっている。

卸電力市場も、平成28年4月～9月の約定量が前年同期比で1.4倍に増えるなど、次第に厚みを増す方向にある。旧一般電気事業者が、電力システム改革に主体性をもって積極的に取り組み、自主的取組みとして、①限界費用ベースで、②余剰電力の全量を卸電力取引所のスポット市場へ投入しているなどの取り組んだ効果がみられる。

広域系統運用機関、監視機関としての電力・ガス取引等監視委員会も設立後2年を経て、活動を展開しつつある。

しかし、改革は始まったばかりで、いまだ2020年をめどとする最終跳躍に向かう過程にある。

足下を見れば、電源は、圧倒的に旧一般電気事業者が保有している。卸電力市場の活性化も、平成28年9月時点における取引所取引の割合は約2.8％で、わが国における発電設備の保有構造等には大きな変化がみられないことを踏まえると、余剰電力の全量市場投入は引き続き重要な意義をもっている[3]。このため、小売電力市場におけるさらなる競争を促進する観点から、電力システム改革に伴う制度変更等を踏まえ、さらなる精緻化を図る必要があることが指摘されている[4・5]。

短期容量市場の創設を含む供給力確保のための新たなしくみづくり、リア

---

1 電力・ガス取引監視等委員会「平成28年4月分電力取引報結果（速報）」（平成28年7月28日発表）〈http://www.emsc.meti.go.jp/info/public/pdf/20160728001a.pdf〉。

2 電力・ガス取引監視等委員会「平成29年4月分電力取引報結果」（平成29年7月12日発表）〈http://www.emsc.meti.go.jp/info/public/pdf/20170712001a.pdf〉。

3 電力・ガス取引監視等委員会第23回制度設計専門会合「（資料6）卸電力市場の現況及び課題」1頁～5頁。

あとがき

ルタイム市場の創設、ベースロード電源市場、調整力市場、先渡市場、先物市場の整備など、多くの課題への市場原理の導入活性化、広域調達の実現、送配電部門のさらなる中立化のための具体的な在り方の検討なども残されている。

小売市場は、全面自由化されたとはいえ、電源調達、ネットワーク解放など課題は多く、競争環境はいまだ十分には整わず規制料金も残されている。

さらに、市場が厚みを増してゆく段階を見据え、先渡市場、電力先物市場の設計など、残された課題は多い。

目を、改革の主体に転じても、主体自身の改革もいまだ不十分であるように見受けられる。

改革の主体は、何といっても、旧一般電気事業者と新電力、小売事業者、そして需用者であるべきである。電力システム改革が、規制緩和、自由化、民主化の流れを背景におく以上、国が主導するというのは背理である。新たな監視機関に、高い中立性と独立性が期待されるのも、事業者のみならず国からも自由で、民主的な電力システムを構築するという考え方からであった。しかし、事業者と関連事業者、需用者が、電力システム改革の将来に向けた制度設計を主体的に行う様子は鮮明でない。

そもそも、電事法それ自体が、今後、電力の閉じた世界から出て、電力事業をイノベーションに結びつける取組みを展開するのは、これからである。

電力システム改革は、これまでの電力供給事業を、電力取引事業に転換するパラダイム転換をもたらした。電力安定供給システムの要素である発電、送電、小売、需用者は、電力システム改革を契機に、それぞれが意思をもち、権利義務で結びつく、独立の主体へと転換した。それぞれの主体が、さ

4　電力・ガス取引監視等委員会第24回制度設計専門会合「（資料４）卸電力市場の現況及び課題」（平成29年11月28日）〈http://www.emsc.meti.go.jp/activity/emsc_system/pdf/024_04_00.pdf〉。

5　旧一般電気事業者（小売部門）の予備力確保のあり方は、卸電力市場の流動性向上に重要な役割を果たすことから電力・ガス取引監視等委員会、資源エネルギー庁、電力広域的運営推進機関は、共同して旧一般電気事業者の小売部門に投入量の増加、投入量見直し機会の増加など、さまざまな取組みを求めている。

まざまな市場で取引を行うことを通じて、価格指標を形成し、電力システムの最適化が達成される。これが電力システム改革後の世界であった。

したがって、電力システム改革には、この、市場機能、取引、当事者の意思決定という要素が、それまでの電力と同じように大切な要素なのであり、その企画、開発、運用、保守が十分に行われなければならない。

そのための共通の基盤は、「情報」である。情報なしに、各主体の意思決定はなされ得ない。情報ネットワークなしに、各種対の意思決定は伝達されない。情報なしに、市場は機能しない。スマートメータによる電力量情報、スイッチング情報、価格情報など、こうした情報を、脅威から守り、正確に生成、把握、流通させることが必要である。

しかし、取引情報は、今般の電気事業法改正で、何ら位置づけを与えられなかった。電気事業法の保安規定は、電力取引の信頼性や取引情報、制御システムセキュリティを保護法益にしていない。同法39条2項は、保安の目的を、人、物件への危害防止、電気的・磁気的障害の防止、電気の供給への著しい障害防止とするだけで、電力取引情報、制御システムセキュリティ、市場への障害防止を保護目的に含めていないままである。電力事業者は、NISCを通じて経済産業省から、サイバーセキュリティへの取組みを求められ、スマートメータのサイバーセキュリティ対策に取り組んでいるが、電気事業法上、その目的に、電力取引情報、制御システムセキュリティ、市場機能の保護は掲げられていないのである。

イノベーションは電力そのものからは生まれない。電力を、誰が、どう扱うか、それによる豊かさやリスクをどう処理するか、取引情報のオーナリング、ライフサイクル全体に及ぶ責任を明確にし、これをどう扱うかにイノベーションの鍵があり、それぞれの主体の資金需要、価値増殖活動に、電力と金融の接点があり、本書で検討された視点、論点、モデルが現実化する鍵がある。

このように、電力システム改革は、始まりを迎えたばかりの段階である。

しかし、この改革の歩みは着実に進んでゆく。

それはなぜか。電力システム改革は、電力事業の民主化という法の普遍的な価値の実現に向かう改革だからである。本書において、電力事業の始まり

あとがき

から現在までをトレースした理由は、それを明らかにするためであった。

　確かに、この改革は、オイルショックによる原油高という歴史の偶然を契機とした電気料金の低廉化という課題から始まり、東日本大震災と福島第一原子力発電所事故という未曾有の経験を契機に今回の改革となって展開された。

　しかし、その底流には、戦後約70年にわたり電気事業者と国が、社会と国民に、電力を供給する制度であった電力システムを、発電、送配電、販売、消費者という、電気という財の生成から消費までの担い手が、その意思で、主体的な意思決定を行い、維持発展させるという民主的なシステムに改革する普遍的価値が流れている。

　電力システム改革は、事業者、需要家が主体となって、その意思決定により成果を生み出す自由で民主的な構造を、電力事業に持ち込んだ。市場、競争環境は、そのためのインフラであり、今後も多くのリソースが必要とされることになる。不可欠のリソースである資金が、この電力システム改革にふさわしく、本書に示された新たなしくみで構想されることが期待される。

　平成30年11月

稲垣　隆一

●事項索引●

〔英字〕

ABL　333

FIT 制度　170，183，207

PFI　213

PPP　213

RPS 制度　170

RPS 法　→電気事業者による新エネル
　ギー等の利用に関する特別措置法

TK-GK スキーム　209

〔あ行〕

空き容量　308

後継ぎ遺贈型の受益者連続信託　73

委託者　61

委託者の地位　62

遺言信託　39

遺言代用信託　72

一般社団法人　208

一般送配電事業　19，256，262，
　286

一般送配電事業者　19

一般送配電事業者の行為規制　262，
　288

営業利益　358

エネルギーの使用の合理化等に関する
　法律　142，159

エネルギー基本計画　143

エネルギー供給事業者による非化石エ
　ネルギー源の利用及び化石エネル
　ギー原料の有効な利用の促進に関す
　る法律　142

エネルギー政策基本法　143

エネルギーベストミックス　143

卸売　304

〔か行〕

会計分離　259

渇水準備引当金　356

間接オークション　309

基本料金　313

期中オペレーション　239

機能分離　260

供給約款　20，334

金融商品取引業　211

空中地役権　356

クーリング・オフ　327

グリーン投資減税　363

契約による信託　38

建設仮勘定　355

検査役　62

検針　335

権利者の転換　41

原子力発電施設解体費用引当金　356

原状回復責任　53

減価償却　356，358

限定責任信託　70，233，253，291

小売供給契約　22，30，32，327，
　334

小売供給取次業者　33

小売電気事業　19，300，316

小売電気事業の全面自由化　109，
　316

小売電気事業の登録　19, 317
小売電気事業者　19
小売電気事業者の行為規制　318
固定資産仮勘定　355
公平義務　50
高度化法　→エネルギー供給事業者に
　　よる非化石エネルギー源の利用及び
　　化石エネルギー原料の有効な利用の
　　促進に関する法律
合同運用指定金外信　209
合同運用指定金銭信託　208
合同会社　209

〔さ行〕
債務不履行責任　29
再エネ特措法　→電気事業者による再
　　生可能エネルギー電気の調達に関す
　　る特別措置法
再生可能エネルギー　175
再生可能エネルギー発電促進賦課金
　　313, 353
財産管理・承継　41
財産権の転換　41
市場機能の活用　112
私募　211
私募取扱業者　213
資産除去債務　356
資産流動化　280
事業の信託　72, 221, 282, 290
事業税　360
自己信託　39, 68, 219, 243, 291
自己募集　211
実績配当主義　60

シニアローン　210
受益権取得請求権　58
受益権の質入れ　58
受益権の譲渡　58
受益権の放棄　58
受益債権　56, 232
受益権の消滅時効　59
受益者　56
受益者指定権　57
受益者集会　57
受益者変更権　57
受益者の定めのない信託　70, 291
受益者代理人　61
受益者等課税信託　364
受益証券　69, 295
受益証券発行信託　69, 229, 291,
　　295
受託者　46
受託者の任務終了　54
受電　24
需要家保護　111
需要場所接続点　21
集団投資スキーム　208, 211
除去仮勘定　355
消費税　363
省エネルギー法　→エネルギーの使用
　　の合理化に関する法律
証券化　219
譲渡担保権　336
所有権　13
所有権分離　260
新受託者の選任　54

信託　38

信託監督人　60

信託管理人　60

信託債権　233

信託財産　42, 223

信託財産限定責任負担債務　228

信託財産責任負担債務　43, 229,
　282

信託財産の債務超過　236

信託財産の独立性　43

信託事務委託における第三者の選任
　・監督義務　51

信託事務処理状況等の報告義務　51

信託事務遂行義務　47

信託社債　295

信託受益権　56

信託帳簿等の閲覧等の請求　52

信託帳簿等の作成・報告・保存義務
　51

信託のガバナンス　294

信託の終了　66

信託の清算　67

信託の設定　38

信託の登記・登録　43

信託の分割　65

信託の併合　64

信託の変更　63

信託の目的　39

誓約条項　240

責任財産　232

責任財産限定信託債権　233

責任財産限定特約　229

セキュリティ・トラスト　71

セキュリティ・パッケージ　212

接続供給　18, 25, 27

接続契約　180

占有権　13

善管注意義務　47

双方未履行双務契約性　235

送電事業者　278

送配電の広域化・中立化　120

送配電事業　19

送配電事業の許可　19

損益計算書　357

損失てん補責任　53

〔た行〕

貸借対照表　354

第二種金融商品取引業　211

太陽光発電事業　250

託送供給　19, 25

託送供給契約　23, 301, 339

他の受益者の氏名等の開示の請求　52

単独運用指定金銭信託　209

地役権　356

忠実義務　48

調達契約　23, 339

適格機関投資家等特例業務　211

適正な電力取引についての指針　315

電気供給義務　20

電気供給請求権　338, 339

電気事業会計規則　353

電気事業会計規則取扱要領　358

電気事業者による再生可能エネルギ
　ー電気の調達に関する特別措置法

142, 152, 158, 175, 185, 247

電気事業者による新エネルギー等
　の利用に関する特別措置法　141,
　170

電気事業法　16, 89, 130, 260,
　262

電気事業法上の供給義務　31

電気需給契約　8, 15, 18

電気需給契約上の供給義務　20

電気事業法上の供給能力の確保に関す
　る義務　31, 35, 302, 317

電気事業法上の供給条件の説明に関す
　る義務　35

電気事業法上の書面交付に関する義務
　35

電気事業法上の苦情等の処理に関する
　義務　35

電気の供給　23

電気の転売　36

電気料金　350

電気料金債権　334, 343

電気料金債権の分別管理　346

電気料金債権の流動化　343

電源開発促進税　360

電源構成変分認可制度　352

電力システム改革　108, 129

電力広域的運営推進機関　317

電力の小売営業に対する指針　32,
　313, 321, 346

電力量調整供給　24

電力量料金　313

電話勧誘販売　327

倒産隔離　42, 234, 295

投資運用業　211

匿名組合契約　209

匿名組合出資　363

匿名組合出資持分　211

匿名組合性の否認　212

特定供給者　179

特定契約　179

特定商取引に関する法律　327

特別償却　359

独立の取引価値がある財貨　15

トラッキング・ストック　284

取次委託契約　34

〔な行〕

認定事業者　187

燃料費調整額　313

燃料費調整制度　351

ノン・ペティション条項　234, 237

〔は行〕

売買契約　14

売買に類する契約　15, 21

パススルー課税　361

発電事業　19, 136, 162

発電事業者　19

発電事業の届出　19

発電場所接続点　24

費用償還請求権　52, 242

表明・保証条項　240

ファンドスキーム　208

複数受託者　55

物件調査権　63

振替供給　18, 25, 26

分別管理義務　50

報告徴収権　63

法人課税信託　364

法的分離　260, 278, 288

訪問販売　327

〔ま行〕

みなし小売電気事業者　22

民事信託　254

無体物　11, 342

目的信託　70, 291

〔や行〕

約定劣後再生債権　211

約定劣後破産債権　211

有価証券　212

有限責任事業組合　363

有償契約　15

有体物　11

〔ら行〕

履行補助者　29

類推適用説　12

●執筆者紹介●

稲垣　隆一（いながき　りゅういち）

〔略　歴〕

1987年東京地方検察庁検事任官、1990年弁護士登録（第二東京弁護士会）、経済産業省資源エネルギー庁総合資源エネルギー調査会基本政策分科会電力システム改革小委員会制度設計ワーキンググループ委員、経済産業省電力・ガス取引監視等委員会委員長代理

〔所　属〕

稲垣隆一法律事務所

〔本書テーマに関連する著作〕

「（特集）消費者が主役の電力自由化」りぶる410号（2016年）

後藤　　出（ごとう　いずる）

〔略　歴〕

1986年弁護士登録（第一東京弁護士会）、1993年米国ニューヨーク州弁護士登録

〔所　属〕

シティユーワ法律事務所

〔本書テーマに関連する著作〕

『新類型の信託ハンドブック』（共著、日本加除出版、2017年）、「固有財産と信託財産との取引に係る一考察」信託フォーラム7号（2017年）、『担保・執行・倒産の現在——事例への実務対応』（共著、有斐閣、2014年）

島田　雄介（しまだ　ゆうすけ）

〔略　歴〕

2010年弁護士登録（東京弁護士会）、2013年経済産業省資源エネルギー庁電力・ガス事業部電力・ガス改革推進室課長補佐、2015年経済産業省電力・ガス取引監視等委員会取引監視課上席小売取引検査官・課長補佐

〔所　属〕

シティユーワ法律事務所

〔本書テーマに関連する著作〕

「（連載）監視実務を踏まえた小売り事業者の適切な対応」エネルギーフォーラム751号～753号（2017年）、「電力とガスの競争状況に差異『利用者の利益』で議論

を」エネルギーフォーラム756号（2017年）

杉谷　孝治（すぎたに　こうじ）
〔所　属〕
東京インフラエナジー株式会社エグゼクティブパートナー
〔本書テーマに関連する著作〕
「地域づくりにおける再生可能エネルギーと信託」信託フォーラム2号（2014年）

園田　公彦（そのだ　きみひこ）
〔所　属〕
オリックス株式会社環境エネルギー本部戦略投資部副部長
〔本書テーマに関連する著作〕
「（連載）電力ビジネス基礎講座」日経エネルギーNext（日経BP社）2016年1月号～2017年3月号ほか

田中　和明（たなか　かずあき）
〔所　属〕
三井住友トラスト・ホールディングス、三井住友信託銀行法務部アドバイザー、公益財団法人トラスト未来フォーラム研究主幹、一橋大学博士（経営法）
〔本書テーマに関連する著作〕
『詳解　信託法務』（清文社、2010年）、『信託の理論と実務入門』（共著、日本加除出版、2016年）、『新類型の信託バンドブック』（共著、日本加除出版、2017年）、『詳解　民事信託』（共著、日本加除出版、2018年）

田村　直史（たむら　ただし）
〔所　属〕
三井住友信託銀行株式会社個人企画部
〔本書テーマに関連する著作〕
『信託の理論と実務入門』（共著、日本加除出版、2016年）

中野　竹司（なかの　たけし）
〔略　歴〕
2006年弁護士登録（東京弁護士会）、筑波大学法科大学院非常勤講師、東北大学国

際会計政策大学院非常勤講師

〔所　属〕

奥・片山・佐藤法律事務所

〔本書テーマに関連する著作〕

『新類型の信託ハンドブック』（共著、日本加除出版、2017年）

宮澤　秀臣（みやざわ　ひでおみ）

〔略　歴〕

一般社団法人流動化・証券化協議会客員研究員

〔本書テーマに関連する著作〕

『資産流動化・証券化の再構築』（共著、日本評論社、2010年）

宮武　雅子（みやたけ　まさこ）

〔略　歴〕

2002年（初回登録年）弁護士登録（第二東京弁護士会）、慶応義塾大学大学院法務研究科・グローバル法研究所研究員、慶応義塾大学法科大学院および一橋大学非常勤講師、信託法研究会会員

〔所　属〕

ブレークモア法律事務所

〔本書テーマに関連する著作〕

『社会インフラとしての新しい信託』（共著、弘文堂、2010年）

電力事業における信託活用と法務

平成30年12月3日　第1刷発行

定価　本体 4,600円＋税

編　　者　電力と金融に関する研究会
発　　行　株式会社　民事法研究会
印　　刷　文唱堂印刷株式会社

発行所　株式会社　民事法研究会
〒150-0013　東京都渋谷区恵比寿3-7-16
〔営業〕TEL 03(5798)7257　FAX 03(5798)7258
〔編集〕TEL 03(5798)7277　FAX 03(5798)7278
http://www.minjiho.com/　info @ minjiho.com

落丁・乱丁はおとりかえします。　ISBN 978-4-86556-242-2 C3032 ¥4600E
表紙デザイン：関野美香

事業再編シリーズ

― 実務で活用できるノウハウが満載！ ―

2013年1月刊 分割行為詐害性をめぐる判例の分析、最新の実務動向に対応して改訂増補！

会社分割の理論・実務と書式〔第6版〕
―労働契約承継、会計・税務、登記・担保実務まで―

経営戦略として会社分割を活用するための理論・実務・ノウハウを明示した決定版！　手続の流れに沿って具体的実践的に解説をしつつ、適宜の箇所に必要な書式を収録しているので極めて至便！

編集代表　今中利昭　編集　髙井伸夫・小田修司・内藤　卓　（A5判・702頁・定価本体5600円＋税）

2017年2月刊 会社法・独占禁止法・企業結合基準・商業登記規則の改正等に対応し、改訂増補！

会社合併の理論・実務と書式〔第3版〕
―労働問題、会計・税務、登記・担保実務まで―

会社合併を利用・活用しようとする経営者の立場に立った判断資料として活用でき、さらに、企画立案された後の実行を担う担当者が具体的事例における手続確定作業に役立つよう著された関係者必携の書！

編集代表　今中利昭　編集　赫　髙規・竹内陽一・丸尾拓養・内藤　卓　（A5判・624頁・定価本体5400円＋税）

2011年8月刊 企業結合に関するガイドライン等の改定・策定に対応させ、判例・実務の動向を織り込み改訂！

事業譲渡の理論・実務と書式〔第2版〕
―労働問題、会計・税務、登記・担保実務まで―

事業譲渡手続を進めるにあたって必須となる、労働者の地位の保護に関わる労働問題や会計・税務問題、登記および担保実務まで周辺の諸関連知識・手続もすべて収録した至便の1冊！

編集代表　今中利昭　編集　山形康郎・赫高規・竹内陽一・丸尾拓養・内藤　卓　（A5判・303頁・定価本体2800円＋税）

2016年8月刊 平成26年改正会社法等最新の法令・税制に対応し改訂！

株式交換・株式移転の理論・実務と書式〔第2版〕
―労務、会計・税務、登記、独占禁止法まで―

ビジネスプランニングからスケジュールの立て方・留意点、訴訟手続、経営者の責任から少数株主の保護までを網羅！　会社法上の手続はもとより、独占禁止法、労務、税務・会計、登記まで株式交換・株式移転手続をめぐる論点を解説！

編集代表　土岐敦司　編集　唐津恵一・志田至朗・辺見紀男・小畑良晴　（A5判・374頁・定価本体3600円＋税）

発行　民事法研究会

〒150-0013 東京都渋谷区恵比寿3-7-16
（営業）TEL 03-5798-7257　FAX 03-5798-7258
http://www.minjiho.com/　　info@minjiho.com

最新実務に役立つ実践的手引書

破産申立ての相談受任から手続終結まで各場面を網羅した解説と最新の書式を収録！

事業者破産の理論・実務と書式

相澤光江・中井康之・綾　克己　編　　　　　　（Ａ５判・701頁・定価　本体7400円＋税）

各倒産手続の相互関係と手続選択の指針を明示し、実務上の重要論点について多数の判例を織り込み詳解！

倒産法実務大系

今中利昭　編集　四宮章夫・今泉純一・中井康之・野村剛司・赫　高規　著（Ａ５判・836頁・定価　本体9000円＋税）

取引の仕組みから各法律の概要、法的論点と立証方法、カード会社の考え方など 豊富な図・表・資料を基に詳解！

クレジットカード事件対応の実務
―仕組みから法律、紛争対応まで―

阿部高明　著　　　　　　　　　　　　　　　　（Ａ５判・470頁・定価　本体4500円＋税）

就業規則やガイドライン、予防策から事後対応、損害賠償請求まで、SNSの基本的知識も含めて解説！

ＳＮＳをめぐるトラブルと労務管理
―事前予防と事後対策・書式付き―

髙井・岡芹法律事務所　編　　　　　　　　　　（Ａ５判・257頁・定価　本体2800円＋税）

個別的労働紛争における仮処分・労働審判・訴訟の手続を申立書、答弁書を織り込みつつ事件類型別に解説！

書式　労働事件の実務
―本案訴訟・仮処分・労働審判・あっせん手続まで―

労働紛争実務研究会　編　　　　　　　　　　　（Ａ５判・522頁・定価　本体4500円＋税）

金融商品取引法、証券取引所規則、会社計算規則ほか会計・税務、登記実務にも配慮して解説！

会社法実務大系

成和明哲法律事務所　編　　　　　　　　　　　（Ａ５判・657頁・定価　本体5800円＋税）

発行　民事法研究会　　〒150-0013　東京都渋谷区恵比寿3-7-16
（営業）　TEL 03-5798-7257　FAX 03-5798-7258
http://www.minjiho.com/　　info@minjiho.com

リスク管理実務マニュアルシリーズ

会社役員としての危急時の迅速・的確な対応のあり方、および日頃のリスク管理の手引書！

会社役員のリスク管理実務マニュアル
―平時・危急時の対応策と関連書式―

渡邊　顯・武井洋一・樋口　達　編集代表　成和明哲法律事務所　編（Ａ５判・432頁・定価　本体4600円＋税）

従業員による不祥事が発生したときに企業がとるべき対応等を関連書式と一体にして解説！

従業員の不祥事対応実務マニュアル
―リスク管理の具体策と関連書式―

安倍嘉一　著　（Ａ５判・328頁・定価　本体3400円＋税）

社内（社外）通報制度の導入、利用しやすいしくみを構築し、運用できるノウハウを明示！

内部通報・内部告発対応実務マニュアル
―リスク管理体制の構築と人事労務対応策Ｑ＆Ａ―

阿部・井窪・片山法律事務所　石嵜・山中総合法律事務所　編（Ａ５判・255頁・定価　本体2800円＋税）

弁護士・コンサルティング会社関係者による実務に直結した営業秘密の適切な管理手法を解説！

営業秘密管理実務マニュアル
―管理体制の構築と漏えい時対応のすべて―

服部　誠・小林　誠・岡田大輔・泉　修二　著　（Ａ５判・284頁・定価　本体2800円＋税）

企業のリスク管理を「法務」・「コンプライアンス」双方の視点から複合的に分析・解説！

法務リスク・コンプライアンスリスク管理実務マニュアル
―基礎から緊急対応までの実務と書式―

阿部・井窪・片山法律事務所　編　（Ａ５判・764頁・定価　本体6400円＋税）

情報漏えいを防止し、「情報」を有効活用するためのノウハウを複合的な視点から詳解！

企業情報管理実務マニュアル
―漏えい・事故リスク対応の実務と書式―

長内　健・片山英二・服部　誠・安倍嘉一　著　（Ａ５判・442頁・定価　本体4000円＋税）

発行　民事法研究会

〒150-0013　東京都渋谷区恵比寿3-7-16
（営業）ＴＥＬ03-5798-7257　ＦＡＸ03-5798-7258
http://www.minjiho.com/　　info@minjiho.com

事例に学ぶシリーズ

相談から裁判外交渉、訴訟での手続対応と責任論、損害論等の論点の分析を書式を織り込み解説！

事例に学ぶ損害賠償事件入門
―事件対応の思考と実務―

損害賠償事件研究会　編　　　　　　　　　　（Ａ５判・394頁・定価　本体3600円＋税）

典型契約・非典型契約をめぐる成立の存否、解約の有効性、当事者の義務等の事件対応を解説！

事例に学ぶ契約関係事件入門
―事件対応の思考と実務―

契約関係事件研究会　編　　　　　　　　　　（Ａ５判・386頁・定価　本体3300円＋税）

人損・物損事故の相談から事件解決までの手続を、代理人の思考をたどり、書式を織り込み解説！

事例に学ぶ交通事故事件入門
―事件対応の思考と実務―

交通事故事件研究会　編（Ａ５判・336頁・定価　本体3200円＋税）

労働保全、労働審判、訴訟、相談対応、任意交渉、集団労使紛争等の紛争解決手続と思考過程を解説！

事例に学ぶ労働事件入門
―事件対応の思考と実務―

労働事件実務研究会　編　　　　　　　　　　（Ａ５判・366頁・定価　本体3200円＋税）

相談から事件解決まで具体事例を通して、利害関係人の調整と手続を書式を織り込み解説！

事例に学ぶ事例に学ぶ相続事件入門
―事件対応の思考と実務―

相続事件研究会　編　　　　　　　　　　　　（Ａ５判・318頁・定価　本体3000円＋税）

最新の家庭裁判所の運用、改正民法、家事事件手続法、成年後見制度利用促進法等に対応し改訂！

事例に学ぶ成年後見入門〔第２版〕
―権利擁護の思考と実務―

弁護士　大澤美穂子　著　　　　　　　　　　（Ａ５判・255頁・定価　本体4600円＋税）

発行　民事法研究会
〒150-0013　東京都渋谷区恵比寿3-7-16
（営業）ＴＥＬ 03-5798-7257　ＦＡＸ 03-5798-7258
http://www.minjiho.com/　　info@minjiho.com

現代債権回収実務マニュアルシリーズ

現代債権回収実務マニュアル❶
通常の債権回収
―債権管理から担保権・保証まで―

虎門中央法律事務所　編　　Ａ５判・883頁・定価　本体 7500円＋税

　債権回収実務の基本である「債権管理」と裁判手続によらない通常の「回収」、そしてその裏付けとなる「担保権・保証」の理論と実務を実践的に詳解！　豊富な経験・実績を有する執筆陣が、長年にわたって培ったノウハウを書式・記載例を豊富に織り込みつつ開示した、注目のシリーズの第１巻！

現代債権回収実務マニュアル❷

裁判手続による債権回収
―債務名義の取得・保全手続―

虎門中央法律事務所　編　　Ａ５判・353頁・定価　本体 3200円＋税

　「債務名義の取得」や「仮差押え・仮処分等の保全手続」等の法的手段による債権回収について、基礎知識から実務の指針・留意点までを詳解！　豊富な経験・実績を有する執筆陣が、約50件の書式・記載例をはじめ、執行手続の前提となる裁判手続の実践的ノウハウを開示した、好評シリーズの第２巻！

現代債権回収実務マニュアル❸　　平成29年1月刊
執行手続による債権回収
―強制執行手続・担保権実行・強制競売―

虎門中央法律事務所　編　　Ａ５判・335頁・定価　本体 3400円＋税

　強制執行手続を概説するとともに、各種担保権実行手続や競売手続を活用した債権回収について、基礎知識から実務の指針・留意点までを詳解！　豊富な経験・実績を有する執筆陣が、終局的な権利実現手段である執行手続の実践的ノウハウを約80の書式・記載例とともに開示した、シリーズ完結を締めくくる第３巻！

発行　民事法研究会
〒150-0013　東京都渋谷区恵比寿3-7-16
（営業）TEL 03-5798-7257　FAX 03-5798-7258
http://www.minjiho.com/　　info@minjiho.com